GLOFA PLC 이론 및 실습

유 정 봉 저

도서출판 상 학 당

머리말

현대의 산업 시스템은 PLC(Programmable Logic Controller)가 가장 핵심 제어기로 사용되고 있다. 이는 현대의 산업 시스템의 제어 형태가 다양하고, 기능이 복합적이며, 고속의 처리속도를 요하고 있기 때문이다. 또한 PLC의 장점인 네트워크를 구성하여 복합 시스템의 운용이 용이하여 더욱더 많이 사용되고 있다.

PLC는 시스템의 기능이 바뀔 때 쉽게 대처할 수 있을 뿐 아니라, 시스템 확장이 용이하고 유지보수하기가 상당히 편리하다. PLC가 적극적으로 사용되기 이전에는 릴레이 제어반을 사용하여 부피가 커 설치공간이 많이 필요하며, 속도가 느리고, 기능을 변경하기가 매우 힘들었다. 그러나 현재의 PLC는 뛰어난 반도체 기술을 적용한 마이크로프로세서를 사용하여 부피가 적고, 고속, 고기능화를 실현하게 되었다.

본 저자는 이 책을 현대 산업 시스템 제어기의 필수인 PLC를 다루는 데 도움이 되고자 집필하였고, PLC 관련 교과목이 교육과정으로 편성되어 있는 전문대학 및 4년제 대학교의 전기공학과, 전자공학과, 제어계측공학과 등 관련학과에서 PLC에 대한 이론 및 실습교재로 활용할 수 있도록 이 책을 이론 및 실습 편으로 구성하였다.

이 책에서 적용되는 PLC는 LG-산전의 GLOFA 계열을 기반으로 기초실습편 및 응용실습편을 구성하여 현장에서 활용할 수 있도록 집필하였다. 또한 IEC 1131-3 표준에 근거한 프로그램 언어의 정의를 소개하였으며, 실습편에서 LD 언어에 대한 프로그램 실습뿐만 아니라 SFC 언어에 대한 실습을 다루어 다양한 실습을 할 수 있게 집필하였다.

이 책의 구성은 다음과 같다.

제 I 편 이론에서는 PLC의 기초이론을 다루고, GLOFA PLC의 하드웨어 특징 및 운용 프로그램인 GMWIN 프로그램의 특징, 설치 및 프로그램의 편집 방법을 다루었다.

제Ⅱ편 실습에서는 LD 프로그래밍 실습과 SFC 프로그래밍 실습을 다루고, 현장에서 사용되고 있는 응용 프로그래밍 실습을 다루었다.

제Ⅲ편 부록에서는 GLOFA PLC의 예약변수, 예약어, 펑션과 펑션 블록, 명령어 일람표, 에러코드, 시스템 구성도를 수록하였다.

이 책을 집필하는 데 성과 열을 기울였지만, 부족한 것이 너무도 많이 느껴진다. 그러나 지속적으로 더 좋은 내용을 추가, 보완할 예정이며, 이 책을 통하여 PLC를 사용하고 PLC를 배우고자 하는 분에게 좋은 참고서가 되었으면 한다.

끝으로 이 책의 출간을 위해 많은 도움을 주신 도서출판 상학당의 남승우 사장님 이하 임직원들에게 깊은 감사를 드린다.

저자 씀

차 례

제 I 편 ■ 이 론 ■ 9

제 II 편 ■ 실 습 ■ 149

제Ⅲ편 ■ 부 록 ■ 275

제 I 편

이 론

제 1 장
PLC의 개요

1.1 PLC의 배경 및 정의

1.1.1 PLC의 배경

현대의 공정제어는 대규모, 고도화, 복잡화에 따라 다양한 형태의 제어 시스템을 요구하고 있다. 산업분야의 기능이 복잡해지고, 장비 규모가 커짐에 따라서 그들의 제어가 훨씬 복잡하게 되었으며, 각 공정들의 유기적 연결을 위해 더욱 고도화된 제어 시스템이 필요하게 되었다. 또한 요구조건의 변화에 따라 제어 시스템을 변경하기 위해서 많은 시간과 비용이 소요되었다. 자동화를 위한 지금까지의 제어 시스템은 회로도에 따라 여러 관련소자(Relay, Contactor, Timer, Counter 등)들을 연결하여 사용함으로써 실제 배선작업이 어렵고, 시퀀스 제어를 위하여 많은 공간이 필요하였으며, 처리속도에 한계가 있다는 문제점이 발생하였다.

종래의 시퀀스 제어는 배선작업을 하는 데 상당한 문제점을 가지고 있다. 즉, 배선작업은 개인의 능력과 경험에 따라 차이가 크며, 기구의 배치도, 배선도 및 전선의 종류 등에 따라 많은 작업이 필요하게 되었으며, 또한 납땜이나 결선 등으로 인해 제어회로를 변경하기가 용이하지 않고, 생산라인의 변경에서 시퀀스 제어회로 설계, 조립, 검사, 수정 등의 여러 단계를 거치는 데 상당한 시간과 노력이 요구되기도 하였다. 그리고 생산설비가 고급화되고 거대화되면서 시퀀스 제어기의 부피가 많이 늘어나게 되었으며, 계전기의 신뢰성에 문제점을 나타내기도 하여 유지보수의 어려움을 가중시켰다.

이러한 여러 원인에 의하여 1968년 미국의 자동차 메이커인 제너럴 모터스(General Motors)사가 자동차 조립라인에 적용시키기 위한 제어장치 구매를 위해 발표한 PLC의 10가지 조건을 제시하였으며, 이러한 조건이 PLC 개발의 계기가 되었다. 제너럴 모터스사에서 제시한 10대 조건에 대응하기 위해서 여러 메이커들이 전자 제어기들을 앞 다투어 개발하기 시작하였다.

제너럴 모터스사에서 제시한 10대 조건은 다음과 같다.

• GM의 10대 조건

① 프로그램 작성 및 변경이 용이하고 시퀀스 변경이 용이할 것
② 점검 및 보수가 용이하고 플러그-인(Plug-In) 방식일 것
③ 계전기 제어반보다 신뢰성이 높을 것
④ 출력은 상위 컴퓨터와 결합 기능을 가질 것
⑤ 계전기 제어반보다 소형일 것
⑥ 계전기 제어반보다 가격 면에서 유리할 것
⑦ 입력은 AC115V를 공급받을 것
⑧ 출력은 AC115V, 2A를 공급할 것
⑨ 전체 시스템 변경을 최소화하면서 기본 시스템은 확장이 가능할 것
⑩ 최저 4K word에 확장 가능한 프로그래머블 메모리를 가질 것

1.1.2 PLC의 정의

PLC(Programmable Logic Controller)란 각종 기계나 프로세서 등의 제어를 위하여 지금까지 사용하였던 계전기, 타이머, 카운터 등의 기능을 IC, 트랜지스터 등의 반도체 소자와 S/W를 대체시킴으로써 시퀀스 제어 기능 및 연산 기능을 내장하고 있으며, 프로그램 제어가 가능토록 한 전기제어장치이다.

1978년 미국의 NEMA(National Electrical Manufacturers Association)에서 PLC를 다음과 같이 정의하였다.

■ NEMA ICS 3-1978, ICS 3-303 ■

"PLC란 미리 정해진 순서 또는 조건에 따라 순차적으로 행하는 제어로서 Control Relay, Timer, Shift Register, Aux Relay, Counter 등의 기능을 반도체 소자로 대체하여 무접점화를 이룬 기기이다."

NEMA에서 정의한 PLC는 사용하는 데 용이하며, 프로그램에 의해서 제어 기능을 변경하기가 용이하여 수요가 급격히 증가하게 되었으며, 비약적인 발전을 이루어 여러 제어공정에서 사용하게 되었다.

1.1.3 PLC의 역사

PLC가 처음 소개되기 전에 사용되었던 릴레이 제어반은 크기가 크고 처리 속도가 늦을 뿐만 아니라 기능을 변화시키기가 매우 어려웠으며, 논리제어는 하드와이어드 로직에 의해 수행되었고, 복잡한 문제를 다루는 것이 어려웠다. 이러한 때에 마이크로프로세서의 발전에 의해 고도의 기능을 갖는 PLC가 출현하여 특정 프로세서를 사용한 PLC가 논리동작을 수행 가능하게 되었고, 자기진단 및 기계진단 기능의 확장, 데이터 검색, 복잡한 제어와 데이터 처리 기능의 개발, 통계처리 등 고기능의 처리가 가능하게 되었다. 또한 대규모의 입출력을 처리할 수 있고, 공정 간의 유기적 연결을 위한 통신 네트워크에 의해 링크될 수 있으며, 다양한 산술 및 논리 연산 기능을 가지게 되었다.

이러한 PLC의 역사를 보면 〈표 1.1.1〉과 같다.

〈표 1.1.1〉 PLC의 역사

구 분	발 달 과 정
1968	PLC의 개념 태동
1970	논리지시 및 1K 기억용량과 128 I/O 점수 제어기 등장
1974	타이머, 카운터, 산술연산 기능과 12K 기억용량과 1024 I/O 점수처리
1976	원격 입출력 시스템 소개(최초로 규격 제정-미국)
1977	마이크로프로세서 PLC 등장
1980	고성능 I/O 모듈, 고성능 통신장비, 고기능 소프트웨어 등장 및 프로그래밍 도구로 마이크로컴퓨터 사용
1983	저렴한 소형 PLC 등장
1985	표준화, 컴퓨터와의 네트워크 기능으로 분산 및 계층제어 가능
1991	퍼지이론을 도입한 퍼지 모듈 및 전용 퍼지 제어기 등장

1.2 PLC의 특징

1.2.1 PLC의 특징

PLC는 마이크로프로세서의 처리로 인해 종래의 하드와이어드 방식의 제어반에 비해 소프트 와이어드 방식에 의해 처리될 수 있기 때문에 제어회로 설계가 용이하며, 해석이 가능하고, 테스트가 용이하다. 또한 기능을 변경하기가 수월하며, 유지보수가 수월한 것이 특징이다.

(1) 기능의 다양화

다양한 종류의 PLC들이 출시되면서 PLC 규모에 따라 상당히 많은 기능을 가지게 되었다. 단순한 입·출력 기능에서부터 기억 및 데이터 처리, 고속의 광통신, 위치결정 제어, PID 제어 등 복잡한 기능을 하나의 모듈로 처리할 수 있도록 하였다.

(2) 프로그램의 고기능성

기존의 아날로그 방식으로 제어했던 것을 기능의 성능을 높이기 위해 디지털 제어를 사용하게 되었다. 디지털 기능을 사용함으로써 입출력장치가 스위치나 램프에서 터치 방식 등에 의한 MMI(Man-Machine Interface) 기능을 가지게 되었다.

(3) 조작의 간편성

대규모 집적회로를 사용하여 기능을 다양하게 부여하고, 장치의 유연성을 높임으로써 사용자가 편리하게 사용할 수 있도록 하였다.

(4) 유지보수의 편리성

마이크로프로세서를 사용하여 자기진단 기능을 부여하고, 제어기가 고장이 발생했을 때 처리하기 용이하도록 하드웨어나 소프트웨어의 디버그 기능을 강화시켰다.

(5) 고신뢰성

기존의 계전기 제어반과는 달리 반도체를 사용하여 하드웨어의 접속불량 발생 확률을 줄이고, 계전기의 속도를 높여 신뢰성을 향상시켰다.

(6) 설치의 간편성

PLC는 프로그램으로 처리되어 기능불량이 발생했을 때 처리가 용이하도록 하였고, 기능을 변경하기 쉽도록 하였고, 하나의 베이스에 모듈을 필요한 만큼만 부착하여 배선을 쉽도록 하여 제어기를 설계에서부터 배선을 거쳐 설치가 용이하도록 하였다.

1.2.2 PLC와 제어 시스템의 비교

〈표 1.2.1〉에 다른 제어 시스템과의 비교를 나타내었다.

릴레이 제어반은 가격은 저렴하지만 크기가 상당히 크고 처리속도가 느리며, 설계에서 설치까지 시간이 많이 소요되며, 기능을 바꾸기가 어렵고, 유지보수가 어렵다는 것이 단점이다.

디지털 로직은 처리속도가 상당히 빠르지만 기능을 변경하기가 용이하지 않으며, 유지보수가 어렵다.

반면에 PLC는 크기가 작고, 처리속도가 빠르며, 설계에서 설치까지 시간이 적게 걸리며, 기능을 바꾸기가 용이하다는 장점을 가지고 있지만, 소규모의 제어에서는 적당하지 않은 단점을 가지고 있다.

〈표 1.2.1〉 제어 시스템의 비교

	릴레이 제어반	디지털 로직	컴퓨터	PLC
기능별 가격	매우 저가	저가	고가	저가
크기	대형	매우 소형	적당	매우 소형
처리속도	느림	매우 빠름	매우 빠름	빠름
전기적 내노이즈	우수	양호	아주 우수	양호
실장	설계와 설치 시 많은 시간 소요	설계 시 많은 시간 소요	프로그래밍 시 아주 많은 시간 소요	간단
복합 기능	없다	있다	있다	있다
기능의 변화	매우 어렵다	어렵다	아주 쉽다	아주 쉽다
유지보수	매우 어렵다	어렵다	약간 어렵다	양호

1.3 PLC의 종류

1.3.1 블록형 PLC

블록형 PLC는 하나의 블록 안에 모든 기능을 다 갖추고 있다. 즉 전원부, CPU부, 메모리부, 입출력부가 내장되어 있다. 이러한 PLC는 선정된 기종으로 기능 및 입출력 점수를 확장하는 것은 기종에 따라서 증설 유니트를 추가해야 하기 때문에 기종 선정을 할 때 확장할 가능성이 있을 때는 상위 PLC와 링크 가능 여부 등을 신중히 고려하여야 한다. 따라서 블록형 PLC는 소형의 제어 기기에서 주로 사용되고 있다.

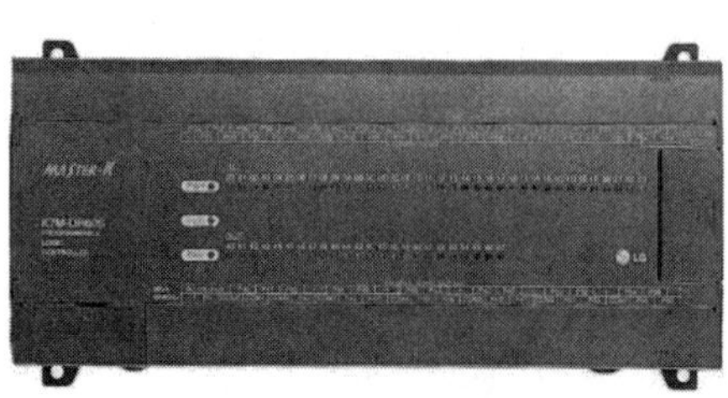

[그림 1.3.1] 블록형 PLC

1.3.2 모듈형 PLC

모듈형 PLC는 기본 베이스에다 필요에 따라 여러 기능을 갖는 모듈을 부가하여 사용할 수 있는 PLC이다. 기본 베이스에는 전원부와 CPU부를 기본으로 설치하고 각각 모듈을 설치하여 사용할 수 있다. 또한 베이스를 증설할 경우에는 증설 베이스에다 전원부를 설치하고 기본 베이스와 링크하여 사용할 수 있다. 모듈형 PLC는 입출력 점수를 확장하기가 편리하고, 특수 기능 유니트를 부가하여 사용하기 편리한 장점이 있다.

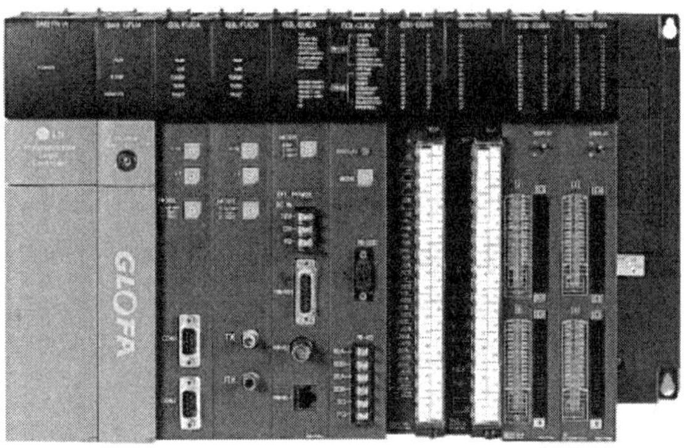

[그림 1.3.2] 모듈형 PLC

연 습 문 제

1. PLC란 무엇인가 설명하라.

2. PLC의 특징을 설명하라.

3. PLC가 릴레이 제어반에 비해서 장점에 대해 설명하라.

4. PLC와 다른 제어 시스템과의 차이점을 설명하라.

5. 블록형 PLC의 특징을 설명하라.

6. 모듈형 PLC의 특징을 설명하라.

제 2 장
PLC의 구조

2.1 PLC의 전체 구조

PLC의 전체 구조는 마이크로프로세서를 사용한 시스템으로 마이크로컴퓨터의 구조와 동일하다. 입력부에서 스위치와 센서종류들의 값을 받아들이기 위한 신호용 인터페이스와 출력부에서 솔레노이드 및 램프와 같은 것들을 구동시키기 위한 인터페이스 회로가 강화된 것이 마이크로컴퓨터와 약간 차이가 있다.

PLC는 [그림 2.1.1]의 구성도와 같이 사람의 두뇌역할을 하는 CPU (Central Processing Unit : 중앙처리장치)와 외부기기와의 신호를 주고받는 입출력부(I/O), 프로그램을 기록 저장하는 기억부(Memory), PLC의 각 부에 전원을 공급하는 전원부(Power), 그리고 부수적인 장치인 주변기기로 구성된다.

입력부로부터 받아들여진 스위치들의 입력조건이 CPU로 전달이 되고 이것이 데이터 메모리부로 저장이 되며, 프로그램 메모리에 저장된 프로그램이 하나씩 실행이 되어 그 결과의 값들이 CPU를 거쳐 출력부로 전달되어 출력에 연결된 구동장치들을 구동시키게 된다.

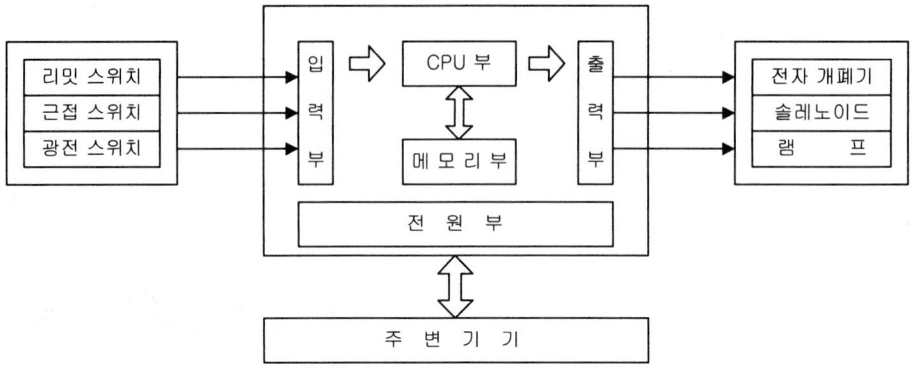

[그림 2.1.1] PLC의 구성도

2.2 CPU 부

PLC 내의 모든 동작을 제어하고 관리하며, 메모리 내에 저장된 프로그램을 순차적으로 실행하고, 입력부에서 필요한 입력신호를 받아 시퀀스 및 연산처리를 행한 뒤 그 결과를 출력부에 내보내는 부분이다. 또한 접점의 직·병렬 접속, 타이머, 카운터 동작, 사칙연산의 산술처리, 데이터 전송 및 코드 변환 등을 수행한다.

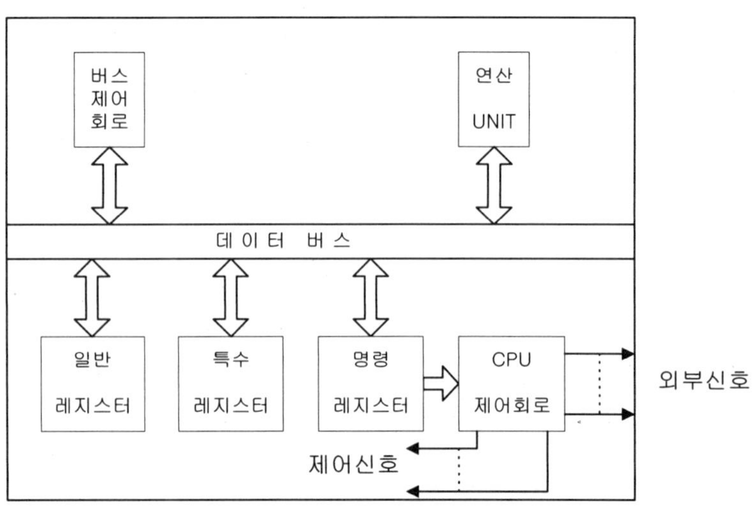

[그림 2.2.1] CPU 구성도

CPU는 연산부와 메모리로 구성되어 있다. 메모리 내용의 입출력 번호는 연산부에서 입·출력부에 나와 해당 입력번호나 출력번호를 결정한다. 입력으로 받아들여진 데이터는 지시된 연산내용에 따라 연산처리부에서 처리된다.

2.3 메모리 부

메모리 부는 프로그램을 기억해 두는 장소로서 PLC의 프로그램은 전원이 끊어져도 그 내용이 지워져서는 안 되므로 전원의 ON, OFF에 상관없이 PLC 프로그램을 기억하여야 한다.

메모리의 종류는 ROM(Read Only Memory)과 RAM(Random Access Memory)으로 나누어진다.

2.3.1 ROM

ROM은 불휘발성 메모리로서 전체 PLC를 구동하는 프로그램 메모리로 사용되며, ROM은 Mask ROM, PROM(Programmable ROM), EPROM, EEPROM, 플래시(Flash) 메모리로 나누어진다. Mask ROM은 제조회사에서 프로그램이 된 상태로 출하되어 시스템 설계자는 Mask ROM을 시스템에 장착하여 사용하기만 하면 된다. 따라서 Mask ROM은 더 이상 프로그램을 변경하지 않고 대량생산을 위해 사용하기 위한 ROM이다.

PROM은 한 번만 프로그램을 할 수 있고 프로그램의 소거는 불가능한 ROM으로 시스템 설계자는 프로그램을 확정된 상태에서 더 이상 변경하지 않을 때 사용해야 하며, 한번만 프로그램이 가능하므로 OTP(One Time Programming) ROM이라고도 한다. PROM은 최근에 저가격형의 마이크로컨트롤러에 내장되는 OTP ROM 모델에서 많이 사용한다.

EPROM(Erasable Programmable ROM)은 사용자가 프로그래밍과 소거를 자유롭게 할 수 있는 ROM이다. 프로그래밍을 하기 위해서는 롬 라이터를 사용하여야 하고, 내용을 소거하기 위해서는 석영유리창이 부착된 곳에 자외선을 조사하여야 한다. 마이크로프로세서 시스템과 같이 프로그램을 사용하는 시스템에서는 프로그램 메모리로 대부분 EPROM을 사용한다.

EEPROM(Electrically Erasable Programmable ROM)은 시스템 보드에 장착되어 있는 상태에서 자유롭게 읽기와 쓰기가 가능한 메모리이다. 따라서 RAM과 유사하게 사용할 수 있어 NV-RAM(Non Volatile RAM)이라고도 한다. EEPROM은 백업용 데이터 메모리나 자주 변경되지 않는 데이터를 보관할 때 많이 사용하지만, 최근에는 프로그램 메모리로 많이 사용되는 추세에 있다.

플래시 메모리는 시스템 보드에 장착되어 있는 상태에서 자유롭게 읽기와 쓰기가 가능한 메모리로 EEPROM과 유사하다. EEPROM과의 차이는 플래시 메모리는 데이터를 바이트 단위로 읽지만, 쓸 때는 페이지(page) 또는 섹터(sector)라는 블록(block) 단위로 수행한다. 플래시 메모리는 EEPROM보다는 속도가 훨씬 빠르고 대용량을 만들 수 있기 때문에 최근에 PLC에서 플래시 메모리를 많이 사용한다.

2.3.2 RAM

RAM은 읽기와 쓰기가 가능하며, 전원을 끄면 기억내용이 소실되므로 휘발성 메모리로 수시로 메모리의 내용 변경이 가능하며 정전 시에는 메모리의 내용이 지워지므로 Battery Back-Up이 사용된다. RAM은 SRAM(Static RAM)과 DRAM(Dynamic RAM)으로 나누어진다.

SRAM은 휘발성 메모리이지만 전원이 공급되고 있는 동안에는 데이터가 지워지지 않는 정적인 RAM이다. SRAM은 DRAM에 비해 가격이 비싸지만 리프레시(Refresh)가 필요 없어 메모리 관련회로가 간단하다. 그러나 메모리 용량이 작아서 최근에 사용되는 디지털 시스템에서는 메모리의 용량이 커야 하기 때문에 DRAM을 대부분 사용하고 SRAM은 소규모의 마이크로컨트롤러의 주변회로로 많이 사용된다.

DRAM은 전원이 공급되고 있더라도 일정한 시간이 지나면 데이터가 소거되어 버려 주기적으로 리프레시를 해주어야 하는 동적인 RAM이다. 리프레시는 약 2[ms] 이내의 주기로 필요하며, DRAM은 SRAM에 비해 대용량으로 만들 수 있기 때문에 범용 컴퓨터 시스템에서 널리 사용된다.

PLC에서 사용되는 메모리는 크게 사용자 프로그램 메모리, 데이터 메모리, 시스템 메모리의 3가지로 구분된다.

사용자 프로그램 메모리는 사용자가 작성한 프로그램이 저장되는 메모리로 제어내용이 경우에 따라 바뀔 수 있기 때문에 RAM이 사용된다. 프로그램이 완성되어 더 이상 변경하지 않아도 될 경우에는 ROM에 기록하여 ROM 운전을 할 수 있다.

데이터 메모리는 입·출력 릴레이, 보조 릴레이, 타이머, 카운터 등의 접점상태 및 설정값, 현재값 등의 정보가 저장되는 메모리로 정보가 수시로 바뀌기 때문에 RAM이 사용된다.

시스템 메모리는 PLC 제조회사에서 작성한 시스템 프로그램이 저장되는 메모리이다. 시스템 프로그램은 PLC의 기능이나 성능을 결정하는 중요한 프로그램으로 PLC 제조회사에서 직접 ROM에 기록하여 PLC에 장착한다.

2.4 전 원 부

전원부는 PLC 시스템 구성 시 CPU부, 입력부, 출력부, 주변기기 및 여러 모듈들에 전원을 공급하기 위한 장치이다. 교류 110V 또는 220V의 상용 전원을 입력으로 받아 PLC에서 사용하는 직류 5V 및 24V의 전압으로 변환하여 PLC 시스템에 공급하게 된다. 전원부는 안정된 전원을 공급하기 위해 교류전원에서의 잡음 및 서지(Surge)를 없애야 하고, 입·출력 전압과 내부 구동전압과 절연이 되어 있어야 하며, 전압이 정전압을 유지해야 한다. 전원 모듈은 사용되고 있는 각 모듈의 소비전류의 합계에 의해서 결정되어야 한다.

2.5 입·출력부

PLC의 입·출력부는 산업현장에서 사용되는 기계장치나 스위치 같은 외부기기와 직접 접속하여 사용한다. 이때 PLC의 내부는 DC +5V를 사용하지만 입·출력부는 다른 전압을 사용하므로 PLC 내부와 입·출력의 접속이 시스템의 안정에 결정적인 요소가 된다. 또한 사용자는 외부기기의 개수를 산정할 때 약간의 여유를 두고 필요한 입·출력 점수를 결정해야 한다.

2.5.1 입 력 부

입력부는 입력 측 기기의 입력신호를 받아 CPU에서 사용할 수 있는 신호로 변환해 주는 PLC와 외부장치 간의 인터페이스이다.

[그림 2.5.1]과 같이 외부기기로부터 신호는 LED(모니터링 LED)를 거쳐 포토커플러 입력단의 LED에서 광 신호로 변환되어 출력단에 전달된다. 내 노이즈성을 강화시키기 위해 외부기기와 내부회로를 포토커플러를 사용하여 전기적으로 절연시킨다. 또한 입력에 포함되는 잡음(Noise) 및 서지(Surge)를 제거하는 필터 회로와 잡음의 내부 침투를 막는 절연회로로 구성된다.

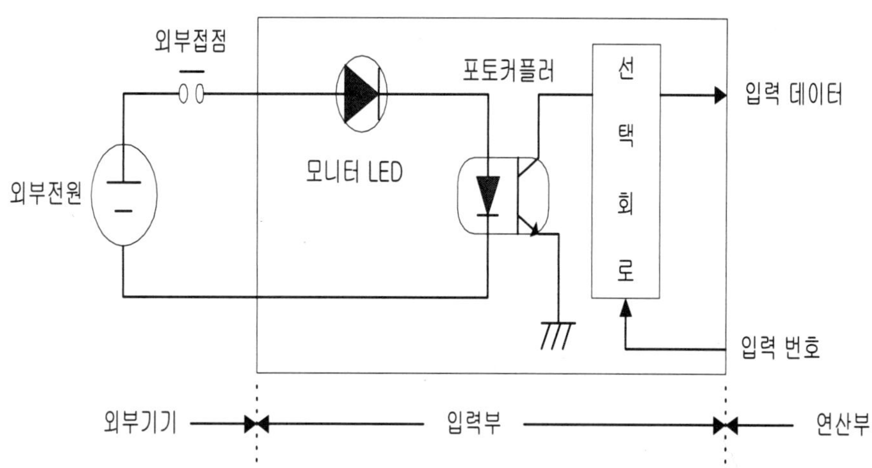

[그림 2.5.1] 입력부 회로

(1) 직류(DC)형 입력회로

[그림 2.5.2]는 직류형 입력회로를 나타내고 있다. 직류형 입력회로는 직류 전압을 입력으로 받아들이는 회로로서 공통단자의 처리에 따라 싱크형과 소스형으로 나누어진다. 싱크 입력의 경우 접지전원 사용시 입력선이 지락(地絡)되

었을 때 입력 스위치에 관계없이 ON이 된다는 단점이 있다. 이러한 직류형 입력회로는 소형 릴레이, 전력 릴레이, 광전 스위치, 근접 스위치, 키보드, 디지트 스위치 등의 데이터 입력신호를 받아들일 때 사용된다.

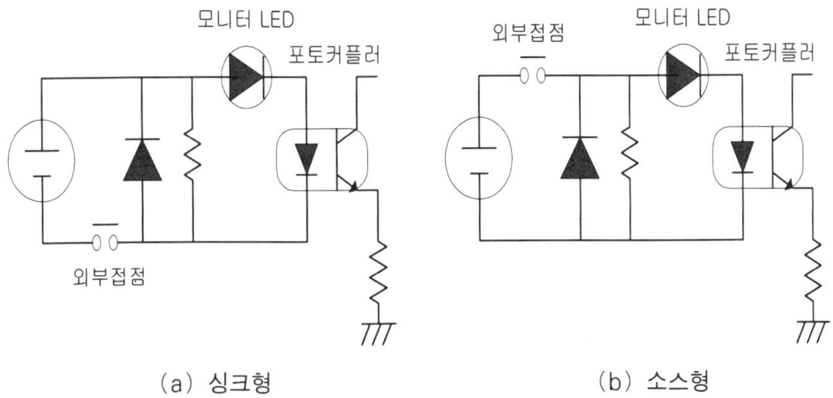

[그림 2.5.2] 직류형 입력회로

(2) 교류(AC)형 입력회로

[그림 2.5.3]은 교류형 입력회로를 나타내고 있다. 교류형 입력회로는 AC 110V와 220V를 직접 받아들일 때 사용된다. 리밋 스위치나 전자접촉기 등의 접점을 사용할 때에는 접촉 신뢰성을 높이기 위해 교류형 입력회로를 사용하는 것이 좋다.

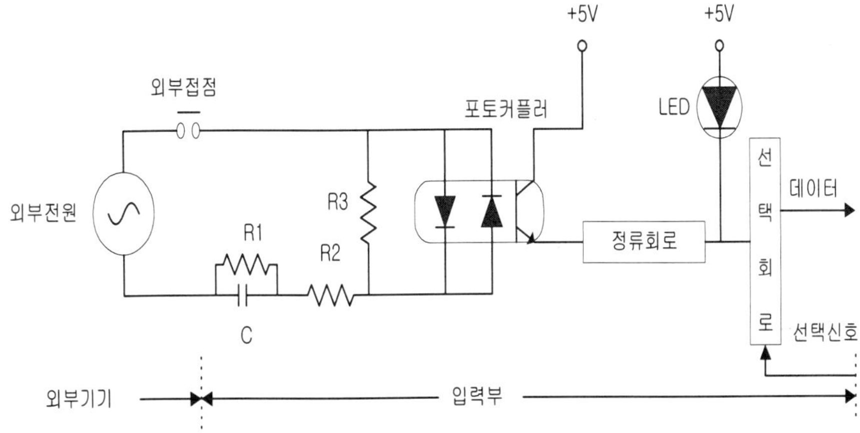

[그림 2.5.3] 교류형 입력회로

(3) A/D 입력회로

[그림 2.5.4]는 A/D 입력회로를 나타낸다. 외부의 계측장비나 조작반등으로부터 아날로그 입·출력 신호를 받아 연산부에서 처리할 수 있도록 디지털 신호로 바꾸어 준다. 하나의 아날로그 입력은 16비트의 I/O 영역을 점유한다. A/D 회로의 입력은 규정된 전압 또는 전류의 형태로 들어와서 A/D 변환회로에 의해 디지털 신호로 바뀌어 선택회로에 입력된다. 이때의 데이터는 채널 단위로 의미를 갖기 때문에 선택신호는 채널을 지정하게 된다.

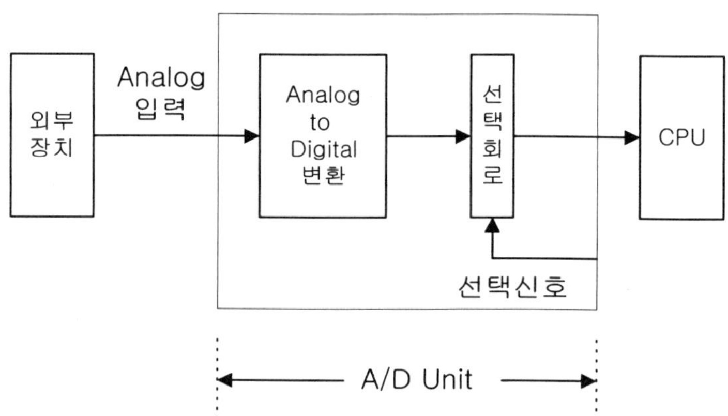

[그림 2.5.4] A/D 입력회로

2.5.2 출 력 부

PLC 내부의 출력명령을 IC 신호 레벨로부터 증폭기를 거쳐 릴레이 코일을 구동하고, 내부 연산회로의 연산결과를 외부에 접속된 전자접촉기나 솔레노이드 등과 같은 외부장치에 전달하여 구동시키는 부분이다. 출력 데이터는 릴레이에 의해 절연되고 증폭된다. 절연소자로는 포토커플러와 릴레이 등이 사용되며 증폭기로는 트랜지스터와 트라이악, 릴레이가 사용된다.

출력부에 접속되는 외부기기로는 솔레노이드 밸브, 마그네틱 클러치, 마그네틱 브레이크, 전자계폐기, 표시등, 카운터, 모터 등이다.

(1) 릴레이 출력

[그림 2.5.5]는 릴레이 출력회로를 나타내며, 교류, 직류 모두 사용할 수 있다. 그러나 릴레이에 의해 코일과 접점이 완전히 절연되어 있지만, 릴레이의 접점에 병렬로 서지킬러나 스너버 회로를 추가하여 외부기기로부터의 노이즈가 내부회로에 영향을 주고 또 접점 자체에 마모도 유발을 방지하는 경우가 많다.

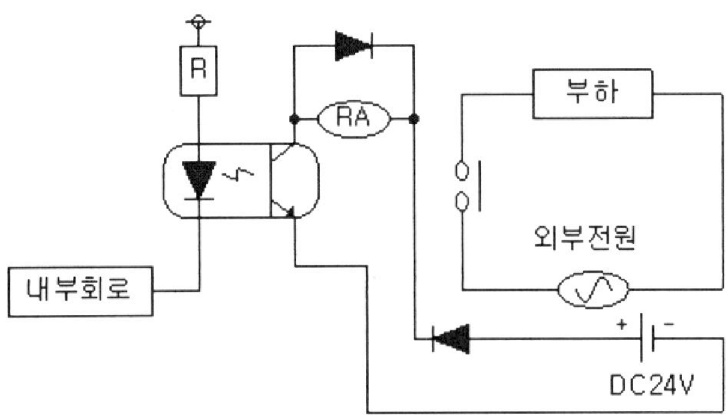

[그림 2.5.5] 릴레이 출력회로

(2) 트라이악 출력

[그림 2.5.6]은 트라이악 출력회로를 나타낸다. 이러한 회로는 릴레이 접점 출력에 비해 수명이 길고 고밀도 동작에 적합하다. 그러나 트라이악과 같은 반도체 무접점 소자를 사용할 경우 접합부의 온도상승에 의한 소자파괴와 같은 현상이 발생할 수 있다. 또한 순시 돌입전류에는 상당히 강하지만, 반복되는 빈도가 높아지면 트라이악의 접합부의 온도가 허용값을 초과할 수 있다.

(3) 트랜지스터 출력회로

[그림 2.5.7]은 트랜지스터 출력회로를 나타내며, [그림 2.5.8]과 같이 트랜지스터 출력은 싱크 출력과 소스 출력으로 나누어진다. 소스 출력의 경우 출력선이 지락(地絡)되면 출력 트랜지스터가 파손될 수 있으므로 이에 대비하여 외부 단락부호회로나 페일 세이프 대책을 세우는 것이 좋다.

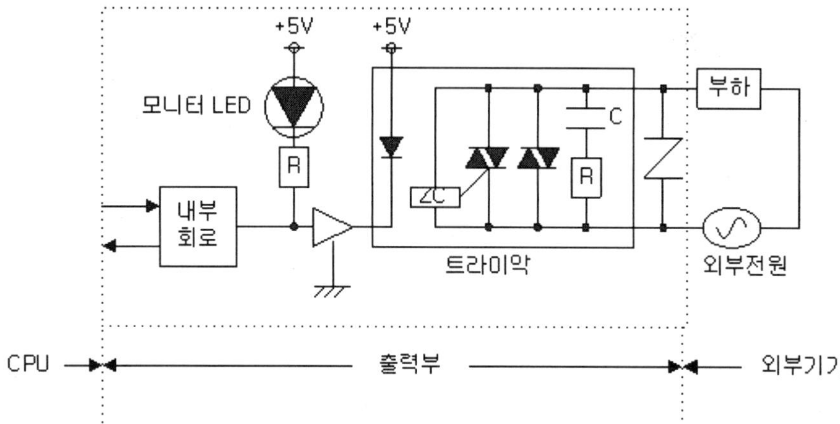

[그림 2.5.6] 트라이악 출력회로

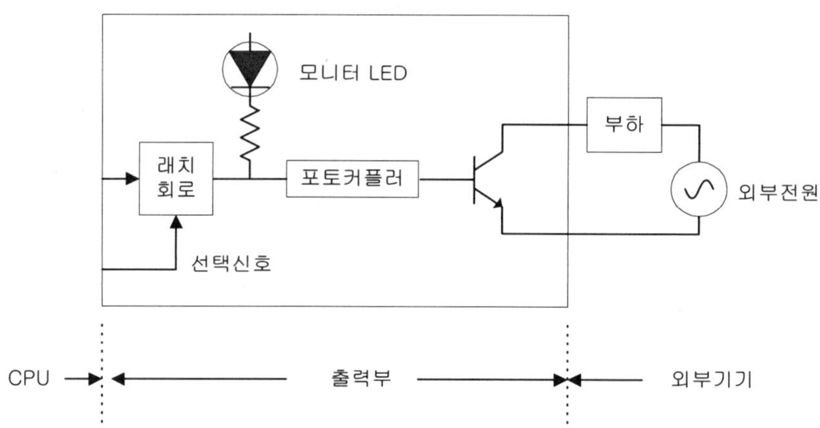

[그림 2.5.7] 트랜지스터 출력회로

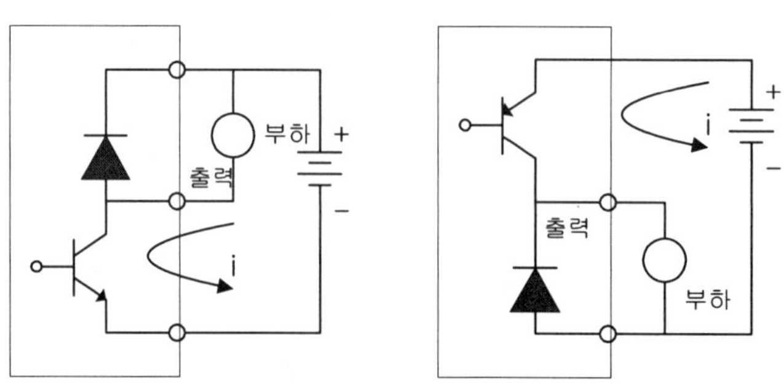

(a) 싱크 출력　　　(b) 소스 출력

[그림 2.5.8] 트랜지스터 출력회로의 구분

(4) 아날로그 출력회로

[그림 2.5.9]는 D/A 출력회로와 같이 입력의 크기에 따라 출력의 크기를 제어해야 할 필요가 있다. 연산부에 의해 데이터를 연산한 후 제어신호의 크기에 의해 D/A 유니트에 워드 단위의 데이터를 출력한다.

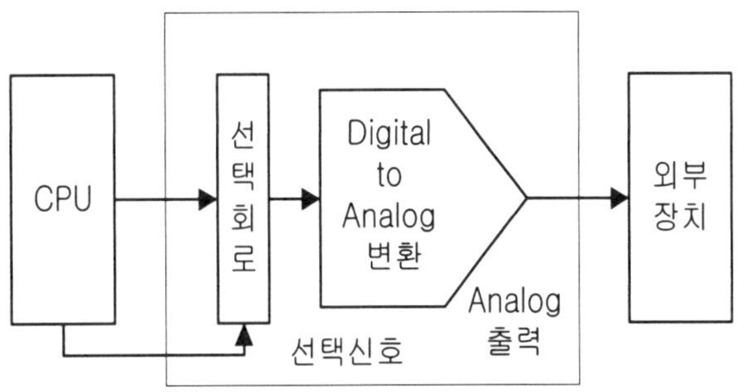

[그림 2.5.9] D/A 출력회로

2.6 특수 유니트

일반적인 용도 외에 특수한 기능을 수행하도록 개발된 특수 유니트는 다음과 같다.

2.6.1 A/D 및 D/A 변환 유니트

전압, 전류, 온도, 속도, 압력, 유량 등과 같이 연속해서 변화하는 물리량을 아날로그 양이라 한다.

반면에 0(=Low), 1(=High)의 비연속적으로 변화하는 양을 디지털 값이라 하는데, PLC는 이러한 디지털 값으로 연산하고 제어한다. 따라서 아날로그량을 PLC가 처리하기 위해서는 디지털 값으로 변환시킬 필요가 있으며, 이러한 용도로 사용하는 유니트를 A/D 변환 유니트라 한다.

아날로그 신호인 연속적인 물리량의 종류와 범위는 너무 다양하기 때문에 이를 PLC 등에서 사용하기 위해 전기적 신호(4~20mA, 0~10V, −10~10V 등)로 변환하여야 한다. 이와 같이 다양한 물리량을 전기적 물리량으로 변환시키기 위해 트랜스듀서(신호변환기)를 사용해야 한다.

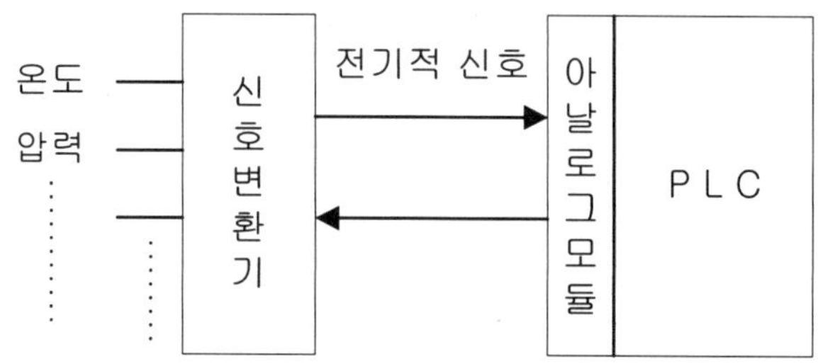

[그림 2.6.1] 신호변환기의 예

한편 PLC의 CPU에서 처리된 결과는 디지털 신호이므로 아날로그 신호로 동작되는 각종 조절장치 등의 출력기기는 D/A 변환 유니트를 통해 아날로그 양으로 변환되어야만 구동이 가능하다.

즉, [그림 2.6.2]와 같이 아날로그 값을 디지털 값으로 변환하여 PLC CPU에 입력하고, CPU에서 처리된 디지털 값을 아날로그 값으로 변환하여 외부기기로 출력한다.

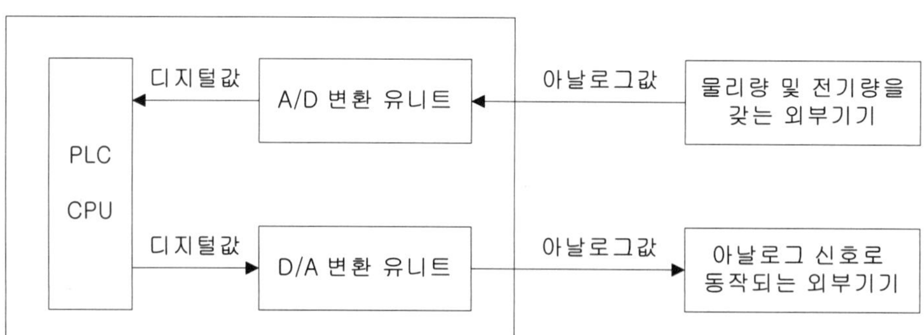

[그림 2.6.2] PLC에서 아날로그 값의 처리

2.6.2 고속 카운터 유니트

고속 카운터 모듈은 고속의 펄스 입력을 받아들이는 입력 모듈로서, 인코더나 펄스 발생기에서 출력되는 고속의 펄스열을 정확하게 카운트하는 특수 기능 모듈이다.

CPU의 카운터는 스캔타임 때문에 1초당 10회 정도의 카운트를 할 수가 있다.

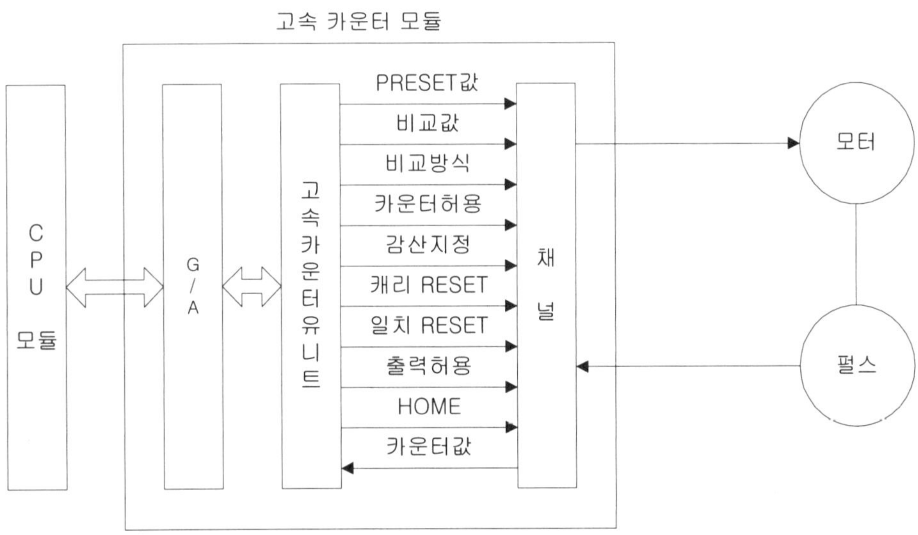

[그림 2.6.3] 고속 카운터 유니트의 구성

또한, 고속 카운터 유니트의 기능은 〈표 2.6.1〉과 같다.

〈표 2.6.1〉 고속 카운터 유니트의 기능

기 능	내 용
카운터 기능	펄스 입력과 가·감산 방식에 따른 3가지 카운트 기능 - 1상 펄스 입력 시 프로그램에 의한 가·감산 카운트 - 1상 펄스 입력 시 B상 입력에 의한 가·감산 카운트 - 2상 펄스 입력 시 위상차에 의한 가·감산 카운트
체배 기능	사용하고자 하는 용도에 맞게 1/2/4 체배 중 하나를 선택하여 입력 펄스를 카운트하는 기능
데이터 비교 기능	카운터 현재값과 비교값과의 대·소를 비교하는 기능
홈(HOME) 기능	홈 신호에 의해 카운터 현재값을 0으로 유지하는 기능
현재값 프리셋 기능	카운터 현재값을 임의의 값으로 변경시키는 기능

2.6.3 위치결정 유니트

ON/OFF 제어를 사용한 모터의 운전, 정지 제어에서 고정밀도의 위치결정 제어가 많이 요구되고 있다.

위치결정 제어는 필요한 만큼의 제어량의 변화를 제어하기 위한 것으로 모터의 가속, 정속, 감속 운전 등을 간단히 제어할 수 있다. 또한 NC 언어 등을 사용하지 않고 PLC 언어만으로 직접 프로그램 함으로써 현장 기술자가 쉽게 제어할 수 있으며, PLC의 데이터 메모리에 위치결정 패턴을 다수 기억시키는 것이 가능하여 다품종 생산에 유리하고, 자기진단 기능 및 모니터에 의한 가동 상황 감시 등을 통해 유지보수가 용이하다.

위치결정 방식은 원점을 기준으로 목표위치는 원점부터의 거리를 설정하는 ABS 방식(절대치) 위치결정과 현재 위치를 기준으로 목표위치는 현재 위치부터의 거리를 설정하는 INC 방식(상대치) 위치결정으로 나누어지며, 위치결정 제어의 적용 예는 [그림 2.6.4]와 같다.

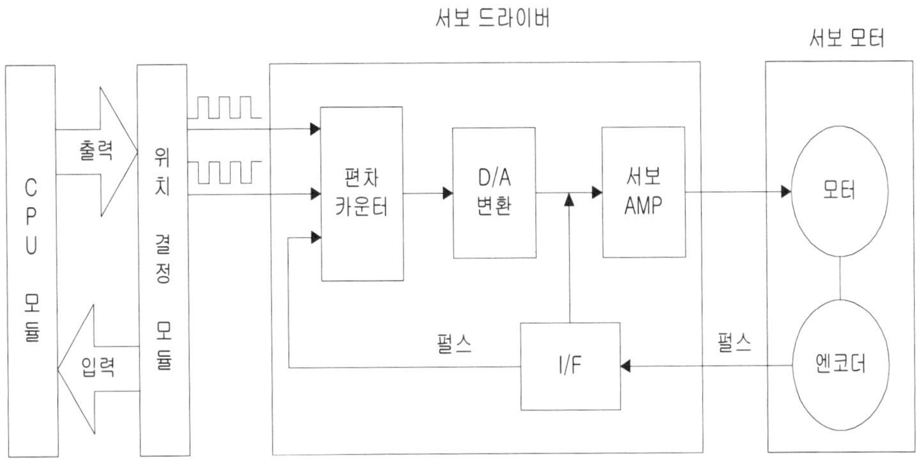

[그림 2.6.4] 서보 모터의 적용 예

2.6.4 PID 제어 유니트

PID 제어란 제어 대상체에서 측정된 값(현재값, PV)을 사용자가 설정한 값(설정값, SV)과 일치시키기 위해, 측정값과 설정값의 차이(편차, E)와 측정값 등을 비례동작(P), 적분동작(I), 미분동작(D) 등으로 연산 처리하여 적절한 조작값(출력값, MV)을 제어 대상체에 출력하는 제어동작을 말한다.

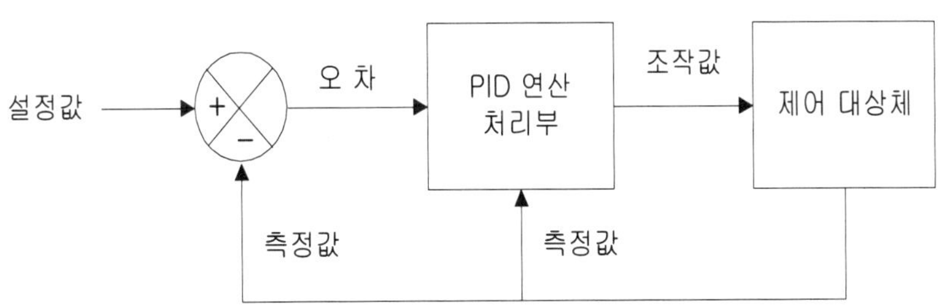

[그림 2.6.5] PID 동작의 개요

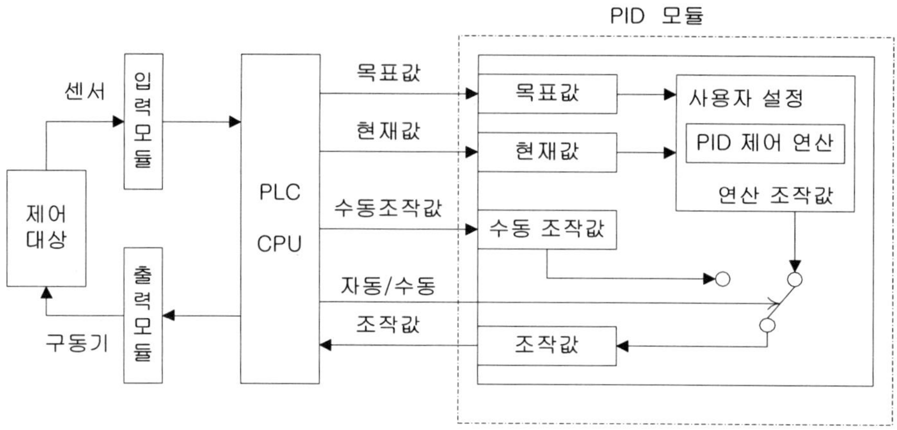

[그림 2.6.6] PID 모듈의 블록다이어그램

연습문제

1. PLC의 구성에 대해 설명하라.

2. 메모리의 종류에 대해 설명하라.

3. 입력부 회로의 종류에 대해 설명하라.

4. 출력부 회로의 종류에 대해 설명하라.

5. 트랜지스터 출력회로에서 주의할 점을 설명하라.

6. 특수 유니트의 종류에 대해 설명하라.

제 3 장
PLC 프로그램

3.1 PLC 언어의 종류

PLC에서 사용되는 언어는 PLC 제조업체마다 특성이 각각 다르고 사용되는 프로그램이 다르다. 이러한 이유로 PLC마다 호환성에서 문제가 되어 IEC(The International Electrotechnical Commission)에서 PLC에 대한 새로운 표준을 만들게 되었다. IEC1131 표준에서 파트 1은 일반정보로 기본기술 및 개념을, 파트 2에서는 설비요구 및 테스트를, 파트 3에서는 PLC 소프트웨어 구조 및 언어를, 파트 4에서는 사용자 가이드라인을, 파트 5에서는 메시지 서비스 규격을 규정하고 있다. 이 중 파트 3인 IEC 1131-3에서 정의한 PLC 언어는 ST, IL, LD, FBD, SFC의 5개를 규정하고 있다. 이들 언어는 크게 텍스트 언어와 그래픽 언어로 나누어진다. 텍스트 언어는 ST와 IL, 그래픽 언어는 LD, FBD, SFC로 나누어진다.

3.1.1 ST(Structured Text)

ST 언어는 기능, 기능 블록 그리고 프로그램의 동작을 표현할 수 있는 텍스트 언어이며, Pascal과 유사한 구조를 갖는 고급(High Level) 언어이다.

```
TYPE  ALARM
   STRUCT
          TimeOn  :  DATA_AND_TIME ;
       Duration  :  TIME ;
   END_STRUCT  ;
END_TYPE

VAR
   Rate , A1   :   REAL  ;
   Count       :   INT   ;
   Alarm       :  Alarm   ;
   Alarm2      :  Alarm   ;
   Profile       :  ARRAY [1..10]  OF REAL  ;
   RTC1       :   RTC  ;  (*Real Time Clock *)
END_VAR
```

[그림 3.1.1] ST 언어의 예

ST 언어는 산업제어 분야를 위해 특별히 개발된 언어로서, 특히 복잡한 수식계산이 필요한 시스템에서 유용하다. 스텝(step)과 액션(action), 천이조건(transition)의 일련의 동작을 표현하기 위해 Sequential Function Chart 내에서 사용될 수 있다.

[그림 3.1.1]은 ST 언어의 예를 나타낸 것이다.

3.1.2 FBD(Function Block Diagram)

FBD 언어는 프로그램의 기능적 요소를 블록으로 표현하고, 이들 기능 블록들의 상호 연결에 의해 제어요소 간에 정보나 데이터의 흐름이 있는 시스템에서 사용되는 그래픽 언어이다. 그러나 FBD 언어는 다른 언어와 직접적인 변환이 이루어지지 못하는 단점이 있다.

[그림 3.1.2]는 FBD 언어의 예를 나타낸 것이다.

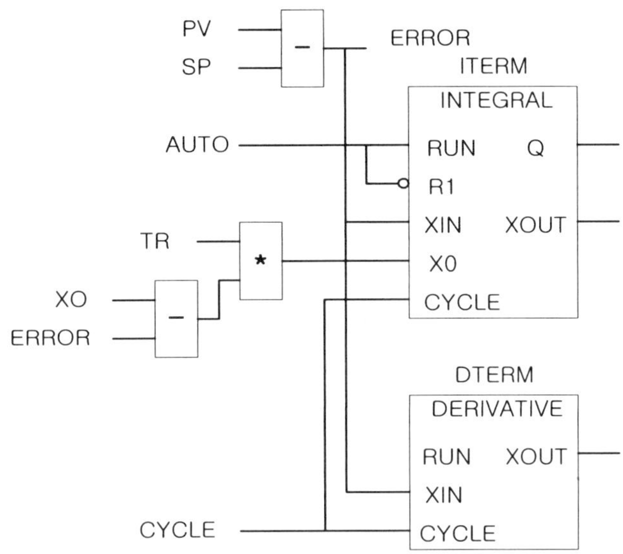

[그림 3.1.2] FBD 언어의 예

3.1.3 LD(Ladder Diagram)

LD 언어는 PLC에 가장 많이 사용되는 릴레이 로직을 표현하기 위한 표준 언어로 릴레이 제어반의 여러 요소를 소프트웨어로 대치시켜 접점 및 코일로 표현할 수 있게 한 언어이다. LD 언어는 조합논리의 표현에 기반을 둔 언어이므로 조건과 인터록 논리의 기술(記述)에는 우수한 장점이 있으며, 내부변수로서 출력변수를 사용하는 것이 편리하고 프로그램상에서 조합논리를 표현하는 데 있어 조건과 인터록 논리에서는 다른 언어보다 장점이 있다. 반면에 제어흐름을 나타내는 순차제어 논리의 기술(記述)에는 많은 어려움이 있다.

[그림 3.1.3]은 LD 언어의 예를 나타낸 것이다.

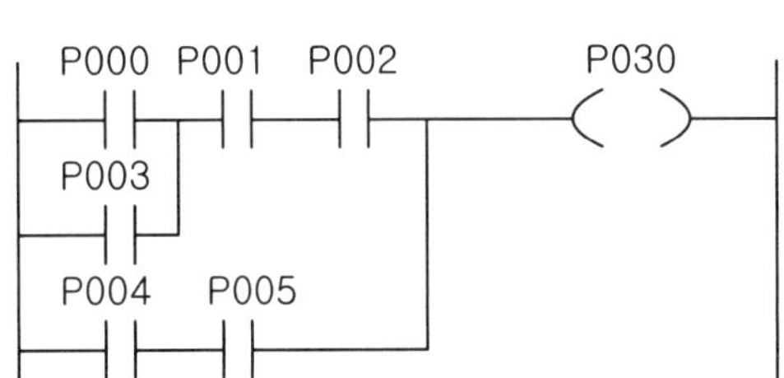

[그림 3.1.3] LD 언어의 예

3.1.4 IL(Instruction List)

IL 언어는 기존의 어셈블러와 유사한 구조를 갖는 low level 언어이다. IL 언어는 종래의 니모닉(mnemonic)이라는 언어를 표준화한 것으로, 사용자가 어셈블리 언어를 사용하듯 프로그램 할 수 있어서 간단한 응용 프로그램이나 프로그램의 최적화가 필요한 부분에서 사용된다.

[그림 3.1.4]는 IL 언어의 예를 나타낸 것이다.

```
LOAD       P000
LOAD       P002
OR          P030
 AND        LOAD
AND NOT  P003
OUT         P030
```

[그림 3.1.4] IL 언어의 예

3.1.5 SFC(Sequential Function Chart)

SFC 언어는 1977년에 프랑스에서 개발된 GRAFCET에 근거한 국제표준언어로서, 이산제어 프로그램에서 순차제어 논리의 기술(記述)에 적합한 강력한 그래픽 언어이다. SFC 언어는 제어의 흐름을 이해하기 쉬우며, 유지보수가 용이하고, 프로그램의 기술성(記述性)이 뛰어나며, 기계장애의 진단성(診斷性)이 우수하다는 장점이 있다.

[그림 3.1.5]는 SFC 언어의 예를 나타낸 것이다.

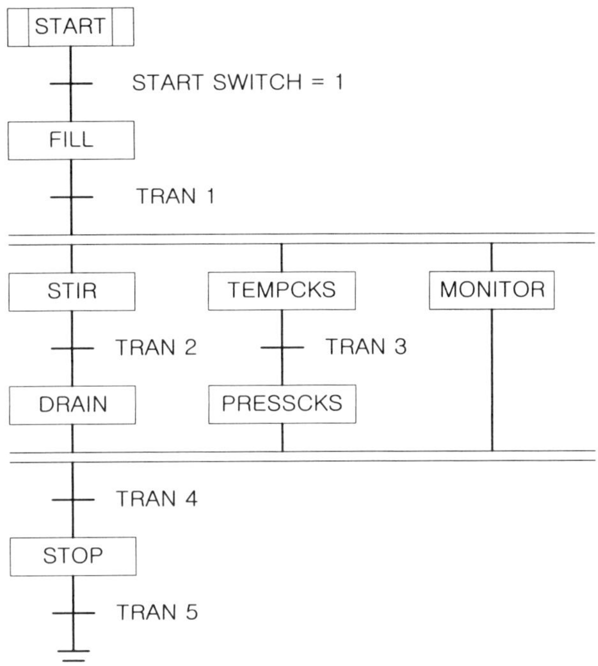

[그림 3.1.5] SFC 언어의 예

3.2 PLC 프로그래밍 방식

제어를 하기 위해 제어기를 PLC로 하드웨어 구성을 하고, 전체 공정을 제어할 제어의 내용을 PLC 언어로 작성한 후 메모리에 기입하여야 한다. 이와 같이 제어의 대상을 제어하기 위해 PLC 언어로 프로그램을 하고 메모리에 기입하는 프로그래밍을 거쳐야 한다. 이러한 과정에서 프로그래밍 방식은 회로도 방식과 동작도 방식으로 구별된다.

회로도 방식은 래더도 방식, 명령어 방식, 논리기호 방식의 3가지가 있고, 동작도 방식은 플로차트 방식과 타임차트 방식의 2가지가 있다.

3.2.1 회로도 방식

(1) 래더도 방식

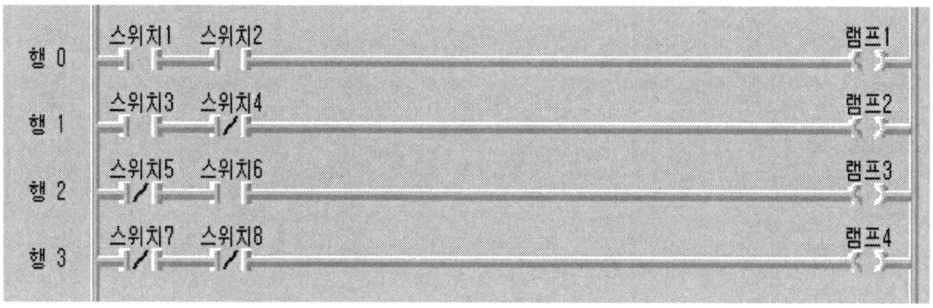

[그림 3.2.1] 래더도 방식

래더도 방식은 그래픽 방식이며, PLC에서 가장 많이 사용하는 방식으로 프로그램을 래더로 작성하여 메모리에 기입하는 방식이다.

(2) 명령어 방식

명령어 방식은 텍스트 방식으로 제어내용을 명령어를 사용하여 프로그램하며, 스텝별로 명령어의 형태를 메모리에 기입하게 된다. 그러나 이 방식은 프로그래밍하기가 어렵다는 것이 단점이다.

스텝	명령	데이터
0000	LOAD	00
0001	AND	01
0002	OR	02
0003	LOAD	03
0004	OR LOAD	
0005	AND	04
0006	OUT	31

[그림 3.2.2] 명령어 방식

(3) 논리기호 방식

논리기호 방식은 논리기호인 NOT, AND, OR 등을 사용하여 회로를 도시하는 방식이다. 이것은 회로의 논리적인 동작을 순차적으로 이해하면 작성하기가 편리한 방식이다.

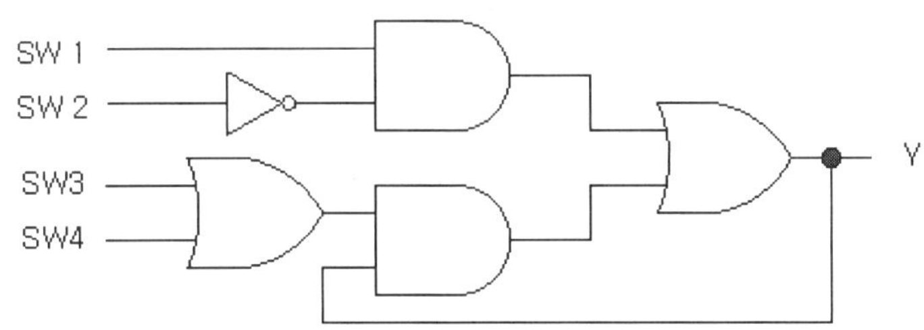

[그림 3.2.3] 논리기호 방식

3.2.2 동작도 방식

(1) 플로차트 방식

플로차트 방식은 PLC 프로그래밍에서 가장 많이 사용하는 방식으로 기능사양을 순서에 기인해서 도식적으로 작성하는 방식이다. 플로차트가 작성이 되면 래더도는 아주 쉽게 작성할 수가 있다.

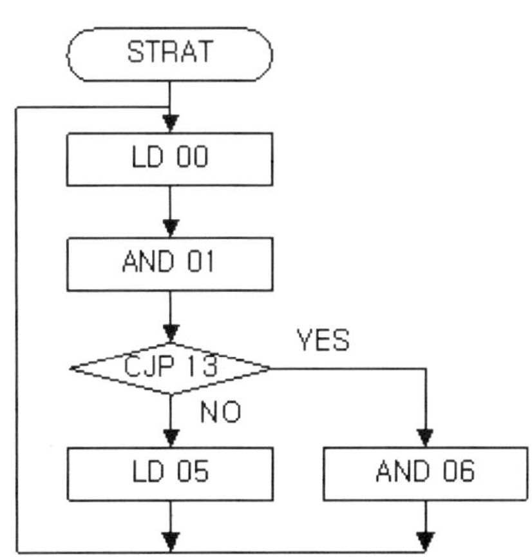

[그림 3.2.4] 플로차트 방식

(2) 타임차트 방식

타임차트 방식은 입력신호와 출력신호를 시간의 관계로 도시한 것으로 시퀀스의 관계를 명확히 알 수 있고, 래더 다이어그램의 분석을 쉽게 할 수 있다.

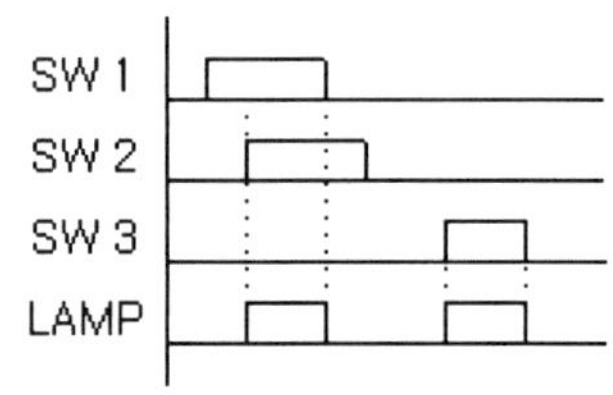

[그림 3.2.5] 타임차트 방식

3.3 PLC 프로그래밍 방법

3.3.1 프로그램 순서

제어대상을 PLC를 사용하여 제어하고자 할 때는 가장 중요한 것이 사양서를 정확히 만드는 것이다. 이러한 사양서는 시방서라고도 하는데 제어대상의 원하는 제어내용을 하나도 빠짐없이 정확히 기록해야 한다. 또한 일련의 모든 동작들을 순서에 맞춰 기록하고, 각각의 구동장치는 인터록 관련내용을 정확히 표현해야 한다.

이것이 정확히 이루어지면 각 입력부와 출력부 그리고 중계접점들을 입출력기기에 할당을 하고, 프로그램을 한다. 이 프로그램을 메모리의 어느 스텝에 저장하느냐를 결정하는 작업을 코딩이라 하며, 코딩이 끝나면 프로그램을 로딩하여 각 순차동작을 시켜 프로그램을 수정하는 디버깅을 거쳐 프로그램을 완료하게 된다.

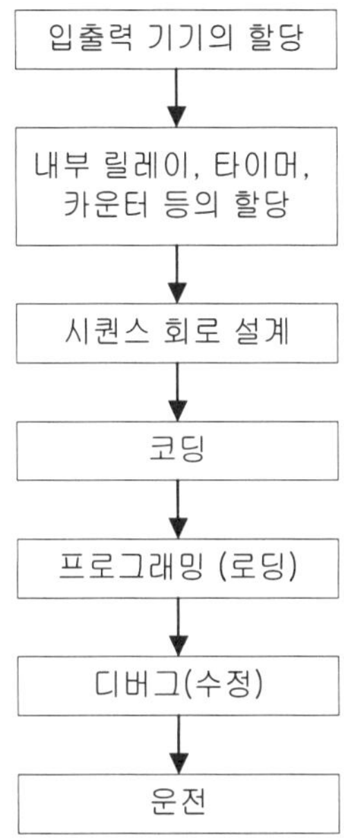

[그림 3.3.1] 프로그래밍 순서

3.3.2 입출력 기기의 할당

입출력의 외부기기를 접속할 PLC의 입출력 단자를 결정하고 입력기기와 출력기기를 분류한다. 입출력 기기를 할당하는 예를 [그림 3.3.2]에 나타내고 있다.

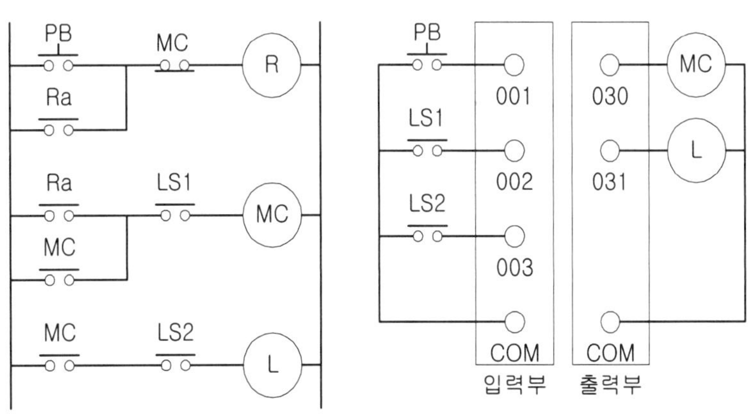

(a) 시퀀스 회로 (b) PLC 결선도

[그림 3.3.2] 외부기기와 PLC의 접속

또한, 입력기기와 출력기기가 설정되면 입출력 할당표를 작성한다. 입출력 할당표를 작성하는 방법은 [그림 3.3.3]을 예를 들어 설명한다.

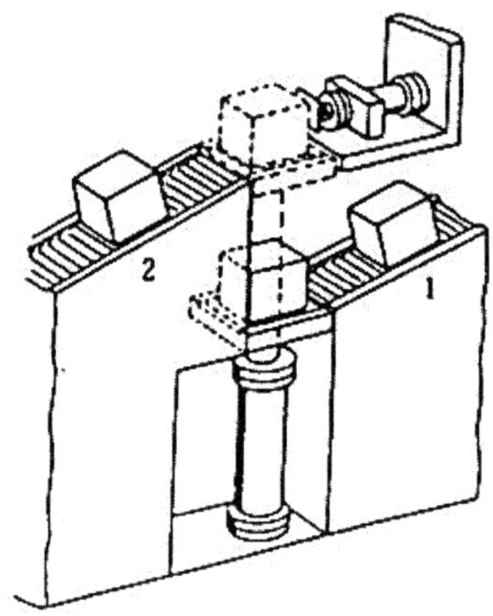

[그림 3.3.3] 제품이송 시스템

[그림 3.3.3]을 기준으로 입출력 할당표는 〈표 3.3.1〉과 같다.

〈표 3.3.1〉 [그림 3.3.3]의 입출력 할당표

구분	접 점	기 호	설 명
입력	%IX0.0.0	LS1	제품 도달 센서
	%IX0.0.1	LS2	실린더 A 후진 감지 센서
	%IX0.0.2	LS3	실린더 A 전진 감지 센서
	%IX0.0.3	LS4	실린더 B 후진 감지 센서
	%IX0.0.4	LS5	실린더 B 전진 감지 센서
출력	%QX0.0.0	CYAB	실린더 A 후진
	%QX0.0.1	CYAF	실린더 A 전진
	%QX0.0.2	CYBB	실린더 B 후진
	%QX0.0.3	CYBF	실린더 B 전진

또한, PLC 내에는 입출력 단자에 접속되지 않은 보조 릴레이가 있다. 이 보조 릴레이는 자동할당을 하면 되고, PLC 기종에 따라 약간의 차이가 있지만 GLOFA 기종은 자동할당으로 편리하게 사용할 수 있다.

3.3.3 코 딩

시퀀스 회로를 PLC에 프로그램할 때, 프로그램을 메모리의 어느 스텝에 수납하느냐를 결정하는 작업을 코딩이라 한다. 코딩 내용을 코딩 시트에 반드시 기입한다. 나중에 프로그램 일부를 삭제, 추가하든지, 변경, 수정하든지 할 때에 필요하다.

연 습 문 제

1. PLC 언어의 종류에 대해 설명하라.

2. 래더 다이어그램의 장단점을 설명하라.

3. SFC 언어의 장단점을 설명하라.

4. 프로그래밍 방식에서 회로도 방식의 종류를 설명하라.

5. 프로그래밍 방식에서 동작도 방식의 종류를 설명하라.

6. 프로그래밍 순서를 설명하라.

7. 프로그래밍 시 코딩에 대해 설명하라.

제 4 장 GLOFA GM

4.1 GLOFA PLC의 특징 및 규격

4.1.1 GLOFA PLC의 특징

GLOFA PLC는 IEC(International Electrotechnical Commission) 국제 규격에 맞도록 개발되어 고객의 편리성에 중점을 두었으며, 간단한 소규모 기계제어에서부터 대규모 설비제어까지 가능한 PLC이다. 이 GLOFA PLC의 특징은 다음과 같다.

1) IEC 국제 규격에 맞도록 설계된 PLC이다.
2) 국제 규격의 통신프로토콜을 채택하였다.
   ① 이기종 간 통신 및 멀티벤더 간 통신이 가능하도록 open 네트워크를 지향하였다.
   ② 상위 네트워크로 Mini-Map(5Mbps), Ethernet을 채용하였다.
   ③ 하위 네트워크로 Field-bus(1Mbps), Device net을 채용하였다.
3) 윈도우 환경 채용으로 프로그램 작성 및 수정이 편리하게 하였다.
4) 하나의 화면에 각기 다른 언어를 사용하여 동시에 프로그램을 작성, 수

정 및 모니터링이 가능하도록 MDI(Multiple Document Interface)를 지원한다.

5) 국제 규격 IEC-1131-3에 맞도록 IL(Instruction List), LD(Ladder Diagram), SFC(Sequential Function Chart) 언어가 지원된다.

6) 다양한 특수 모듈을 지원한다.

7) GM1 기종은 멀티 CPU 구성 및 이중화 시스템 구성이 가능하다.

8) CPU는 연산 전용 프로세서를 채택하여 GM1/2 기종은 0.12μs/step, GM3/4/5 기종은 0.2μs/step의 고속 처리가 가능하다.

9) 자기진단 기능에서 자기진단상의 에러코드를 내용별로 더욱 세분화하여 에러를 쉽게 찾을 수 있도록 하였다.

10) Cold, Warm, Hot 리스타트 모드를 설정할 수 있도록 하였고, Hot 리스타트는 허용시간을 설정하여 공정제어를 정확히 할 수 있게 하였다.

11) 시운전이 용이하도록 PLC 운전 모드 중 온라인 상태에서 프로그램을 디버깅할 수 있는 디버그 운전 모드를 설정할 수 있다.

12) 스캔 프로그램 및 수행조건 설정에 따라 정주기 인터럽트, 외부 인터럽트, 내부접점 인터럽트 프로그램을 수행 가능하다.

4.1.2 GLOFA PLC의 성능규격

<table>
<tr><th colspan="2">항 목</th><th>GMR</th><th>GM1</th><th>GM2</th><th>GM3</th><th>GM4</th><th>GM5</th></tr>
<tr><td colspan="2">제어 방식</td><td colspan="6">저장된 프로그램 반복 연산, 정주기 연산, 인터럽트 연산</td></tr>
<tr><td colspan="2">입출력 제어 방식</td><td colspan="6">스캔 동기 일괄처리 방식</td></tr>
<tr><td colspan="2">프로그램 언어</td><td colspan="6">LD(Ladder Diagram), IL(Instruction List),
SFC(Sequential Function Chart)</td></tr>
<tr><td rowspan="4">언어
구성체
종류</td><td>오퍼레이터</td><td colspan="6">LD : 13개 , IL : 21개</td></tr>
<tr><td>기본 펑션</td><td>156개</td><td>324개</td><td>324개</td><td>324개</td><td>194개</td><td>194개</td></tr>
<tr><td>기본 펑션 블록</td><td>11개</td><td>11개</td><td>11개</td><td>11개</td><td>11개</td><td>12개</td></tr>
<tr><td>전용 펑션 블록</td><td>이중화 전용
펑션 블록</td><td colspan="5">특수 기능 전용 펑션 블록</td></tr>
<tr><td rowspan="3">연산
처리
속도</td><td>오퍼레이터</td><td colspan="3">0.12μs/명령</td><td colspan="3">0.12μs/명령</td></tr>
<tr><td>기본 펑션</td><td colspan="3" rowspan="2">0.12μs/step</td><td colspan="3" rowspan="2">0.12μs/명령</td></tr>
<tr><td>기본 펑션 블록</td></tr>
</table>

<table>
<tr><th colspan="2">항 목</th><th>GMR</th><th>GM1</th><th>GM2</th><th>GM3</th><th>GM4</th><th>GM5</th></tr>
<tr><td colspan="2">프로그램 메모리 용량</td><td colspan="3">512kbyte(128kstep)</td><td>256kbyte
(64kstep)</td><td>128kbyte
(32kstep)</td><td>64kbyte
(16kstep)</td></tr>
<tr><td rowspan="2">입출력
점수</td><td>32점모듈사용시</td><td>3,840점</td><td>8,000점</td><td>2,048점</td><td>1,024점</td><td>512점</td><td rowspan="2">192점</td></tr>
<tr><td>64점모듈사용시</td><td>7680점
32,000*1</td><td>16,000점</td><td>4,096점</td><td>2,048점</td><td>1,024점</td></tr>
<tr><td rowspan="2">데이터
메모리</td><td>직접변수 영역</td><td>0~64kbyte</td><td colspan="2">8~64kbyte</td><td>8~64kbyte</td><td>2~16kbyte</td><td>2~16kbyte</td></tr>
<tr><td>네임드
변수 영역*2</td><td colspan="3">최대
446 kbyte</td><td>최대
116kbyte</td><td>최대
52kbyte</td><td>최대
32kbyte</td></tr>
<tr><td colspan="2">타이머</td><td colspan="6">점수 제한 없음, 시간범위 : 0.001초 ~ 4294967.295초(1,193시간)</td></tr>
<tr><td colspan="2">카운터</td><td colspan="6">점수 제한 없음, 계수범위 : −32,768 ~ +32,767</td></tr>
<tr><td colspan="2">운전 모드</td><td>Pause 모드
없음</td><td colspan="5">Run, Stop, Debug, Pause</td></tr>
<tr><td colspan="2">정전 시 데이터 보존</td><td colspan="6">변수 정의 시 보존(Retain)으로 설정된 데이터</td></tr>
<tr><td colspan="2">프로그램 블록수</td><td colspan="6">180개</td></tr>
<tr><td rowspan="6">프로
그램
종류</td><td>스캔</td><td colspan="6">태스크 프로그램으로 등록하지 않은 프로그램</td></tr>
<tr><td>정주기 태스크</td><td colspan="5">32개</td><td>8개</td></tr>
<tr><td>외부접점
태스크</td><td>없음</td><td colspan="3">16개</td><td>8개</td><td>8개</td></tr>
<tr><td>내부접점
태스크</td><td colspan="5">16개</td><td>8개</td></tr>
<tr><td>초기화 태스크</td><td colspan="6">2개 (_INT , _H_INT)</td></tr>
<tr><td>에러 태스크</td><td colspan="3">1개(_ERR_SYS)</td><td colspan="3">없음</td></tr>
<tr><td colspan="2">자기진단 기능</td><td colspan="6">운전상태 감시, 연산지연 감시, 메모리 이상, 입출력 이상,
배터리 이상, 전원 이상 등</td></tr>
<tr><td colspan="2">리스타트 기능</td><td colspan="6">콜드, 웜, 핫 리스타트</td></tr>
<tr><td colspan="2">증설 베이스 수</td><td>총 16개</td><td>31개</td><td>7개</td><td>3개</td><td>3개</td><td></td></tr>
<tr><td colspan="2">멀티 CPU 운전</td><td>불가</td><td>최대4개</td><td colspan="4">불가</td></tr>
<tr><td colspan="2">이중화 운전</td><td>중복, 전환,
단독입출력</td><td colspan="5">불가능</td></tr>
</table>

*1 : 네트워크 구성 시 최대 입출력 점수

*2 : 네임드 변수=최대 네임드 범위−직접변수 지정 범위

4.2 데이터 메모리 구성

4.2.1 공통요소의 표현

(1) 식 별 자

영문자나 밑줄 문자(_)로 시작하는 모든 문자, 숫자, 밑줄 문자의 조합이 식별자가 될 수 있다. 식별자(Identifiers)는 변수의 이름으로 쓰이며, 빈칸을 포함하지 않아야 한다. 식별자는 보통 변수인 경우에는 영문 16자, 입출력 변수 및 인스턴스 이름인 경우에는 영문 8자로 구분하고, 영문자의 경우, 대·소문자를 구별하지 않고 모두 대문자로 인식한다.

〈표 4.2.1〉 식별자 사용 예

종 류	사 용 예
대문자와 숫자	AQ35, BH424N, KIDE
대문자와 숫자, 밑줄 글자	KOM_SW_1, GOL4, ABCD
밑줄 글자로 시작하는 대문자와 숫자	_MAIN, _56E9, _CDFE

(2) 데이터의 표현

GLOFA PLC는 숫자, 문자, 시간문자 등이 데이터로 사용된다.

〈표 4.2.2〉 데이터 표현

종 류	사 용 예
정수	−24, 2, 123_456, +567
실수	−24.0, 2.2, 0.456, 2.34243_23
승수부를 갖는 실수	−1.23E−13, 2.3E+5, 2.345E6
2진수	2#1010_1010, 2#1100_0011
8진수	8#234(십진수 156) 8#156(십진수 110)
16진수	16#EE(십진수 238) 16#6B(십진수 107)
BOOL 데이터	1, 0, TRUE, FALSE

① 숫자(Numeric Literals)

숫자는 정수와 실수로 나누어진다. 숫자의 일반적인 규칙은 다음과 같다.

- 연속되지 않은 밑줄 글자(_)가 숫자 사이에 올 수 있으며, 그 의미는 무시된다.
- 십진수는 일반적인 십진 표현법을 따르고, 소수점이 있으면 실수로 구별된다.
- 승수(Exponent) 표현 시 +, −의 부호가 올 수 있다. 승수부를 구분하는 문자 'E'는 대소문자를 구분하지 않는다.
- 승수부가 있는 실수의 사용시 다음은 가능하지 않다.
  예) '12E-5'의 표현은 옳지 않고, '12.0E-5'가 올바른 표현이다.
- 정수에는 십진수 이외에 2, 8, 16 진수가 올 수 있으며, 숫자의 앞부분에 진수 #을 사용하여 구분한다. #이 없는 경우는 10진수로 처리한다.
- 16진수 표현 시 0에서 9까지, A에서 F까지 사용하며 소문자도 가능하다.
- 진수 표현 시에는 부호(+, −)가 올 수 없다.
- BOOL 데이터(Boolean Data)는 정수 0과 1로도 표현할 수 있다.

② 문자열(Character String)

작은따옴표(')로 둘러싸인 모든 문자가 문자열에 해당한다. 문자열 상수일 때는 그 길이가 16자 이내이며, 초기화에 사용할 때는 30자로 제한된다.

③ 시간문자(Time Literals)

시간문자는 제어사건(Control Event)의 경과시간(Elapsed Time)을 재거나 조절하기 위한 경과시간(Duration) 데이터와, 제어사건의 시작점과 끝점의 시각을 표시하기 위한 날짜와 시각(Time of Day and Date) 데이터로 구분된다.

④ 경과시간(Duration)

경과시간의 규칙은 다음과 같다.

- 경과시간 데이터는 예약어 'T#' 또는 't#'으로 시작한다.
- 일(d), 시(h), 분(m), 초(s), ms의 순으로 써야 하고 어느 단위에서 시작

되어도 상관없으며, 최소 단위인 ms까지 꼭 쓰지 않아도 되나 중간 단위를 생략할 수 없다.

- 밑줄 글자(_)는 사용하지 않는다.
- 최대 단위에서의 오버플로(Overflow)는 허용되며, 최소 단위에서의 소수점 이하 표현도 ms 이외에는 가능하다. 단, 최대는 T#49d17h2m47s295ms를 초과할 수 없다(즉, ms 단위로 32비트).
- 소수점 이하 자릿수의 제한은 현재 초(s) 단위에서의 3자리까지이다.
- ms 단위에서는 소수점이 올 수 없다.
- 단위를 나타내는 문자로는 대·소문자 어느 경우나 다 가능하다.

〈표 4.2.3〉 경과시간 사용 예

종　　류	사 용 예
경과시간	T#13ms, T#15.9s, T#12.5m, T#12.6h t#12.4d, t#24h15m, t#5d12h12m14s345ms

⑤ 날짜와 시각(Time of Day And Date)

날짜와 시각의 표현 방법에는 날짜, 시각, 날짜와 시각의 3가지가 있으며 다음과 같다.

〈표 4.2.4〉 날짜와 시각

종　　류	사 용 예
날짜 접두어	D#
시각 접두어	TOD#
날짜·시각 접두어	DT#

- 날짜의 시작점은 1984년 1월 1일을 기점으로 한다.
- 시각과 날짜 시각의 표현에는 엄격한 자릿수의 제한이 있으며, 초를 나타낼 경우 ms 단위는 소수점 이하 세 자리까지 가능하다(1ms 단위).
- 시각과 날짜·시각의 표현 시에는 모든 단위에서 오버플로(Overflow)가 되지 않는다.

〈표 4.2.5〉 날짜와 시각 사용 예

종　　류	사 용 예
날짜	D#1984-06-05 d#1984-06-05
시각	TOD#15:36:55.55 tod#14:33:56.345
날짜·시각	DT#1984-06-05-15:36:55.55 dt#1984-06-05-15:36:55.369

4.2.2 변수의 표현 방식

프로그램 안에서 데이터는 2가지 값 즉, 상수와 변수를 갖게 된다. 상수는 일정하게 주어지는 값으로 프로그램 실행 동안 값이 바뀌지 않으며, 변수는 그 값이 변하게 된다. 프로그램의 구성요인인 프로그램 블록, 펑션, 펑션 블록 등에서 사용되는 변수는 직접변수 방식과 네임드(Named, Symbolic) 변수 방식의 2가지가 있다.

직접변수는 종래의 PLC 방식에서 사용되던 것으로 사용자가 이름을 직접 부여하지 않고 메이커에 의해 지정된 메모리 영역의 식별자를 사용하여 변수 선언이 불필요한 것이다. 네임드 변수 방식은 사용자가 이름을 부여하고 사용하는 것으로 변수선언이 필요하다.

(1) 직접변수

직접변수는 데이터 요소에 PLC의 입·출력 또는 기억장소에 대한 물리적 또는 논리적인 장소를 직접 표현하는 것으로 사용자가 변수이름과 형 등을 선언하지 않고 메이커에서 정해진 메모리 영역의 식별자와 주소를 사용하게 되는 변수이며, %I의 입력변수와 %Q의 출력변수 그리고 %M의 내부 메모리 변수가 있다. 직접변수는 별도의 변수선언 없이 식별자의 위치를 표현하는 방식이므로 프로그램의 가독성(可讀性)이 떨어지며, 사용자의 잘못으로 어드레스 등이 중복될 우려가 있어 가능하면 네임드 변수를 사용하는 것이 좋다.

〈표 4.2.6〉 위치 접두어

접 두 어	의 미
I	입력위치(Input Location)
Q	출력위치(Output Location)
M	내부 메모리 위치(Memory Location)

〈표 4.2.7〉 크기 접두어

접 두 어	의 미
X	1비트의 크기('X'문자에 한하여 생략 가능)
B	1바이트(8비트)의 크기
W	1워드(16비트)의 크기
D	1더블워드(32비트)의 크기
L	1롱워드(64비트)의 크기

직접변수를 표현할 때는 퍼센트 문자(%)로 시작하고, 다음에 위치를 나타내는 접두어와 크기를 나타내는 접두어를 붙이며 마침표로 분리되는 하나 이상의 부호 없는 정수의 순으로 나타낸다.

즉, %[위치접두어][크기접두어][베이스번호][슬롯번호][데이터번호]로 표현한다.

〈표 4.2.6〉에 위치접두어를, 〈표 4.2.7〉에 크기접두어를 나타낸다.

접두어는 소문자를 사용할 수 없고, 크기접두어를 붙이지 않으면 그 변수는 1비트로 처리한다. 이에 대한 예로서 %IX0.0.0에서 Q는 출력을 나타내고 X는 1비트의 크기를 나타내며, 0번 베이스의 1번 슬롯의 2번 접점을 나타낸다. 또한 내부 메모리 위치 %MW20.3은 20의 위치에 있는 워드 단위의 메모리 중 3번 비트를 나타내며, 내부 메모리는 베이스와 슬롯 번호가 없다. 그리고 내부 메모리 맵의 예는 [그림 4.2.1]과 같다.

[그림 4.2.1]에서 마지막 3번 비트는 워드로 할당했을 때는 %MW100.3으로 된다. 즉, 100번 워드 위치의 3번 비트가 되며, 바이트 단위로 바꾸었을 때는 1워드가 2바이트이므로 200바이트의 위치가 되어 %MB200.3으로 되고 비트로 계산했을 때는 16비트의 100번째 워드이므로 %MX1603으로 할당이 된다.

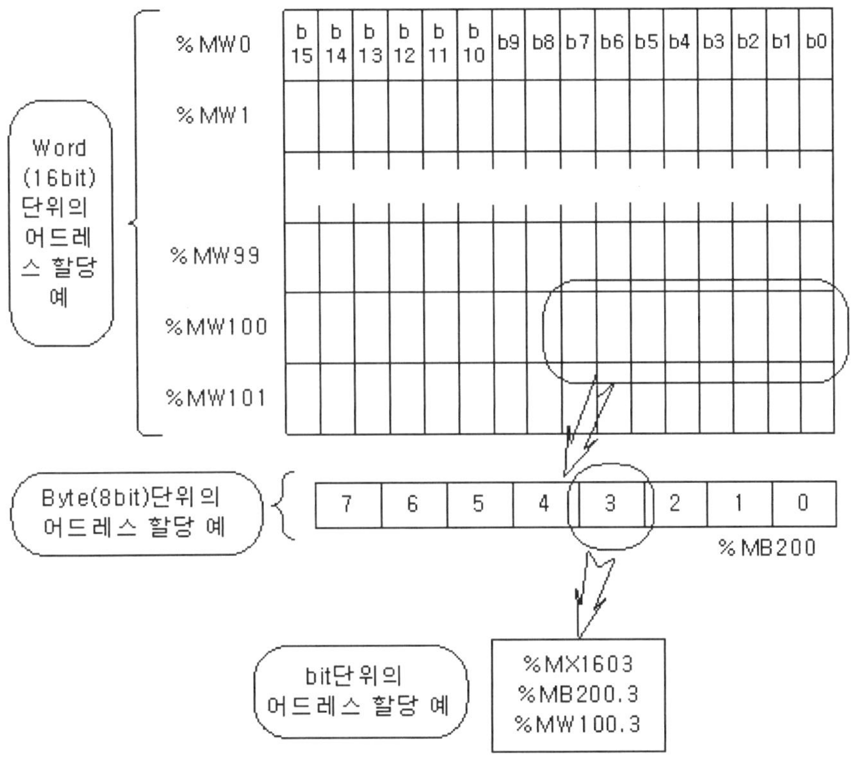

[그림 4.2.1] 내부 메모리 맵의 예

(2) 네임드(Named) 변수

직접변수는 변수를 별도로 선언하지 않고 사용하는 방식이지만, 네임드 변수는 변수의 이름 및 형 등을 선언하여 사용하는 방식이다.

네임드 변수를 선언할 때 네임드 변수의 이름이 한글 및 한자는 8자까지 선언이 가능하고, 영문자는 16자까지 선언이 가능하다. 또한 한글, 영문, 숫자 그리고 밑줄 문자(__)를 조합해서 사용할 수 있다. 영문자를 사용할 경우에는 대문자와 소문자는 별도로 구별하지 않고 모두 대문자로 인식이 되며 빈칸은 포함되지 않아야 한다. 즉 시동__스위치1, 모터10__운전, 수동__배출__스위치, 모터2__ON 등과 같이 네임드 변수를 사용한다.

4.2.3 네임드 변수의 종류(속성)

프로그램의 구성요소는 그 구성요소에서 사용할 변수를 선언할 수 있는 선언부분을 가지고 있으며, 변수를 사용하기 위해서는 변수의 이름을 선언해야 한다. 이름을 선언하는 변수를 네임드 변수라고 하며, 네임드 변수는 4가지 종류가 있다. 네임드 변수의 종류는 〈표 4.2.8〉과 같다.

〈표 4.2.8〉 네임드 변수의 종류

변수 종류	내　　　용
VAR	읽고 쓸 수 있는 일반적인 변수
VAR_RETAIN	정전 후 복전 시 값이 유지되는 변수
VAR_CONSTANT	읽기만 할 수 있는 변수
VAR_EXTERNAL	외부변수(VAR_GLOBAL)임을 지정하는 변수

VAR 변수는 일반적인 변수를 나타내고, VAR_RETAIN 변수는 정전유지변수로 PLC의 전원이 끊긴 후에는 데이터의 값을 유지할 필요가 있는 경우에 사용하는 변수이다.

VAR_RETAIN 변수는 시스템의 웜 리스타트 시 그 값이 유지되고 시스템의 콜드 리스타트 시에는 사용자가 정의한 초기값이나 기본 초기값으로 초기화되며, VAR_RETAIN으로 선언되지 않는 변수는 콜드 리스타트나 웜 리스타트 어느 경우에도 사용자가 정의한 초기값이나 기본 초기값으로 초기화된다. 그러나 변수를 선언할 때 입력변수 %I와 출력변수 %Q로 강제 할당한 변수는 VAR_RETAIN이나 VAR_CONSTANT로 선언할 수 없다. 또한 변수는 기본 데이터 타입을 인자로 갖는 어레이(Array)로 선언하여 사용할 수 있다. 어레이 변수로 선언할 때는 인자로 사용할 데이터 타입과 어레이의 크기를 설정하여야 한다. 단 기본 데이터 타입 중에 STRING 데이터 타입은 인자로 설정할 수 없다.

이러한 변수의 선언 예는 〈표 4.2.9〉와 같다.

〈표 4.2.9〉 변수 선언의 예

변수 이름	변수 형	데이터 타입	초기값	메모리 할당
I_VAL	VAR	INT	1234	자동
BIPOLAR	VAR_RETAIN	DINT		자동
LIMIT_SW	VAR	BOOL		%IX1.0.2
GLO_SW	VAR_EXTERNAL	DWORD		자동
READ_BUF	VAR	ARRAY OF INT[10]		자동

4.2.4 네임드 변수의 데이터 타입(Type)

(1) 기본 데이터 타입

데이터 타입은 데이터의 고유성질을 나타내는 것으로 크게 수치(ANY_NUM)와 비트 상태(ANY_BIT)의 2가지로 구분된다.

수치의 대표적인 경우는 정수(INT : Interger)로 정수는 셀 수 있는 것이며, 산술연산이 가능하고 카운터의 현재값, A/D(아날로그-디지털 변환)의 아날로그 입력을 변환한 값 등이 정수의 예이다.

비트 상태는 산술연산이 불가능하지만 타입(type) 변환 펑션을 사용하여 수치로 변환하면 산술연산이 가능한 데이터 타입으로 BOOL(Boolean : 1비트), BYTE(8개의 비트열), WORD(16개의 비트열) 등이 있는데 비트열의 ON/OFF 상태를 나타내며 논리연산이 가능하고, 입력 스위치의 ON/OFF 상태, 출력 램프의 소등/점등 상태 등이 비트 상태의 대표적인 예이다. 또한 BCD 값은 10진수를 4비트의 2진 코드로 표현한 것이기 때문에 비트 상태에 속한다.

이러한 기본 데이터 타입은 〈표 4.2.10〉과 같다.

〈표 4.2.10〉 기본 데이터 타입

구분	예약어	데이터 타입	크기 (비트)	범위
수치 (ANY_NUM)	SINT	Short Integer	8	−128~127
	INT	Integer	16	−32768~32767
	DINT	Double Integer	32	−2147483648~2147485647
	LINT	Long Integer	64	$-2^{63}\sim2^{63}-1$
	USINT	Unsigned Short Integer	8	0~255
	UINT	Unsigned Integer	16	0~65535
	UDINT	Unsigned Double Integer	32	0~4294967295
	ULINT	Unsigned Long Integer	64	$0\sim2^{64}-1$
	REAL	Real Numbers	32	−3.402823E38~−1.401298E-45 1.401298E-45~3.402823E38
	LREAL	Long Reals	64	−1.7976931E308~−4.9406564E-324 4.9406564E-324~1.7976931E308
시간	TIME	Duration	32	T#0S~T#49D17H2M47S295MS
날짜	DATE	Date	16	D#1984-01-01~D#2163-6-6
	TIME_OF_DAY	Time of Day	32	TOD#00:00:00~TOD#23:59:59.999
	DATE_AND_TIME	Date And Time of Day	64	DT#1984-01-01-00:00:00~ DT#2163-12-31-23:59:59.999
문자열	STRING	Character String	30*8	30문자
비트 상태 (ANY_BIT)	BOOL	Boolean	1	0,1
	BYTE	Bit String of Length 8	8	16#~16#FF
	WORD	Bit String of Length 16	16	16#~16#FFFF
	DWORD	Bit String of Length 32	32	16#~16#FFFFFFFF
	LWORD	Bit String of Length 64	64	16#~16#FFFFFFFFFFFFFFFF

(2) 데이터 타입(Type) 계층도

GLOFA PLC에서 사용되는 데이터 타입은 〈표 4.2.11〉과 같이 분류된다. 〈표 4.2.11〉에서 ANY_REAL의 LREAL과 REAL 그리고 LINT, ULINT, LWORD는 GM1과 GM2에만 적용되는 데이터 타입이다. 그리고 데이터 타입을 표현할 때 ANY_NUM으로 나타내면 LREAL, REAL, LINT, DINT, INT, SINT, ULINT, UDINT, UINT, USINT를 모두 포함하게 된다. 또한 예를 들어 GM3 기종을 사용할 때 데이터 타입을 ANY_BIT로 표현하면 DWORD, WORD, BYTE, BOOL 중 하나를 사용할 수 있게 된다.

〈표 4.2.11〉 데이터 타입 분류

<table>
<tr><td colspan="6">ANY</td></tr>
<tr><td colspan="2">ANY_NUM</td><td>ANY_BIT</td><td>STRING</td><td>ANY_DATE</td><td>TIME</td></tr>
<tr><td>ANY_REAL
(GM1,2)</td><td>ANY_INT</td><td rowspan="2">LWORD(GM1,2)
DWORD
WORD
BYTE
BOOL</td><td rowspan="2"></td><td rowspan="2">DATE_AND_TIME
DATE
TIME_OF_DAY</td><td rowspan="2"></td></tr>
<tr><td>LREAL
REAL</td><td>LINT(GM1,2)
DINT
INT
SINT
ULINT(GM1,2)
UDINT
UINT
USINT</td></tr>
</table>

(3) 초 기 값

초기값은 지정하지 않으면 〈표 4.2.12〉와 같이 지정된다.

초기값을 지정할 때 외부변수인 VAR_EXTERNAL로 변수를 선언할 때는 변수를 간접 지정한 것이기 때문에 초기값을 줄 수가 없다. 또한 %I와 %Q의 입력변수와 출력변수는 초기값을 줄 수 없다.

〈표 4.2.12〉 데이터 초기값

데 이 터 타 입	초 기 값
SINT, INT, DINT, LINT, USINT, UINT, UDINT, ULINT	0
BOOL, BYTE, WORD, DWORD, LWORD	0
REAL, LREAL	0.0
TIME	T#0s
DATE	D#1984_01_01
TIME_OF_DAY	TOD#00:00:00
DATE_AND_TIME	DT#1984_01_01_00:00:00
STRING	""(empty string)

(4) 네임드 변수의 메모리 할당

네임드 변수는 메모리에 자동 할당과 사용자 정의 2가지 방법으로 할당한다.

하나는 컴파일러가 내부 메모리 영역에 변수위치를 자동으로 지정하는 자동 할당이 있다. 변수를 자동 메모리 할당으로 지정하게 되면 변수의 내부위치는 프로그램이 작성된 후 컴파일 과정에서 정해지기 때문에 사용자는 변수위치에 신경을 쓸 필요가 없다. 선언된 변수는 외부 입출력과 관계없이 내부연산 도중 신호의 중계, 내부정보의 일시 저장, 타이머나 카운터의 접점 이름지정 등이 사용된다.

사용자 정의는 사용자가 직접변수(%I, %Q, %M)를 사용하여 강제로 위치를 지정한다. 선언된 변수는 입출력용 변수(%I, %Q)와 통신 파라미터에서 사용할 통신용(%M) 변수에 사용한다. 사용자 정의 메모리 할당의 표현 형식은 직접변수 지정 방식과 같다.

4.3 연산처리

4.3.1 연산 방식

(1) 반복 연산 방식

PLC 프로그램은 작성된 순서에 따라 입력조건 및 출력 코일 등을 검사하여 처음부터 마지막 스텝까지 반복적으로 연산이 수행된다. 이러한 과정을 스캔이라고 하며, 이와 같이 처음부터 마지막 스텝까지 반복적으로 수행되는 일련의 과정을 반복 연산 방식이라고 한다. PLC의 반복 연산은 프로그램 수행 중에 인터럽트 등의 처리를 위한 조건의 변화가 지속된다.

[그림 4.3.1]은 반복 연산 방식의 단계별 처리내용을 보여주고 있다.

(2) 정주기 연산 방식

정주기 연산 방식은 연산이 반복적으로 수행되지 않고 해당되는 프로그램을 설정된 시간간격마다 수행하는 방식을 말한다. GM3/4의 경우에는 0.001~4,294,967.29초의 범위에서 설정 가능하다. 정주기 연산 방식은 일정한 주기로 연산 처리를 하는 경우에 사용한다.

(3) 인터럽트 연산 방식

인터럽트 연산 방식은 긴급한 사항이 발생했을 때 처리하는 방식이다. 즉, PLC 프로그램이 실행되고 있을 때 긴급하게 처리해야 할 상황이 발생한 경우에 실행되고 있던 프로그램 연산을 중단하고 즉시 인터럽트 프로그램에 해당하는 연산을 처리하게 된다.

긴급 상황이 발생했을 때는 CPU에 인터럽트 신호를 보내어 인터럽트 처리를 행하게 된다. GM3/4의 경우에는 내부 및 외부 접점 인터럽트 신호 방식 등 2종류의 인터럽트 연산 방식이 있다.

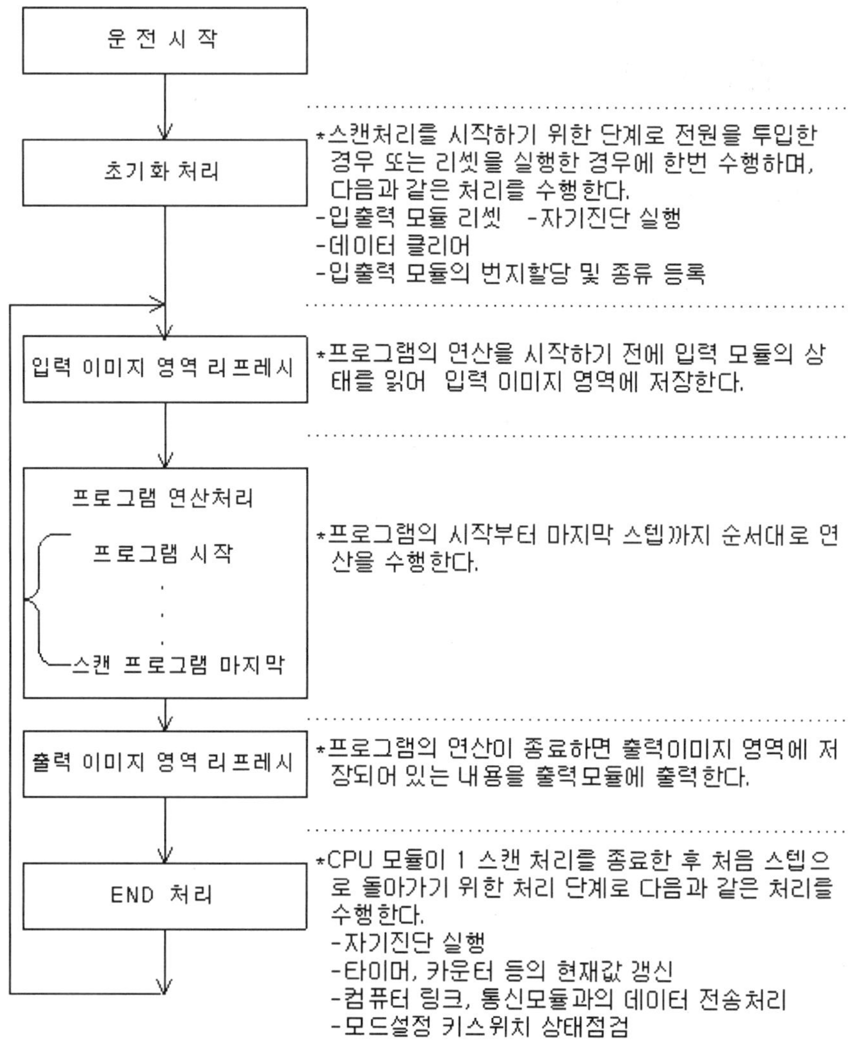

[그림 4.3.1] 반복 연산 방식 처리 내용

4.3.2 순시정전 시 연산처리

CPU는 전원 유니트에 공급되는 입력전압이 규격보다 낮으면 순시정전을 검출한다.

[그림 4.3.2]와 같이 20mS 이내의 순시정전이 발생했을 경우에는 순시정전이 발생했을 때의 출력상태를 유지한 채로 연산을 중단하고, 순시정전이 해제

되면 연산을 속행한다. 그리고 전원 유니트의 출력전압은 규격 내 값을 유지하고, 순시정전이 발생하여 연산이 중단된 경우에도 타이머 계측 및 인터럽트용 타이머 계측은 정상적으로 실행한다.

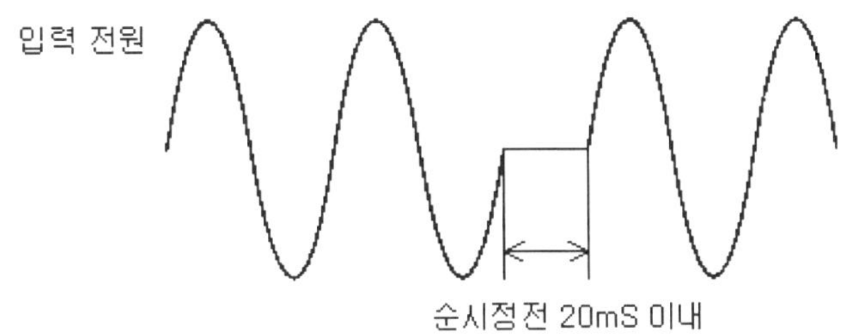

[그림 4.3.2] 20mS 이내의 순시정전 발생

[그림 4.3.3]과 같이 20mS를 초과하는 순시정전이 발생했을 경우에는 전원 투입 시와 같이 재기동 처리가 수행된다.

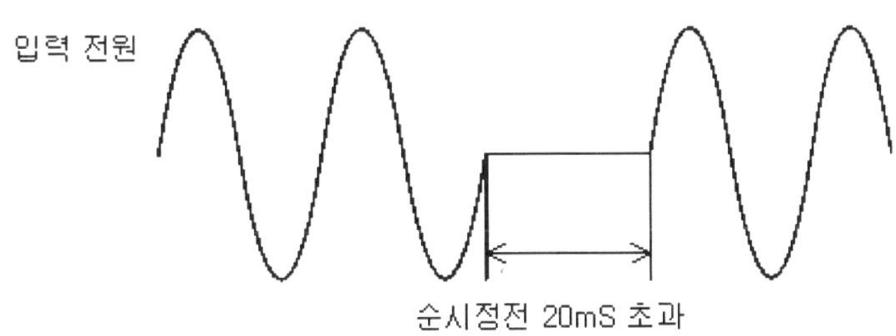

[그림 4.3.3] 20mS 이상의 순시정전 발생

4.3.3 프로그램 수행 방식

프로그램을 처리하는 방식은 초기화 프로그램, 태스크 프로그램, 스캔 프로그램의 3가지로 나누어진다. 이것은 프로그램 구성요소인 오퍼레이터, 펑션 및 펑션 블록을 이용하여 작성하고, 프로그램의 실행을 제어하기 위한 프로그램의 실행조건을 설정함에 따라 구별이 된다.

(1) 초기화 프로그램

초기화 프로그램은 콜드 리스타트 모드나 웜 리스타트 모드로 운전을 시작할 때의 프로그램을 말하며, 시스템 초기화를 한 후 스캔 및 태스크 프로그램을 실행하고자 할 때 사용된다. 초기화 프로그램은 프로그램 실행에서 설정한 조건이 성립될 때까지 반복연산을 실행하며, 입출력 리프레시로 실행한다. 그리고 핫 리스타트 모드로 운전 시에는 정전이 발생하고 복원되었을 때는 정전 시 정지한 스텝에서부터 다시 실행할 수 있도록 할 필요시에 사용된다. 이때는 정지한 스텝에서 스캔을 실행하여 1 스캔이 끝나도 출력 리프레시는 하지 않고 다음 스캔부터 정상적인 입출력 리프레시를 한다.

(2) 태스크 프로그램

어떤 입력이 들어왔을 때 수행하는 프로그램에서 수행조건들을 '태스크'라고 하며, 응용 프로그램을 작성할 때 스캔 프로그램으로 간주되지 않도록 수행조건인 태스크로 지정해 주어야 한다. 태스크 프로그램은 주기적, 비주기적으로 발생하는 내외부 신호를 처리하기 위하여 스캔 프로그램의 연산을 일단 중지시킨 후 해당되는 기능을 우선적으로 처리하는 기능을 갖는다.

태스크 프로그램은 정주기 태스크, 외부접점 태스크, 내부접점 태스크로 나누어지며, 정주기 태스크 프로그램은 태스크로 설정된 시간간격으로 실행한다. 외부접점 태스크는 인터럽트 태스크라고 하며, 인터럽트 모듈에서 발생한 외부 인터럽트 접점 신호에 의해 프로그램을 실행한다. 또한 내부접점 태스크는 싱글 태스크라고 하며, 내부접점의 상승 에지 발생 시 스캔 프로그램을 처리한 다음 프로그램을 실행하게 된다.

(3) 스캔 프로그램

스캔 프로그램은 초기화 프로그램이나 태스크 프로그램 이외의 것을 말한다. 또한 태스크 프로그램과는 무관하게 반복적으로 수행되는 프로그램으로 실행의 우선순위가 가장 낮고, 주기적인 반복연산을 수행하는 프로그램으로서 등록순서에 따라 처리순서가 결정되어 순차적인 반복연산을 실행하게 된다.

4.3.4 스캔타임(Scan time)

PLC에 작성 입력된 프로그램은 입력의 값이 리프레시(refresh)되고 이 입력의 값을 조건으로 프로그램이 작성된 순서대로 처음부터 마지막까지 순차적으로 연산을 실행하고 수행된다. 프로그램의 이러한 동작이 고속으로 반복되는데 이와 같은 방식을 반복연산 방식이라 하고 PLC의 스캔 프로그램은 반복연산 방식으로 실행된다.

이러한 반복연산 방식에서 프로그램의 처음부터 마지막까지 한 차례 수행하는데 이 과정을 '1 스캔'이라 하고, 1 스캔 하는 데 걸리는 시간을 '1 스캔타임' 또는 '1 연산주기'라고 한다. 또한 입력 리프레시는 프로그램의 연산을 시작하기 전에 입력 모듈로부터 접점의 상태를 읽어 입력 이미지(input image) 영역에 저장하고 프로그램의 연산이 끝나면 프로그램 실행에 의해 변화된 출력 이미지(output image) 결과값을 출력 모듈에 쓰는 것을 말한다.

GLOFA PLC는 프로그램 연산 도중에는 입출력의 상태를 직접 바꾸지 않고 스캔 단위로 입출력 리프레시를 수행하는 반복연산 방식이다. 따라서 프로그램 연산 도중 변화된 각 입출력 접점의 상태를 PLC 내의 메모리 영역에 저장하는데, 이 영역을 입출력 이미지 영역이라고 한다. [그림 4.3.4]는 스캔 프로그램이 실행되는 과정을 나타낸다.

스캔타임은 사용자가 작성한 스캔 프로그램 및 태스크 프로그램의 처리시간과 PLC 내부시간의 합계이며, 스캔타임은 다음 식에 의해서 구별할 수 있다.

스캔타임=스캔 프로그램 처리시간+태스크 프로그램 처리시간
+PLC 내부처리시간

스캔 프로그램 처리시간은 태스크 프로그램으로 저장되지 않은 사용자 프로그램의 처리시간을 말하고, 태스크 프로그램 처리시간은 1 스캔 동안 처리된 태스크 프로그램 수행시간의 합계를 말한다.

PLC 내부처리시간=자기진단시간+입출력 리프레시 시간
+내부 데이터 처리시간+통신 서비스 처리시간

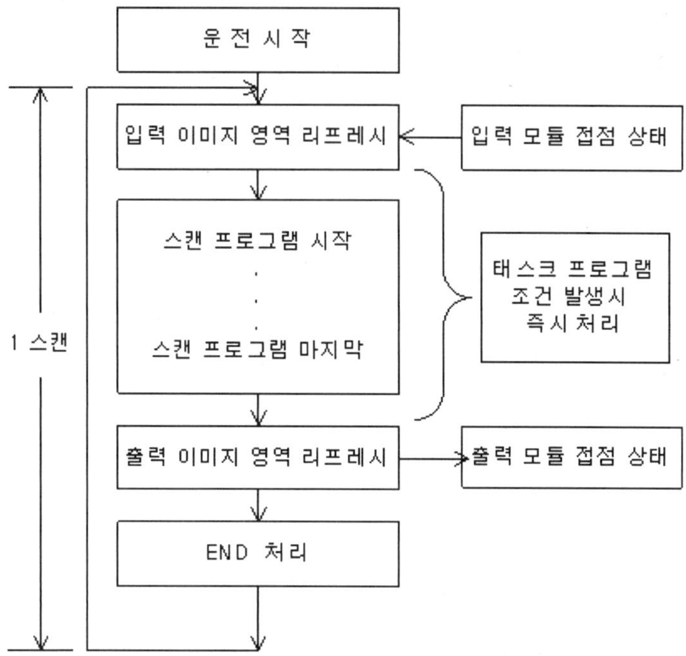

[그림 4.3.4] PLC 프로그램 실행순서

4.3.5 태 스 크

태스크(Task)는 프로그램을 실행시킬 조건을 말하며, [그림 4.3.5]는 태스크 프로그램을 설명한다. 태스크는 프로그램을 실행하기 위한 제어반과 같은 역할을 수행하며, 각각의 태스크는 프로그램의 3종류에서 한 개 이상의 프로그램 블록만으로 구성된다.

(1) 태스크의 종류

태스크의 종류는 〈표 4.3.1〉과 같다. 즉, 태스크의 종류는 정주기 태스크(인터벌 태스크), 외부접점 태스크(인터럽트 태스크), 내부접점 태스크(싱글 태스크)의 3종류가 있다.

(2) 정주기 태스크

정주기 태스크 프로그램은 설정한 시간 간격마다 주기적으로 수행하는 것을 말하며, 실행할 태스크 프로그램의 기동조건이 되는 태스크의 실행 주기 및 우선순위를 설정하고, 태스크의 관리를 위한 태스크 번호를 확인해야 한다. 정주기 태스크 프로그램이 현재 실행 중 또는 실행대기 중일 때는 동일한 태스크 프로그램 실행요구가 발생되면 새로 발생된 태스크는 무시되고, 태스크 충돌 경고 대표 플래그(_TASK_ERR)가 셋 되며, (_TC_CNT[n])의 해당 위치에 실행요구가 무시된 정주기 태스크의 발생한 횟수를 기록한다.

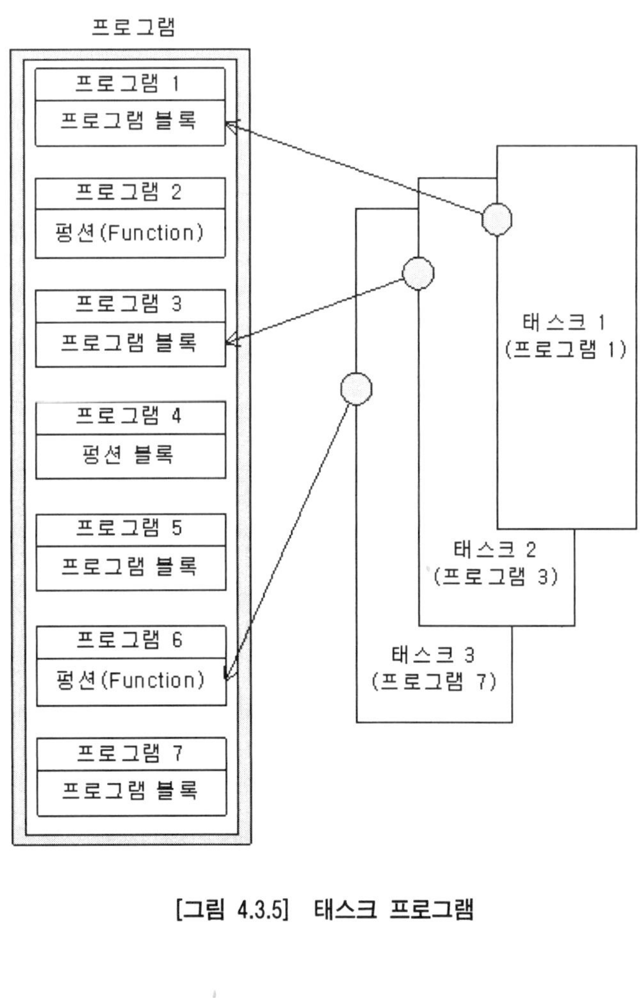

[그림 4.3.5] 태스크 프로그램

〈표 4.3.1〉 태스크의 종류

종류 / 규격	정주기 태스크 (인터벌 태스크)	외부접점 태스크 (인터럽트 태스크)	내부접점 태스크 (싱글 태스크)
개수	32개	GM4 : 8개 GM3 : 16개	16개
기동조건	정주기(10mS 단위로 최대 4,294,967.29초까지 설정 가능)	인터럽트 모듈 입력접점의 상승 또는 하강 에지	내부 메모리 데이터를 지정한 Bool 변수 데이터의 상승 에지
검출 및 실행	설정시간마다 주기적으로 실행	인터럽트 모듈의 접점에 에지 발생 시 즉시 실행	스캔 프로그램 실행완료 후 에지를 검색하여 실행
검출 지연시간	최대 5mS 지연	최대 5mS 지연+인터럽트 모듈 지연(0.5mS 이내)	최대 스캔타임만큼 지연
실행 우선순위	0~7 레벨 설정(0 레벨이 우선순위가 가장 높음)	0~7 레벨 설정(0 레벨이 우선순위가 가장 높음)	0~7 레벨 설정(0 레벨이 우선순위가 가장 높음)

또한 운전 모드가 RUN 모드인 동안만 정주기 태스크 프로그램의 실행요구를 발생하는 타이머가 가산된다. 즉, RUN 모드로 운전 중일 때 PAUSE 모드로 운전 모드를 전환한 후 다시 RUN 모드로 한 경우 PAUSE 모드로 운전한 시간 또는 한 리스타트 시 정전된 시간은 모두 무시한다.

정주기 태스크 프로그램의 실행주기를 설정할 때는 동시에 여러 개의 정주기 태스크 프로그램의 실행요구가 발생할 수 있음을 고려해야 한다. 만약, 주기가 2초, 4초, 10초, 20초인 4개의 정주기 태스크 프로그램을 사용하면, 20초마다 4개의 실행요구가 동시에 발생하여 스캔타임이 순간적으로 길어지는 문제가 발생할 수 있다.

(3) 외부접점 태스크 프로그램

외부접점 태스크 프로그램은 인터럽트 카드의 접점이 ON되면 한 번만 수행하며, 설정은 인터럽트 모듈의 각 접점 별로 원하는 조건에 맞게, 상승 또는 하강 에지를 딥(Dip) 스위치로 한다.

태스크를 설정할 때는 실행할 태스크 프로그램의 기동조건이 되는 태스크에 인터럽트 모듈의 접점번호 및 우선순위를 설정하며, 태스크의 관리를 위한 태스크 번호를 확인한다. 외부에서 인가되는 신호에 의해 인터럽트 모듈에서 인터럽트가 발생하게 되면, CPU 모듈에서 이 신호를 인식하여, 신호가 발생한 접점에 의해 기동되는 태스크 프로그램을 실행한다. 인터럽트 모듈의 접점에 의해 기동되는 태스크 프로그램이 현재 실행 중이거나 실행대기 중일 때는 동일한 입력접점에 태스크 프로그램의 실행요구가 발생되면, 새로 발생된 태스크는 무시되고, 태스크 충돌 경고 대표 플래그(_TASK_ERR)와 시스템 에러 상세 플래그(_TC_BMAP[n], _TC_CNT[n])에 실행요구 폭주가 발생한 외부접점 태스크와 발생한 횟수를 기록한다. 또한 운전 모드가 RUN 모드인 경우만 태스크 프로그램의 실행요구를 받아들인다. 즉, RUN 모드 운전 중일 때 PAUSE 모드로 운전 모드를 전환한 후 다시 RUN 모드로 한 경우, PAUSE 모드로 운전한 동안에 발생한 실행요구는 모두 무시된다.

(4) 내부접점 태스크 프로그램

내부접점 태스크 프로그램은 설정한 조건을 만족하면 한 번만 수행하고, 수행할 태스크 프로그램의 기종조건이 되는 접점 및 우선순위를 설정하며, 태스크의 관리를 위한 태스크 번호를 확인한다. CPU 모듈에서 스캔 프로그램의 실행이 완료된 후, 내부접점 태스크 프로그램의 기동조건이 되는 접점들의 상태를 조사하여 상승 에지가 발생한 내부접점 태스크 프로그램들을 우선순위에 따라 실행하며, 태스크 프로그램은 상승 에지 검출 시 1회만 수행한다. 내부접점 태스크 프로그램은 스캔 프로그램의 실행 완료 시점에서 실행된다. 따라서 스캔 프로그램 또는 태스크 프로그램(정주기 태스크 프로그램, 외부접점 태스크 프로그램)에서 내부접점 태스크 프로그램의 실행조건을 발생시켜도 즉시 실행되지 않고 스캔 프로그램의 실행 완료 시점에서 실행된다.

내부접점 태스크 프로그램의 실행요구는 스캔 프로그램이 실행 완료 시점에서 실행조건을 조사한다. 따라서 '1스캔' 동안 스캔 프로그램 또는 태스크 프로그램(정주기 태스크 프로그램, 외부접점 태스크 프로그램)에 의해 내부접점 태스크 실행조건이 발생하였다가 소멸되면, 즉, 지정된 접점을 OFF에서 ON으로 다시 OFF로 하면 실행조건을 조사하는 시점에서는 실행을 검출하지 못하기 때문에 태스크는 실행되지 않는다.

(5) 태스크 프로그램의 처리 방식

태스크 프로그램은 스캔 프로그램처럼 매 스캔 반복처리를 하지 않고, 실행조건이 발생할 때만 실행을 한다. 실행해야 할 태스크가 여러 개 대기하고 있는 경우에는 우선순위가 높은 태스크 프로그램부터 처리하며, 우선순위가 동일한 태스크가 대기 중일 때는 발생한 순서대로 처리한다. 새로 발생한 태스크의 우선순위가 실행 중인 태스크보다 높으면 수행 중인 태스크 프로그램을 잠시 중단하고, 새로 발생한 우선순위가 높은 태스크 프로그램을 수행한다. 우선순위를 설정할 때는 프로그램의 특성, 중요도 및 실행요구 발생 시 긴급성을 고려하여 태스크 프로그램의 우선순위를 설정해야 한다.

태스크 프로그램을 처리할 때 지연이 되는 경우도 있다. 그것은 태스크가 검출될 때 지연이 되는 경우가 있고, 선행되는 태스크 프로그램 수행에 따른 프로그램 수행이 지연되는 경우가 있다. 또한, 태스크 프로그램 수행 중에는 우선순위가 높은 태스크 프로그램의 수행에 따른 중도 정지에 의해 지연이 되는 경우가 있다.

초기화 태스크 프로그램이 수행 중에는 정의 태스크는 기동하지 않으며, 핫리스타트의 경우는 정전 이전의 대기 태스크를 정전복구 후 실행한다. 스캔 프로그램은 우선순위가 가장 낮게 설정되어 있기 때문에 태스크 발생 시 스캔 프로그램을 중지하고 태스크 프로그램을 우선 처리한다. 따라서 1 스캔 중에 태스크가 빈번하게 발생하거나, 간헐적으로 집중되는 경우가 발생할 경우 및 스캔타임이 비정상적으로 늘어나는 경우가 있을 수 있어 조건 설정에 주의할 필요가 있다.

프로그램 수행 중에 우선순위가 높은 태스크 프로그램의 수행에 의해 프로그램 수행의 연속성을 잃을 경우 문제가 되는 부분에 대해 부분적으로 태스크 프로그램의 수행을 막을 수 있다. 이때 'DI(태스크 프로그램 기동 불허)', 'EI(태스크 프로그램 기동 허가)' 펑션에 의해 프로그램 보호를 수행할 수 있다. 보호가 필요한 부분의 시작위치에 'DI' 펑션을 삽입하고, 해제할 위치에 'EI' 펑션을 삽입하면 된다. 수행 중인 프로그램의 스캔 종료 후 자동으로 허가상태가 된다. 초기화 태스크는 'DI', 'EI' 펑션의 영향을 받지 않는다.

(6) 순간정전 시의 태스크 처리

순시정전이 핫 리스타트 허용 설정시간보다 길어서 콜드 또는 웜 리스타트로 재기동할 때는 대기 중인 태스크와 정전 중 발생한 태스크 모두 무시하고 기종 시점부터의 태스크만을 처리한다. 20mS 이내의 정전상태에서는 정전복구 후 정전 이전에 대기 중이던 태스크를 수행하며, 정전시간을 계산하여 정주기 태스크를 발생시키며, 정전 중 중복하여 발생한 정주기 태스크는 무시된다. 또한, 핫 리스타트로 재기동되는 경우는 정전복구 후 정전 이전에 수행하던 태스크나 대기 중이던 태스크를 계속 수행하며, 정전시간을 계산하여 정주기 태스크를 발생시키나, 정전 중 발생한 인터럽트 태스크나 중복하여 발생한 정주기 태스크는 무시된다.

4.3.6 운전 모드

운전 모드는 동작상태에 따라 RUN 모드, STOP 모드, PAUSE 모드, DEBUG 모드 등 4종류가 있다.

(1) RUN 모드

RUN 모드는 프로그램 연산을 정상적으로 수행하는 모드이다. 초기 스캔 시작 시에 데이터 영역의 초기화가 수행되고, 전원을 투입했을 때와 STOP에서 RUN으로 모드가 바뀔 때는 설정된 리스타트 모드에 따라서 동작된다.

RUN 모드는 입출력 리프레시와 프로그램의 연산을 수행하고, 태스크 프로그램의 기동조건을 감지하여 태스크 프로그램을 수행하며, 장착된 모듈의 정상동작, 탈락 여부를 검사한다. 또한, 통신 서비스 및 기타 내부처리를 한다.

(2) STOP 모드

STOP 모드는 프로그램 연산을 하지 않고 정지상태를 말하며, 리모트 STOP 모드에서만 GMWIN을 통한 프로그램 전송이 가능하다. CPU가

STOP 모드로 변경 시에는 출력 이미지 영역을 소거하고 출력 리프레시를 수행한다.

STOP 모드에서는 입출력 리프레시를 수행하고, 장착된 모듈의 정상 동작, 탈락 여부를 검사하며, 통신 서비스 및 기타 내부처리를 한다.

(3) PAUSE 모드

PAUSE 모드는 프로그램 연산이 일시 정지된 모드를 말하며, 다시 RUN 모드로 돌아갈 경우에는 정지되기 이전의 상태부터 연속하여 운전된다. CPU가 PAUSE 모드로 변경 시에 데이터 영역의 초기화, 입출력 이미지 영역 소거를 수행하지 않고 모드 변경 직전의 운전상태를 유지한다.

PAUSE 모드에서는 입출력 리프레시를 수행하고, 장착된 모듈의 정상 동작, 탈락 여부를 검사하며, 통신 서비스 및 기타 내부처리를 한다.

(4) DEBUG 모드

DEBUG 모드는 프로그램의 오류를 찾거나, 연산 과정을 추적하기 위한 모드로 이 모드로의 전환은 STOP 모드에서만 가능하다. DEBUG 모드는 프로그램의 수행상태와 각 데이터의 내용을 확인해 보며 프로그램을 검증할 수 있는 모드이다.

CPU가 DEBUG 모드로 변경 시에 모드 변경 초기에는 파라미터에 설정된 리스타트 모드에 따라 데이터 영역을 초기화하며, 출력 이미지 영역을 소거하고 입력 리프레시를 수행한다.

DEBUG 모드에서는 입출력 리프레시를 수행하고, 설정상태에 따른 디버그 운전을 하며, 프로그램의 마지막까지 디버그 운전을 한 후, 출력 리프레시를 수행한다. 또한, 장착된 모듈의 정상 동작, 탈락 여부를 검사하며, 통신 등 기타 서비스를 수행한다.

DEBUG 운전조건은 〈표 4.3.2〉와 같다.

〈표 4.3.2〉 DEBUG 운전조건

운 전 조 건	동 작 설 명
한 연산 단위씩 실행 (스텝 오버)	운전 지령을 하면 하나의 연산 단위를 실행 후 정지한다.
브레이크 포인트(Break Point)지정에 따라 실행	· 프로그램에 브레이크 포인트를 지정하면 지정한 포인트에서 정지한다. · 최대 32개까지 브레이크 포인트 지정이 가능하다.
접점의 상태에 따라 실행	감시하고자 하는 접점 영역과 정지하고자 하는 상태지정(Read, Write, Value)을 하면 설정한 접점에서 지정한 동작이 발생할 때 정지한다.
스캔 횟수의 지정에 따라 실행	운전할 스캔 횟수를 지정하면 지정한 스캔 수만큼 운전하고 정지한다.

4.3.7 리스타트 모드

PLC를 구동할 때 전원을 다시 투입하거나 모드를 바꾸어서 PLC를 RUN 모드로 운전을 시작할 때 변수 및 시스템을 어떻게 초기화한 후에 RUN 모드로 운전을 할 것인가를 설정하는 것이 리스타트 모드이다. 리스타트(Restart) 모드는 콜드 리스타트, 웜 리스타트, 핫 리스타트의 3종류가 있으며, 운전 중에 전원을 재투입할 때 리스타트 모드는 [그림 4.3.6]과 같이 수행된다.

(1) 콜드 리스타트

파라미터의 리스타트 모드를 콜드 리스타트(Cold Restart)로 설정할 경우 콜드 리스타트로 수행이 되며, 콜드 리스타트 모드로 설정을 하면 초기값이 설정된 변수를 제외하고 모든 데이터를 '0'으로 소거하고 수행이 된다. 또한 파라미터를 웜 리스타트 모드로 설정해도 수행할 프로그램이 변경된 후 최초 수행 시에는 콜드 리스타트 모드로 수행되며, 운전 중에 리셋 스위치를 누르면(GMWIN에서 리셋 명령을 수행 시와 동일) 파라미터에 설정된 리스타트 모드에 관계없이 콜드 리스타트 모드로 수행된다. 콜드 리스타트는 전체 제어 시스템을 완전 초기화한 후 운전을 시작하고자 할 때 사용한다.

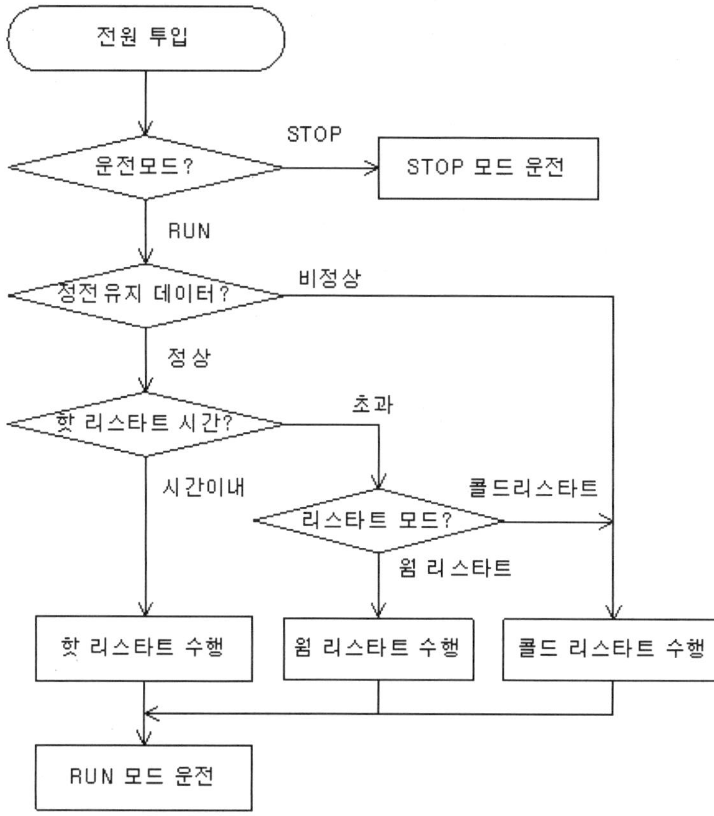

[그림 4.3.6] 운전 중 전원 재투입 시 리스타트 모드 수행

(2) 웜 리스타트

파라미터의 리스타트 모드를 웜 리스타트(Warm Restart)로 설정할 경우 웜 리스타트로 수행이 되며, 이전값 유지를 설정한 데이터는 이전값을 그대로 유지하고 초기값만 설정된 데이터는 초기값으로 설정하며, 이외의 모든 데이터는 '0'으로 소거한다.

파라미터를 웜 리스타트 모드로 설정해도, 데이터 내용이 비정상일 경우에는 데이터의 정전유지가 되지 못하고, 콜드 리스타트 모드로 수행된다. 변수의 종류를 정전 시 값이 유지되는 VAR_RETAIN으로 설정하였을 경우에는 파라미터를 웜 리스타트 모드로 설정해야 정전 시 그 값이 유지되며, 파라미터를 콜드 리스타트 모드로 설정하면 사용자가 정의한 초기값이나 기본 초기값으로 초기화된다. 그러나 VAR_RETAIN으로 선언하지 않은 변수는 콜드 리스타트나 웜 리스타트 어느 경우에도 사용자가 정의한 초기값이나 기본 초기값으로 초기화된다.

웜 리스타트는 부분적인 공정은 초기화하여 운전하되, 제어 시스템의 이전운전 결과를 기억한 상태에서 운전을 다시 시작하고자 할 때 사용한다.

(3) 핫 리스타트

정상운전을 하다가 전원이 OFF되고 다시 ON될 때는 RUN 모드로 수행되지만 전원이 OFF에서 다시 ON으로 되기까지의 시간이 핫 리스타트(Hot Restart) 허용시간 이내가 되면 핫 리스타트를 수행한다. 그러나 핫 리스타트 허용시간이 초과되면 파라미터의 리스타트를 어떤 모드로 설정했는가에 의해 콜드 리스타트나 웜 리스타트로 수행된다.

핫 리스타트 모드로 수행이 되면 모드 데이터와 프로그램 수행요소들을 전원이 OFF되기 이전의 상태로 복원시킨 후 수행되며, 전원이 OFF되기 직전의 상태에서 다시 프로그램을 수행하므로 순간적인 정전 등에도 프로그램의 연속성을 유지할 수 있다는 장점을 가지고 있다. 그러나 데이터 내용이 비정상적일 경우에는 데이터의 정전유지가 되지 못하여 콜드 리스타트로 수행된다.

핫 리스타트는 전체 제어 시스템의 이전운전 상태를 부분공정의 상태까지 기억한 상태에서 운전을 시작하고자 할 때 사용한다. 부분공정의 진행상태 관리가 외부신호가 아닌 내부 메모리에 의해 기억, 관리되는 시스템에 사용된다.

(4) 리스타트 모드에 따른 데이터의 초기화

리스타트 모드를 수행할 때 각 변수에 대한 초기화는 다음 〈표 4.3.3〉과 같다.

〈표 4.3.3〉에서 디폴트(Default) 변수는 초기값이나 이전값 유지를 설정하지 않은 변수를 나타내고, 리테인(Retain) 변수는 이전값 유지를 설정한 변수를 지칭하며, 초기화(INIT) 변수는 초기값 설정을 한 변수를 나타낸다.

〈표 4.3.3〉 리스타트 모드에 따른 데이터의 초기화

모드 \ 변수지정	콜드(COLD)	웜(WARM)	핫(HOT)
디폴트	"0"으로 초기화	"0"으로 초기화	이전값 유지
리테인	"0"으로 초기화	이전값 유지	이전값 유지
초기화	사용자 지정값으로 초기화	사용자 지정값으로 초기화	이전값 유지
리테인과 초기화	사용자 지정값으로 초기화	이전값 유지	이전값 유지

4.3.8 자기진단

CPU 모듈이 PLC 자체의 이상 유무를 진단하는 기능을 자기진단 기능이라 한다. 이 기능은 PLC 시스템에 전원을 투입했을 때, 또는 PLC가 정상적으로 동작하다가 이상이 발생했을 경우에 이상을 검출하여 시스템의 오동작을 방지하거나 예방보전 기능을 수행한다.

자기진단 기능에서 에러가 발생한 경우에는 시스템 에러 대표 플래그(__CNF__ER)와 시스템 경고 대표 플래그(__CNF__WAR)에 저장이 되며, STOP LED는 점멸상태가 된다.

4.3.9 시계 기능

CPU 모듈에는 시계소자(RTC, Real Time Clock)가 기본으로 장착되어 있다. RTC는 전원 OFF 시 또는 20mS 이상의 순시정전 시에도 배터리에 의해 시계동작을 계속한다. RTC의 시각 값은 PADT를 통하여 읽기/쓰기가 가능하며, RTC의 시계 데이터를 이용하여 시스템의 시간관리나 고장이력 등의 시간관리에 사용할 수 있고, RTC의 현재시각은 시스템 운전상태 정보 플래그에 매 스캔 갱신된다.

시계 데이터는 〈표 4.3.4〉와 같다.

〈표 4.3.4〉 시계 데이터

항 목	데이터
년	양력으로 2자리
월	1~12
일	1~31
시	0~23(24시간제)
분	0~59
초	0~59
1/100초	0~99
요일	0~6(월요일~일요일)

시간오차는 ±5초/1달이며, GMWIN 온라인 모드의 PLC 정보에서 시계 데이터를 쓰거나 읽을 수 있다. 그러나 배터리 백업이 30분 이상 중지되면 RTC 동작은 중지하며, RTC의 시각 데이터는 미리 RTC에 쓰여 있지 않아 사용 전에 한번 시각 데이터를 설정한 후 사용해야 한다. RTC 이상이 감지되면 시스템 플래그(_CNF_WAR)의 _RTC_ERR 플래그가 ON되고, RTC 이상이 수정되면 시스템 플래그(_CNF_WAR)의 _RTC_ERR 플래그가 OFF된다.

4.3.10 스캔 워치독 타이머

스캔 워치독 타이머(Scan Watchdog Timer)는 사용자 프로그램 이상에 의해 연산지연을 검출하기 위하여 사용하는 타이머이다. 워치독 타이머는 연산 중 스캔 경과 시간을 감시하다가, 설정된 검출시간의 초과를 감지하면 PLC의 연산을 즉시 중지시키고 출력을 전부 OFF 한다. 사용자 프로그램 수행 도중 특정한 부분의 프로그램 처리에서 연산지연 감시 검출시간의 초과가 예상되면 'WDT_RST' 펑션을 사용하여 감시를 일시 중지할 수 있다. 'WDT_RST' 펑션이 기동되면 연산지연 감시 타이머의 경과시간을 초기화하여 0부터 시간 측정을 다시 시작한다. 워치독 에러 상태를 해제하기 위해서는 전원을 재투입하거나, 수동 리셋 스위치 또는 STOP 모드로의 모드전환으로 가능하다. 또한 워치독 타이머의 설정범위는 1~ 65,535mS(1mS 단위)이다.

4.3.11 리모트 기능

CPU 모듈은 GMWIN이나 컴퓨터 링크 모듈 등의 외부기기 조작으로 동작상태 제어가 가능하다. 리모트(Remote)를 조작할 때는 CPU 모듈의 모드설정키 스위치를 REMOTE 위치로 설정해야 한다.

(1) 리모트 RUN/STOP

리모트 RUN/STOP은 CPU 모듈의 키 스위치가 REMOTE 위치인 상태에서 외부에서 RUN/STOP을 수행하는 기능이다. CPU 모듈이 조작하기 어려운 위치에 설치되어 있거나 제어반 내의 CPU 모듈을 외부에서 RUN/STOP 하는 경우에 편리한 기능이다.

(2) 리모트 PAUSE

리모트 PAUSE는 CPU 모듈의 키 스위치가 REMOTE 위치인 상태에서 외부에서 PAUSE 조작을 수행하는 기능이다. PAUSE 조작이란 출력 모듈의 ON/OFF 상태를 유지한 상태에서 CPU 모듈의 연산을 정지시키는 기능이다. 리모트 PAUSE는 프로세스 제어 등에서 CPU 모듈을 STOP 시킨 상태에서 출력 모듈을 ON 상태로 유지하려는 경우에 유용하다.

(3) 리모트 DEBUG

리모트 DEBUG는 CPU 모듈의 키 스위치가 REMOTE 위치인 상태에서 DEBUG 조작을 수행하는 기능이다. DEBUG는 프로그램 연산을 지정한 운전조건에 따라 실행시키는 기능을 말하며, 리모트 DEBUG는 시스템의 디버깅 등에 프로그램의 실행상태나 각 데이터의 내용을 확인하는 경우에 편리한 기능이다.

(4) 리모트 RESET

리모트 RESET은 CPU 모듈을 직접 조작할 수 없는 장소에서 에러가 발생한 경우에 원격조작으로 CPU 모듈을 리셋시키는 기능이다.

4.3.12 입출력 강제 ON/OFF 기능

강제 ON/OFF 설정은 입력, 출력 영역별로 설정이 가능하고, 설정은 입출력 각각을 설정할 수 있으며, '강제 I/O 설정 허용'이 설정된 시점부터 동작하게 된다. 실제 입출력 모듈이 장착되어 있지 않아도 설정은 가능하다.

강제 입력은 이력 리프레시 시점에서 입력 모듈에서 읽어온 데이터 중 강제 ON/OFF로 설정된 접점의 데이터를 강제 설정된 데이터로 대치하여 입력 이미지 영역을 갱신한다. 따라서 사용자 프로그램은 실제 입력 데이터와 강제 설정 영역은 강제 설정 데이터를 가지고 연산을 한다.

강제 출력은 사용자 프로그램 연산 실행 완료 후에 출력 리프레시 시점에서 연산결과가 들어 있는 출력 이미지 영역의 데이터 중 강제 ON/OFF로 설정된 접점의 데이터를 강제 설정된 데이터로 대치하여 출력 모듈에 출력한다. 출력의 경우는 입력과 다르게 출력 이미지 영역의 데이터는 강제 ON/OFF 설정에 의해 변화지 않는다.

강제 ON/OFF 설정을 위한 입력, 출력 영역은 실제의 입출력 영역보다 크게 지정되어 있다. 이 영역을 이용하여 리모트 입출력을 지정하면 기본 입출력 영역과 동일하게 강제 ON/OFF 기능을 사용할 수 있다. 전원이 OFF에서 ON으로 바뀔 때, 운전 모드가 변경될 때 및 리셋 키에 의한 조작이 있어도 이전에 설정되었던 ON/OFF 설정 데이터는 CPU 모듈 내에 보관되어 있어 그대로 수행되고, STOP 모드에서도 강제 입출력 데이터는 소거되지 않는다.

프로그램의 다운로드 및 백업이 중단되면 ON/OFF 설정 데이터는 지워지며, 운전 중인 프로그램 메모리의 프로그램과 플래시 메모리의 프로그램이 달라서 플래시 메모리의 프로그램으로 운전을 재개하는 경우에도 ON/OFF 설정 데이터는 지워진다. 처음부터 새로운 데이터를 설정하고자 할 때에는 설정 데이터 '지우기'를 이용하여 입출력 각각의 설정을 모두 해제한 후 사용해야 한다.

4.3.13 즉시 입출력 연산 기능

즉시 입출력 연산 기능은 프로그램 수행 도중에 입력접점의 상태를 즉시 읽어 들여 연산에 사용하거나, 연산결과를 즉시 출력접점에 출력하려고 할 때에 유용하게 사용될 수 있다.

즉시 입력의 경우는 'DIREC_IN' 펑션을 사용하여 수행되며, 펑션을 수행하면 즉시 입력 이미지 영역이 갱신되어 연속되는 연산에 즉시 적용된다.

즉시 출력의 경우는 'DIREC_O' 펑션을 사용하여 수행되며, 펑션을 수행하면 그때까지의 연산결과가 들어 있는 출력 이미지 영역의 데이터가 즉시 출력 모듈로 출력된다.

즉시 입출력 처리 시에도 강제 ON/OFF 설정은 유효하다.

4.3.14 운전 이력

운전 이력(History Log-In)에는 에러 이력, 모드 변환 이력 및 전원차단 이력 등 3종류가 있고, 각 운전 이력은 가장 최신 것으로 16개까지 저장된다. 에러 이력은 운전 중 에러가 발생하였을 때 발생 시각 및 에러코드를 저장하고, 모드 변환 이력은 운전 모드 변환이 발생하였을 때 발생시각, 운전 모드, 리스타트 모드를 저장한다. 또한 전원차단 이력은 RUN 모드에서 운전 중 전원차단이 발생하였을 때 발생시각(16개)과 발생횟수(1개)를 저장한다. 저장정보에 대한 내용은 GMWIN 메뉴에서 지우기 전에는 지워지지 않는다.

4.3.15 외부기기 고장진단 기능

사용자가 외부기기의 고장을 검출하여, 시스템의 정지 및 경고를 쉽게 구현하도록 제공되는 플래그이다. 이 플래그를 사용하면 복잡한 프로그램을 작성하지 않고 외부기기의 고장을 표시할 수 있으며, 특별한 장치나 소스 프로그램 없이 고장위치를 모니터링 할 수 있다.

(1) 외부기기 고장의 검출 및 분류

외부기기의 고장은 사용자 프로그램에 의해서 검출하며, 검출된 고장은 PLC의 운전을 정지시키는 중고장과 PLC의 운전은 계속하며 상태만을 표시하는 경고장으로 분류한다. 중고장의 경우에는 ANC_ERR[n] 플래그를 사용하며, 경고장의 경우에는 ANC_WN[n] 플래그를 사용한다.

(2) 외부기기 중고장의 처리

사용자가 프로그램에서 외부기기의 중고장 검출 시, 시스템 플래그 _ANC_ERR[n]에 사용자가 정의한 에러의 종류를 구분하여 0을 제외한 값을 쓰면, 스캔 프로그램 완료 시점에서 체크하여 고장표시가 되어 있으며, 시스템 에러 대표 플래그인 _CNF_ER의 _ANNUN_ER에 표시가 되고, 그에 따라 PLC는 모든 출력 모듈을 OFF시키고 PLC 자체고장 검출과 동일한 에러 상태가 된다.

고장발생 시 사용자는 GMWIN을 사용하여 고장원인을 알 수 있으며, _ANC_ERR[n] 플래그를 직접 모니터링 하여 고장원인을 알 수 있다. ANC_ERR[n]은 16개(n : 0~15)의 기록장소를 가지고 있어서, 고장상태를 크게 분류하여 사용할 수 있다. 각 기록장소에는 사용자가 임의로 정한 고장번호를 써 넣을 수 있으며, 그 숫자는 1부터 65,535를 사용할 수 있다.

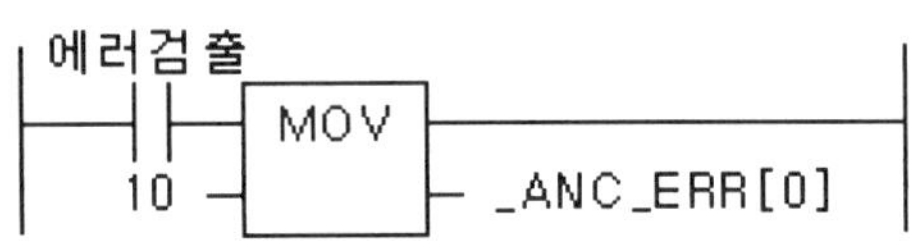

[그림 4.3.7] 외부기기 중고장 처리의 예

(3) 외부기기 경고장의 처리

사용자 프로그램에서 외부기기의 경고장 검출 시 시스템 플래그 _ANC_WB[n] 중 사용자 정의에 따라서 해당 위치의 플래그를 ON시키면,

스캔 프로그램 완료 시점에서 ANC__WB[0]부터 검색하여 표시가 되어 있으면 시스템 경고 대표 플래그인 __CNF__WAR의 __ANNUN__WR에 표시가 되고, 외부기기의 경고장 발생 번호를 __ANC__WAR[0]부터 __ANC__WAR[7]까지에 발생순서에 따라 기록한다.

경고발생 시 사용자는 GMWIN을 사용하여 고장원인을 알 수 있으며, 또한 __ANC__WAR[n]과 __ANC__WB[n] 플래그를 직접 모니터링 하여 경고의 원인을 알 수 있다. 외부기기의 경고장이 해제되면, 즉 사용자 프로그램 수행 후 __ANC__WB[n] 중 해제된 것은 __ANC__WAR[n] 플래그에서 자동으로 소거되며, 모두 해제되면 시스템 플래그 __CNF__WAR의 __ANNUN__WR의 표시가 리셋 된다.

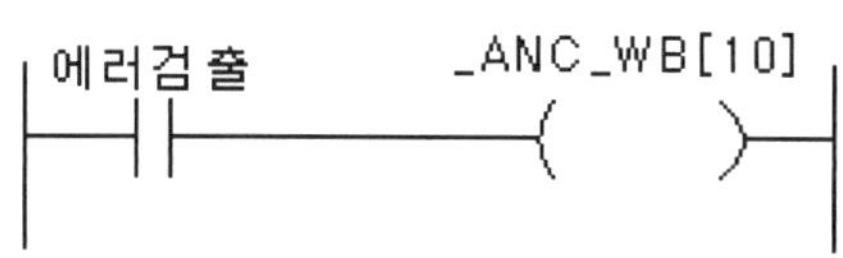

[그림 4.3.8] 외부기기 경고장 처리의 예

연 습 문 제

1. 직접변수와 네임드 변수에 대해 간략히 설명하라.

2. 네임드 변수의 종류를 나열하고 간단히 설명하라.

3. 프로그램 수행 방식 3가지를 간단히 설명하라.

4. 연산 방식 3가지를 간단히 설명하라.

5. 태스크 프로그램 3가지를 간략히 비교 설명하라.

6. 태스크 프로그램이 지연되는 경우를 간략히 설명하라.

7. 순간정전 시 태스크는 어떻게 처리되는지 간략히 설명하라.

8. CPU 운전 모드 4가지를 간략히 비교 설명하라.

9. 리스타트 모드 3가지를 간단히 설명하라.

10. 스캔 워치독 타이머에 대해 간단히 설명하라.

제 5 장
GMWIN

5.1 GMWIN의 특징

GMWIN은 GLOFA PLC 전 시리즈의 프로그램을 작성하고 디버깅하는 소프트웨어 툴(PADT : Programming And Debugging Tool)로서 다음과 같은 특징이 있다.

(1) 편리한 인터페이스

동시에 여러 개의 프로그램을 편집 디버깅할 수 있으며, 그 밖에 사용자 편의성을 극대화하였다.

(2) 다양한 언어 제공

PLC 언어의 국제 규격인 IEC 1131-3을 만족하는 LD(Ladder Diagram), SFC(Sequential Function Chart), IL(Instruction List) 등 다양한 언어를 제공하여 시스템에 적용하기 쉬운 언어를 선택하여 사용하는 것이 가능하다.

[그림 5.1.1]에서 GLOFA PLC에서 사용되고 있는 언어를 보여주고 있다.

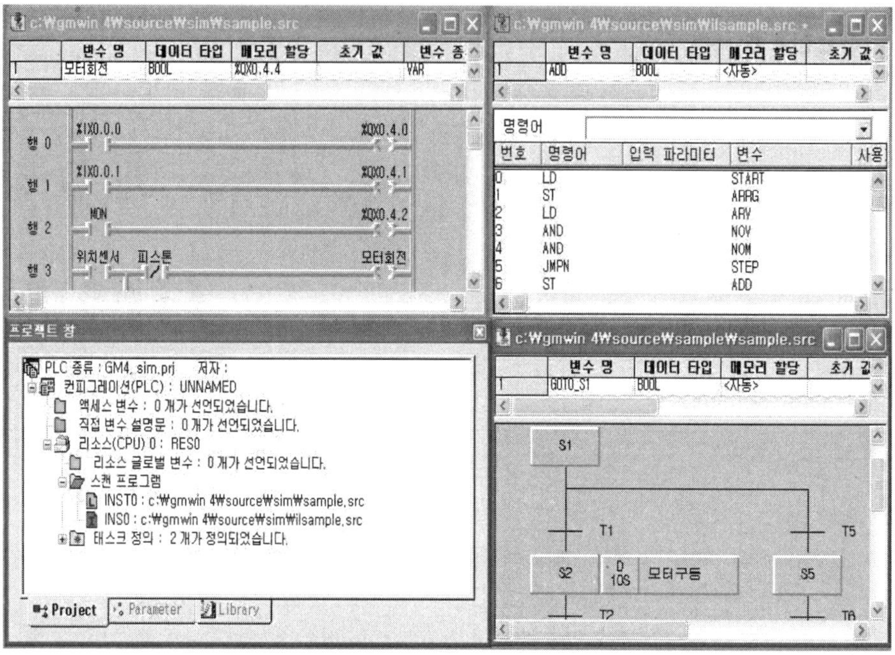

[그림 5.1.1] GMWIN 편집 화면

(3) 네임드 변수 사용

네임드 변수를 사용하여 이해하기 쉽도록 프로그램을 작성할 수 있으며, 메모리 어드레스는 필요에 따라 자동이나 사용자 지정으로 할당할 수 있다. 데이터 타입과 변수를 다양하게 지정하여 프로그램 할 수 있고, 초기값을 지정하고 설명문을 통하여 프로그램을 쉽게 이해할 수 있다.

[그림 5.1.2]는 변수를 설정하는 대화상자를 나타낸다.

(4) 프로젝트 단위로 PLC 시스템 구성

하나의 PLC 시스템에 프로젝트 단위로 작성되기 때문에 프로그램을 여러 개 포함시킬 수 있으므로 프로그램을 작성하고 시험하는 것이 훨씬 수월하다.

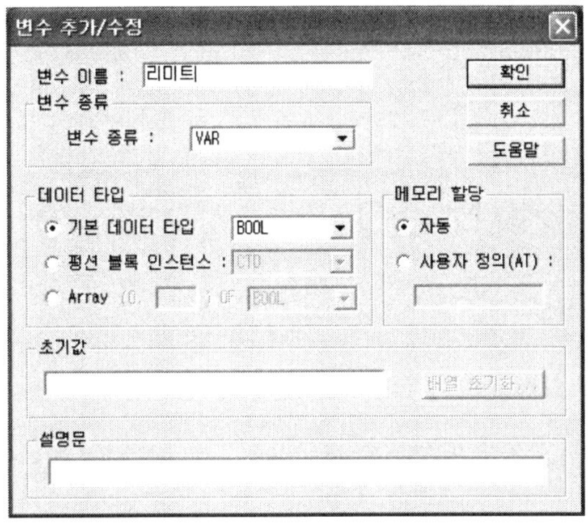

[그림 5.1.2] 변수설정 대화상자

(5) 네트워크를 통한 PLC 접속

다중의 PLC를 네트워크로 연결된 다른 국번 PLC에 접속하여 프로그램을 작성하고 다운로드하거나 모니터 및 디버깅이 가능하다.

(6) 풍부한 PLC 정보 읽기

PLC 정보 및 상태를 다양하게 모니터하고, 프로그램에서 변수나 링크 파라미터 모니터가 가능하다.

(7) 사용자 정의 라이브러리 파일 작성

기본 펑션, 펑션 블록뿐만 아니라 자주 사용하는 프로그램을 사용자 정의 펑션 또는 펑션 블록으로 작성하여 다시 사용할 수 있다.

(8) 프로그램 시뮬레이션

PLC와 직접 접속하지 않고 컴퓨터에서 PLC를 운전하는 것 같은 기능을 수행하여 GMWIN으로 작성한 프로그램을 검증할 수 있다.

5.2 GMWIN 설치

5.2.1 GMWIN 사용 권장 사항

GMWIN을 사용하기 위해 권장되는 하드웨어와 소프트웨어는 다음과 같다.

(1) 퍼스널 컴퓨터와 메모리

80386이나 80486 이상의 CPU에 확장 메모리를 포함하여 적어도 4MB 이상의 메모리를 지닌 퍼스널 컴퓨터가 필요하다.

(2) 시리얼 포트

GMWIN의 기능을 최대한 활용하고 PLC 본체와 통신을 하려면 적어도 두 개 이상의 시리얼 포트가 필요하다.

(3) 하드 디스크

GMWIN과 관련된 파일을 모두 설치하고 GMWIN을 원활히 사용하려면 하드 디스크에 사용 가능한 용량이 20MB 이상 있어야 한다.

(4) 플로피 디스크 드라이브

GMWIN을 설치하거나 작성한 데이터를 플로피 디스크에 저장하려면 적어도 하나 이상의 플로피 디스크 드라이브가 필요하다.

(5) 마 우 스

GMWIN의 기능을 최대한 활용하려면 컴퓨터 본체에 연결할 수 있고 한글/영문 윈도우 3.1/95에 적합한 마우스가 필요하다.

(6) 프 린 터

GMWIN을 인쇄하려면 한글/영문 윈도우 3.1/95에서 사용할 수 있는 프린터가 필요하다.

(7) MS-DOS/한글 MS-DOS

사용하는 컴퓨터 본체에 적합하고 한글/영문 윈도우 3.1/95가 실행되는 버전의 MS-DOS 또는 한글 MS-DOS가 필요하다.

(8) 한글/영문 윈도우 3.1/95

한글/영문 윈도우 3.1/95가 필요하다.

5.2.2 GMWIN 설치

GMWIN을 설치하는 데 필요한 프로그램은 압축된 상태로 되어 있다. GMWIN의 설치 프로그램인 'GMWIN4'를 윈도우상에서 더블클릭하여 실행한다.

• [그림 5.2.1]과 같은 환영 메시지를 보여주는 대화상자가 나타난다. GMWIN을 설치하는 중에는 가능하면 다른 응용 프로그램은 종료하는 것이 좋다.

[그림 5.2.1] 환영 메시지

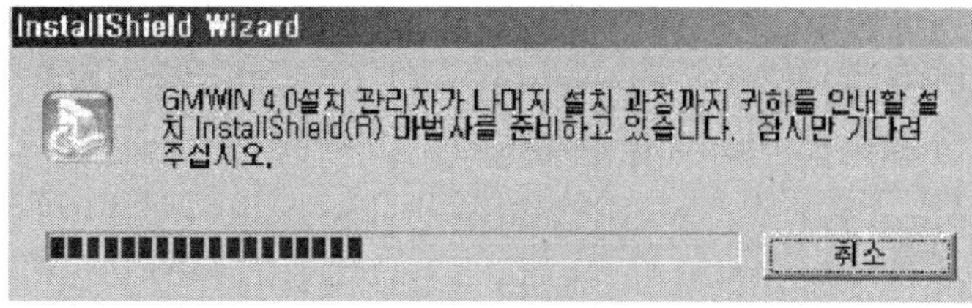

[그림 5.2.2] 설치준비 중 화면

- [그림 5.2.2]의 설치준비가 끝나면, [그림 5.2.3]의 설치화면이 나타나고 다음 단추를 누른다.

[그림 5.2.3] 설치 프로그램 화면

- [그림 5.2.4]의 설치할 경로를 보여주는 대화상자가 나타난다. 설치할 경로가 화면의 아래쪽에 보이고, 설치할 경로를 바꾸려면 찾아보기 단추를 누른다.
- [그림 5.2.5]의 폴더 선택 대화상자가 나타난다.
- 설치 중 어느 곳에서도 취소 단추를 누르면 설치가 중단된다.
- [그림 5.2.5]의 대화상자에서 설치할 경로를 경로 박스에서 선택하거나, 경로면 입력란에 입력한 후 확인 단추를 누른다.
- 설치할 경로 선택이 끝났으면, [그림 5.2.4]의 경로 선택 화면에서 다음 단추를 누른다.

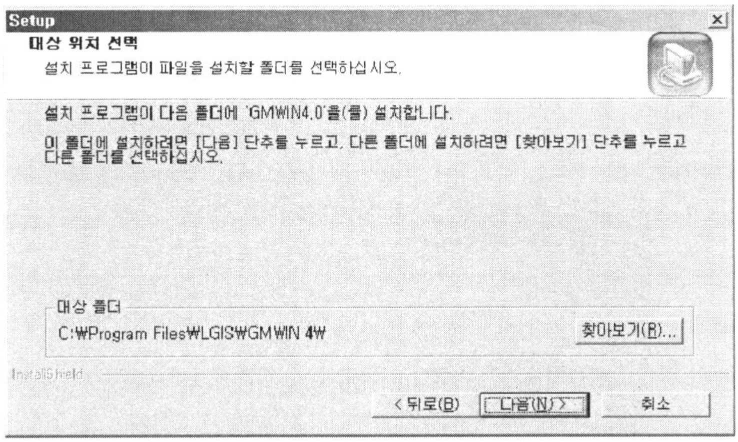

[그림 5.2.4] 경로 선택 화면

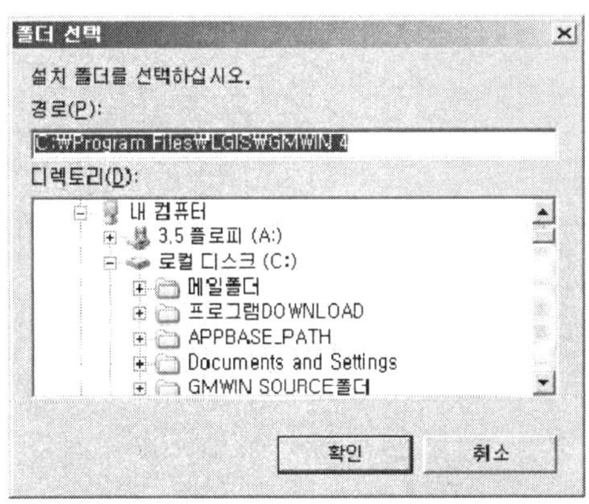

[그림 5.2.5] 폴더 선택 대화상자

• [그림 5.2.6]의 설치 중 화면이 나타나면서 지정된 경로에 설치를 시작한다.

[그림 5.2.6] 설치 중 화면

• 설치가 완료되면, 컴퓨터를 재시동 해야 한다. [그림 5.2.7]의 설치 완료 화면에서 컴퓨터를 바로 재시동할지, 다음에 재시동할지를 선택하고 완료 단추를 누른다.

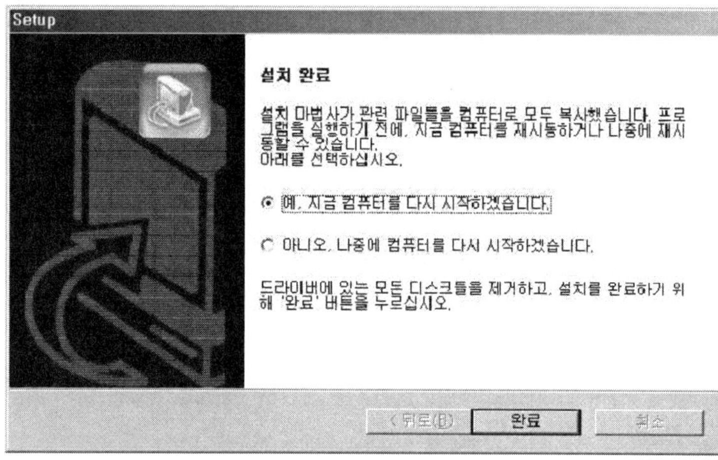

[그림 5.2.7] 설치 완료 화면

5.3 PC와 PLC 연결

PLC를 GMWIN과 연결하기 위해서는 접속 방식과 접속 단계 옵션을 설정해 주어야 한다. 접속 방식은 ① RS-232C 접속 ② 모뎀 접속 ③ GLOFA Fnet 접속 ④ GLOFA Mnet 접속 ⑤ Ethernet 접속 등으로 구별된다.

RS-232C 접속은 CCITT의 권고에 따라 EIA가 제정한 시리얼 통신규격으로 전송거리가 짧고 1 : 1 통신이 가능한 것이다.

GLOFA Fnet은 CIM 네트워크 구조상 하위 레벨에 위치하고 있으며, 필드버스(Fieldbus)를 근간으로 한 오픈(Open)형 네트워크이다. 이 Fnet은 설치비용 및 유지비용이 적게 들고, 시스템의 구성을 다양하게 할 수 있으며, 시스템 변경을 쉽게 할 수 있고, 리모트(Remote) 연결만이 가능하다.

GLOFA Mnet은 공장자동화의 국제 표준 네트워크인 미니맵(Mini-Map)을 바탕으로 중/대형 제어기기 및 중/소형 컴퓨터 등을 상호 연결하는 CIM

네트워크 구조상 중위 레벨에 위치하고 있으며, 대용량의 데이터 통신 및 실시간 통신을 지향한 오픈형 네트워크이다. Mnet은 간단한 파라미터 설정만으로 다른 통신 모듈과 용이하게 접속이 가능하며, 리모트 연결만이 가능하다.

접속 단계는 ① 로컬(local) 접속 ② 리모트 1단 접속 ③ 리모트 2단 접속의 3가지가 있다.

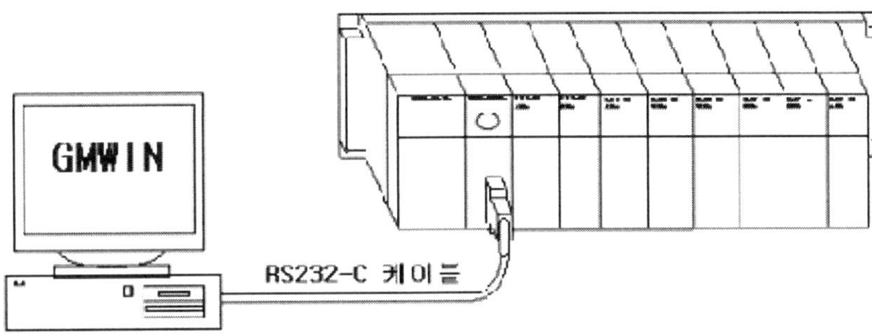

PIN NO	GMWIN (PC)	GMWIN (PC)	PIN NO
1	DCD/CD	DCD/CD	1
2	RXD	RXD	2
3	TXD	TXD	3
4	DTR	DTR	4
5	COM/SG	COM/SG	5
6	DSR	DSR	6
7	RTS	RTS	7
8	CTS	CTS	8
9	RI	RI	9

[그림 5.3.1] GMWIN과 PLC 연결

접속 옵션은 메뉴상에서 프로젝트(P) ⇒ 옵션(Q) ⇒ 접속 옵션을 선택하면 된다.

[그림 5.3.2]의 화면과 같다.

[그림 5.3.2]의 화면에서 접속 방식과 접속 단계의 각 설정은 〈표 5.3.1〉과 같다.

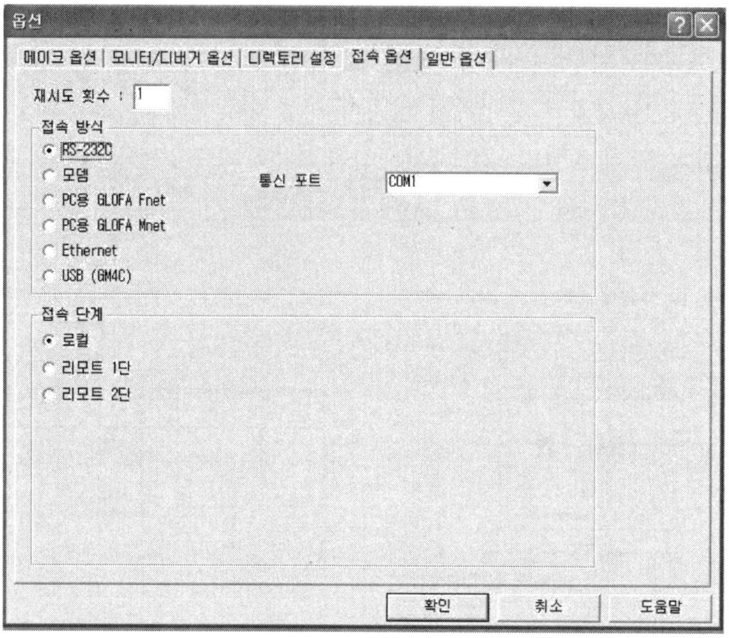

[그림 5.3.2] 접속 옵션 화면

〈표 5.3.1〉 접속 방식과 접속 단계 설정

<table>
<tr><th colspan="2">접속 방식</th><th colspan="2">접속 단계</th></tr>
<tr><td rowspan="4">RS-232C</td><td rowspan="4">통신포트 : COM1~COM4</td><td>로컬</td><td></td></tr>
<tr><td rowspan="3">리모트1단</td><td>네트워크 타입 : GLOFA Mnet
~GLOFA Cnet</td></tr>
<tr><td>국번</td></tr>
<tr><td>슬롯 : 0~7</td></tr>
<tr><td rowspan="4">모뎀</td><td>다이얼업 모뎀/전용 모뎀</td><td>리모트1단</td><td>국번</td></tr>
<tr><td>통신포트 : COM1~COM4</td><td rowspan="3">리모트2단</td><td>네트워크 타입 : GLOFA Mnet
~GLOFA Cnet</td></tr>
<tr><td>전송속도 : 110~256K</td><td>국번</td></tr>
<tr><td>전화번호</td><td>슬롯 : 0~7</td></tr>
<tr><td rowspan="4">PC용
GLOFA
Fnet</td><td rowspan="2">포트 어드레스 : 0×200
~0×3E0</td><td>리모트1단</td><td>국번</td></tr>
<tr><td rowspan="3">리모트2단</td><td>네트워크 타입 : GLOFA Mnet
~GLOFA Cnet</td></tr>
<tr><td rowspan="2">메모리 어드레스 : 0×C000
~0×FC00</td><td>국번</td></tr>
<tr><td>슬롯 : 0~7</td></tr>
</table>

<table>
<tr><th colspan="2">접속 방식</th><th colspan="2">접속 단계</th></tr>
<tr><td rowspan="4">PC용
GLOFA
Mnet</td><td rowspan="2">포트 어드레스 : 0×200
~0×3E0</td><td>리모트1단</td><td>국번</td></tr>
<tr><td rowspan="3">리모트2단</td><td>네트워크 타입 : GLOFA Mnet
~GLOFA Cnet</td></tr>
<tr><td rowspan="2">메모리 어드레스 : 0×C000
~0×FC00</td><td>국번</td></tr>
<tr><td>슬롯 : 0~7</td></tr>
<tr><td rowspan="4">Ethernet</td><td rowspan="4"></td><td>리모트1단</td><td></td></tr>
<tr><td rowspan="3">리모트2단</td><td>네트워크 타입 : GLOFA Mnet
~GLOFA Cnet</td></tr>
<tr><td>국번</td></tr>
<tr><td>슬롯 : 0~7</td></tr>
</table>

5.4 프로젝트 작성

모든 PLC는 PLC의 프로그램을 편집하여 PLC에 전송하고 PLC 데이터를 모니터링하고 디버깅 및 실행하는 툴이 필요하다. GLOFA PLC에서 사용되는 툴은 GMWIN이다.

GMWIN은 다중 문서 인터페이스(MDI : Multiple Document Interface) 방식으로 여러 개의 프로그램을 동시에 편집하고, 디버깅하며, 모니터링 할 수 있는 툴이다.

프로그램을 작성하기 위해서는 GLOFA PLC의 프로그램에 대한 가장 기본적인 요소인 프로젝트를 작성하여야 한다. 프로젝트는 하나의 PLC에 하나의 프로젝트를 작성한다.

글로벌 변수, 액세스 변수, 리소스 내용 등 소프트웨어적인 것을 작성하는 컨피겨레이션(Configuration)부, 기본 파라미터, I/O 파라미터, 링크 파라미터 등 하드웨어적인 것들을 작성하는 파라미터(Parameter)부, 그리고 라이브러리 파일이 프로젝트의 3가지 구성부분이다. 프로젝트의 계층구조는 [그림 5.4.1]과 같다.

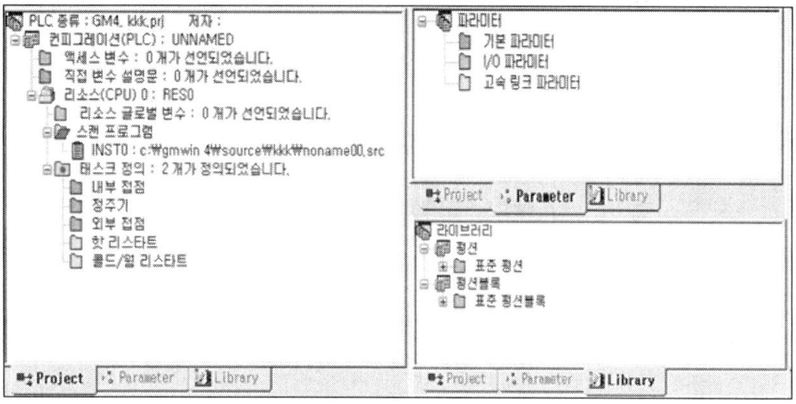

[그림 5.4.1] 프로젝트 계층구조

우선 윈도우의 시작 메뉴를 누르고 프로그램 GMWIN4.0을 선택한다. 그러면 [그림 5.4.2]의 GMWIN 초기화면이 나타난다.

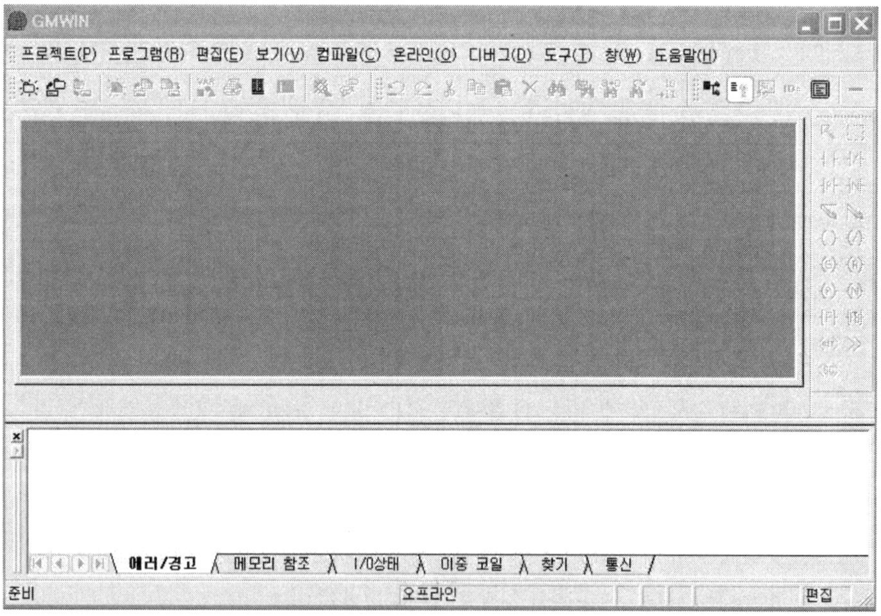

[그림 5.4.2] GMWIN 초기화면

5.4.1 프로젝트 생성

① 프로젝트를 생성하기 위해서는 메뉴상에서 프로젝트(P) ⇒ 새 프로젝트(N)를 선택한다. 그러면 [그림 5.4.3]의 새 프로젝트 대화상자가 나타난다.

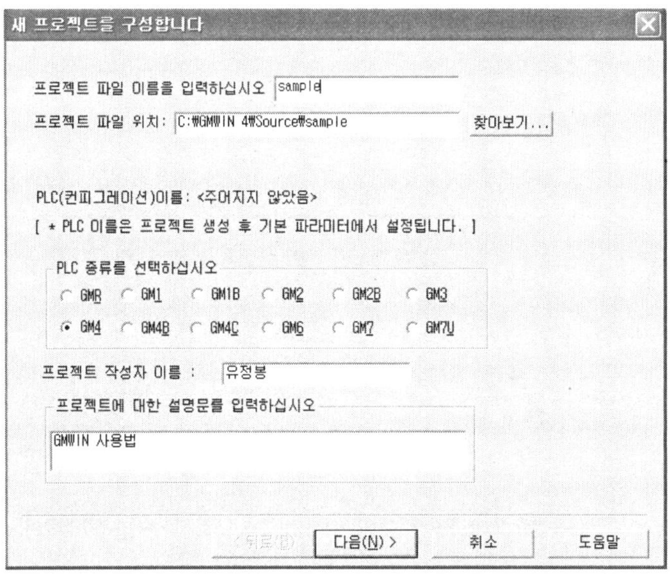

[그림 5.4.3] 새 프로젝트 대화상자

② 프로젝트 파일 이름을 입력하고 PLC 종류를 선택하고, 프로젝트 작성자 이름 및 프로젝트에 대한 설명문을 입력한 후 다음 단추를 누른다. [그림 5.4.4]의 프로그램 정의 대화상자가 나타난다.

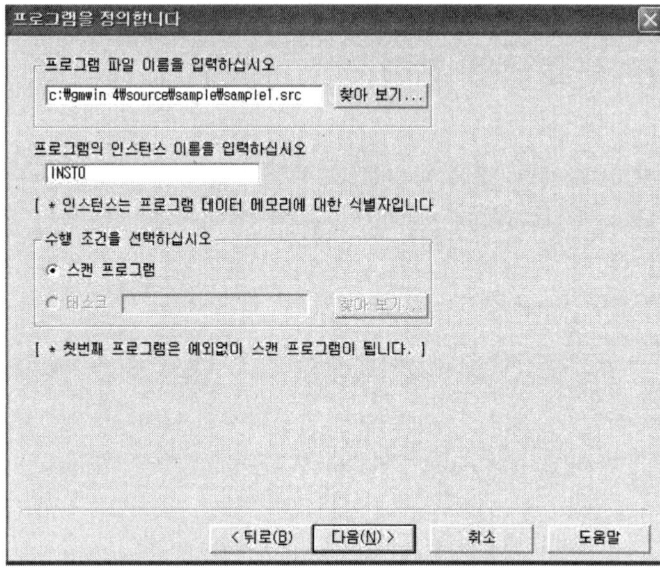

[그림 5.4.4] 프로그램 정의 대화상자

③ 프로그램 파일 이름과 인스턴스 이름을 입력하고 다음 단추를 누른다. [그림 5.4.5]의 프로그램 구성 대화상자가 나타난다.

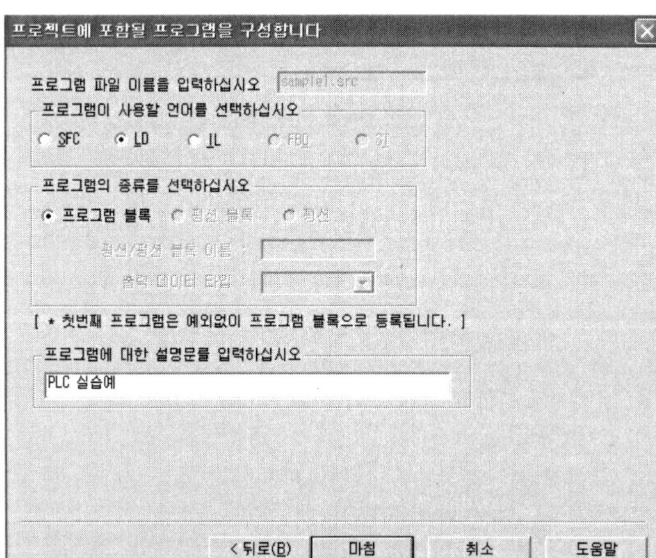

[그림 5.4.5] 프로그램 구성 대화상자

④ 사용할 언어를 선택하고, 설명문을 입력한 후 마침 단추를 누른다.

5.4.2 프로젝트 열기

① 이미 만들어진 프로젝트 파일을 열기 위해서는 메뉴상에서 프로젝트(P) ⇒ 열기(O)를 선택한다. 그러면 [그림 5.4.6]의 프로젝트 열기 대화상자가 나타난다.

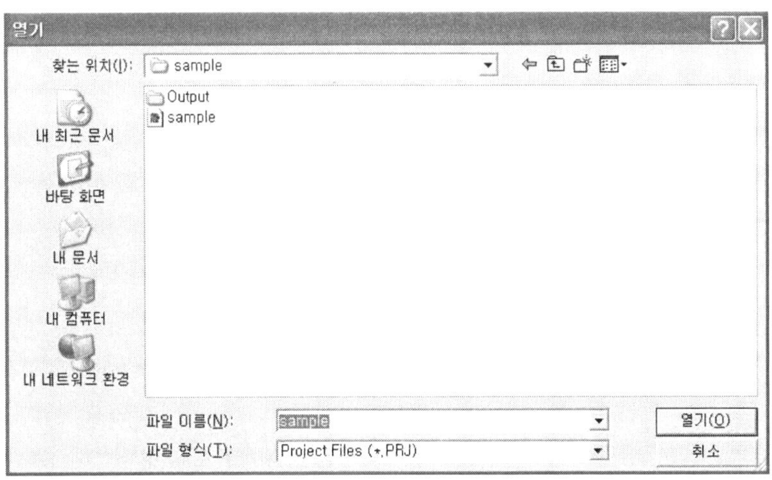

[그림 5.4.6] 프로젝트 열기 대화상자

② 찾는 위치를 지정하고 파일 이름을 입력한 후 열기 단추를 누른다.

5.4.3 프로젝트 저장

작업을 완료하고 프로젝트를 저장하기 위해서는 두 가지 방법이 있다. 하나는 이미 존재하는 프로젝트 파일을 저장하는 것이고, 다른 하나는 다른 이름으로 저장하는 것이다.

① 메뉴에서 프로젝트(P) ⇒ 저장(S)을 선택한다. 이때는 이미 존재하는 프로젝트 파일을 저장하는 것이고 어떤 메시지도 나타나지 않고 저장된다.

② 메뉴에서 프로젝트(P) ⇒ 다른 이름으로 저장(A)을 선택한다. [그림 5.4.7]의 저장 대화상자가 나타난다.

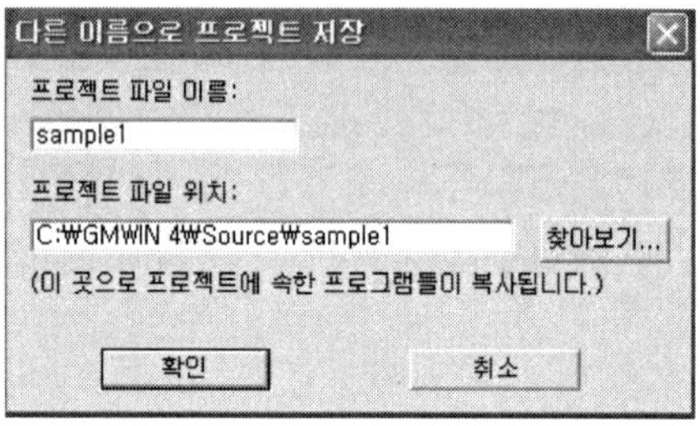

[그림 5.4.7] 다른 이름으로 저장 대화상자

③ [그림 5.4.7]에서 프로젝트를 저장할 위치를 지정한 후 프로젝트 파일 이름을 입력한 후 확인 단추를 누른다.

5.5 프로그램 편집

PLC를 구동시키기 위해서는 명령어를 작성하여 PLC에 전송하여야 한다. 이러한 명령어를 작성한 것을 프로그램이라고 하며, 프로그램을 만드는 방법, 기존에 만들어진 프로그램을 여는 방법 및 프로그램을 저장하는 방법 등을 알아보고, 또한 LD 프로그램, IL 프로그램 및 SFC 프로그램을 편집하는 방법을 알아본다.

5.5.1 프로그램 생성

① 프로그램을 만들기 위해서는 메뉴에서 프로그램(R) ⇒ 새 프로그램(N)을 선택한다. 그러면 [그림 5.5.1]의 새 프로그램 대화상자가 나타난다.
② 프로그램의 파일 이름을 입력한다.
③ 사용언어를 사용언어 옵션 단추에서 선택한다.

④ 프로그램 종류를 선택한다. 펑션 블록이나 펑션으로 선택하면 입력변수가 적어도 한 개 이상 있어야 사용 가능하다. 여기서는 프로그램 블록을 선택한다.

⑤ 설명문 입력란에 프로그램을 설명하는 것을 입력한다.

⑥ 프로젝트에 프로그램이 없는 경우에는 '프로그램을 프로젝트로 추가'란을 클릭한 후 확인 단추를 누른다.

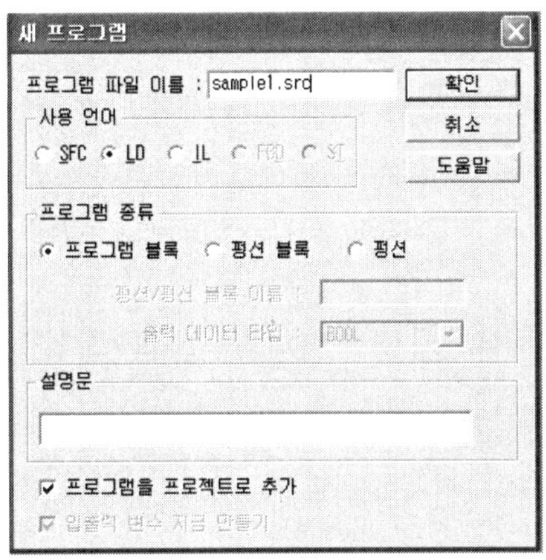

[그림 5.5.1] 새 프로그램 대화상자

5.5.2 프로그램 열기

① 프로그램을 열기 위해서는 메뉴에서 프로그램(R) ⇒ 열기(O)를 선택한다.

② 그러면 [그림 5.5.2]의 프로그램 열기 대화상자가 나타난다.

③ [그림 5.5.2]의 대화상자에서 원하는 파일을 선택하고 확인 단추를 누른다.

④ 메뉴에서 파일을 여는 방법과는 다르게 [그림 5.5.3]과 같이 프로젝트 창에서 '스캔 프로그램' 안의 파일을 더블클릭해도 원하는 파일을 열 수 있다.

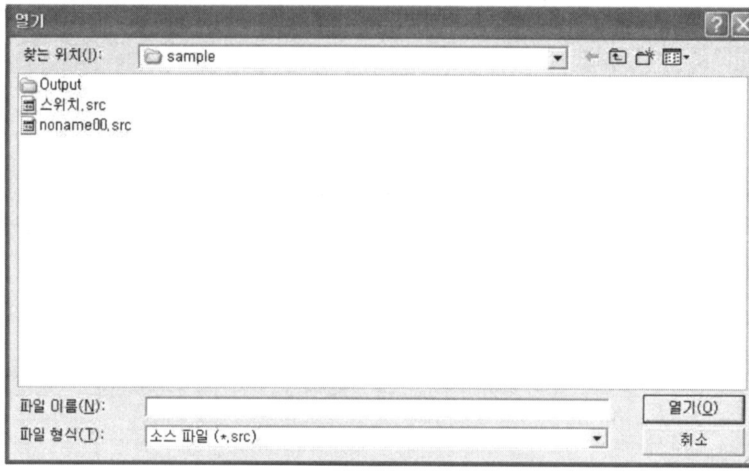

[그림 5.5.2] 프로그램 열기 대화상자

[그림 5.5.3] 프로젝트 창의 파일 열기

5.5.3 프로그램 저장

① 프로그램을 저장하기 위해서는 메뉴에서 프로그램(R) ⇒ 저장(S)을 선택한다. 이러한 경우는 기존에 있는 파일의 이름을 그대로 사용한 상태에서 저장하기 때문에 바로 저장이 된다.

② 기존의 이름을 사용하지 않고 다른 이름으로 저장할 경우에는 프로그램(R) ⇒ 다른 이름으로 저장(A)을 선택한다. 그러면 [그림 5.5.4]의 다른 이름으로 저장 대화상자가 나타난다.

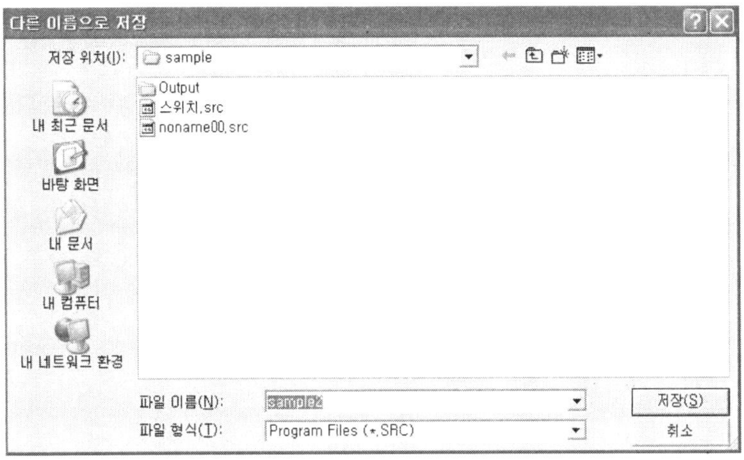

[그림 5.5.4] 다른 이름으로 저장 대화상자

③ [그림 5.5.4]의 대화상자에서 파일 이름을 입력하고 저장 단추를 누른다.

5.6 LD 프로그램 편집

LD 프로그램은 PLC에서 가장 많이 사용되는 릴레이 로직을 표현하기 위한 표준언어로 릴레이 제어반의 여러 요소를 소프트웨어로 대치시켜 접점 및 코일로 표현할 수 있게 한 언어이다. LD 프로그램의 편집화면은 [그림 5.6.1]과 같다.

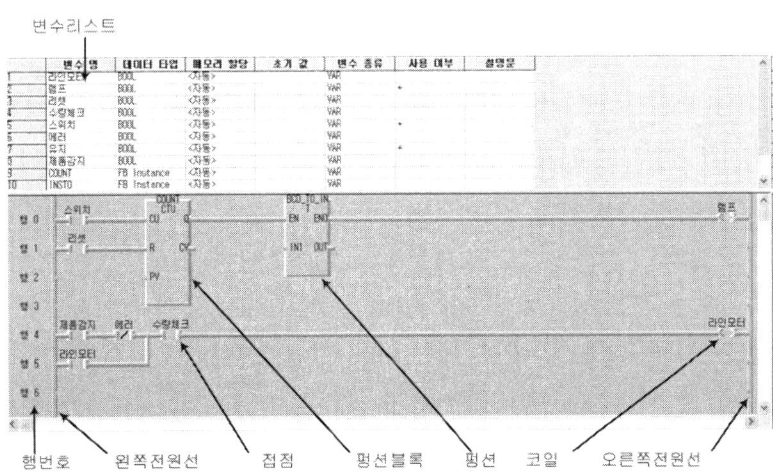

[그림 5.6.1] LD 프로그램 편집화면

[그림 5.6.1]의 편집화면에서 변수 리스트가 맨 위쪽에 나열된다. 변수 리스트는 변수명, 데이터 타입, 메모리 할당, 초기값, 변수 종류, 사용 여부, 설명문 등이 표시된다. 아래쪽에는 실제 LD 편집화면이다. 맨 왼쪽에 행 번호가 나오게 되고 왼쪽과 오른쪽에 세로선이 있는데, 이 세로선이 전원을 나타내는 선이다. 전원은 왼쪽에서 오른쪽으로 흐르게 된다. 그리고 접점과 펑션 블록, 펑션, 코일 등으로 구성된다.

5.6.1 접점 및 코일 삽입

① 도구상자에서 입력접점(┤├ , ┤/├ , ┤P├ , ┤N├)을 선택하여 접점을 삽입하고자 하는 행의 위치로 마우스를 옮긴 후 마우스의 왼쪽 버튼을 누른다.

② 도구상자에서 출력코일(( ) , (/) , (S) , (P) , (R))을 선택하여 코일을 삽입하고자 하는 행의 위치로 마우스를 옮긴 후 마우스의 왼쪽 버튼을 누른다. 단, 코일은 출력이기 때문에 입력접점이 없으면 사용되지 못한다. 따라서 입력접점 바로 오른쪽 옆에 마우스를 위치시키고 왼쪽 버튼을 눌러도 동일한 효과를 가진다.

③ 연결선을 입력할 때에는 선( , 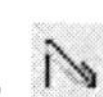)을 선택한 후 삽입하고자 하는 위치로 마우스를 옮긴 후 마우스의 왼쪽 버튼을 누른다. 입력되어 있는 다른 접점을 연결선으로 교체하려면 교체하고 싶은 접점 위에 마우스를 위치시키고 마우스의 왼쪽 버튼을 더블클릭 하면 된다.

5.6.2 펑션 및 펑션 블록 삽입

① 펑션을 입력하기 위해서는 도구상자에서 펑션({F})을 선택한 후 삽입하고자 하는 위치로 마우스를 옮긴 후 왼쪽 버튼을 누른다.

② [그림 5.6.2]의 펑션 선택 대화상자가 나타난다.

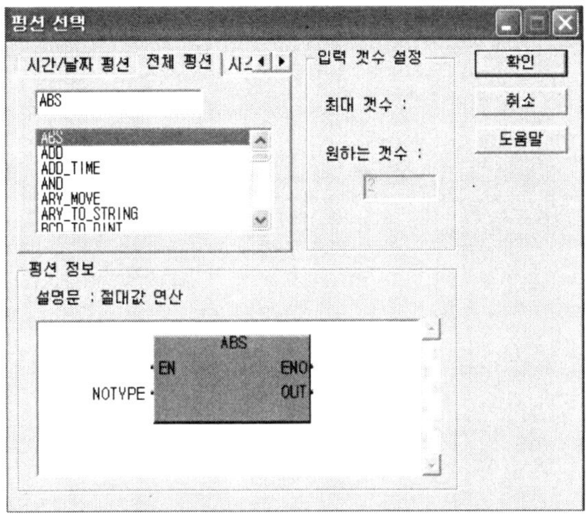

[그림 5.6.2] 펑션 선택 대화상자

③ [그림 5.6.2]에서 펑션 종류는 시간/날짜 펑션, 전체 펑션, 시스템 펑션의 3가지가 있고 이 3가지 중 하나를 선택하면 된다. 각 펑션 종류를 선택하고 해당하는 펑션들을 목록에서 선택하면 펑션 정보에서 펑션의 그림이 나타난다. 그리고 확인 단추를 누른다.

④ 펑션 블록을 입력하기 위해서는 도구상자에서 펑션(FB)을 선택한 후 삽입하고자 하는 위치로 마우스를 옮긴 후 왼쪽 버튼을 누른다.

⑤ [그림 5.6.3]의 펑션 블록 선택 대화상자가 나타난다.

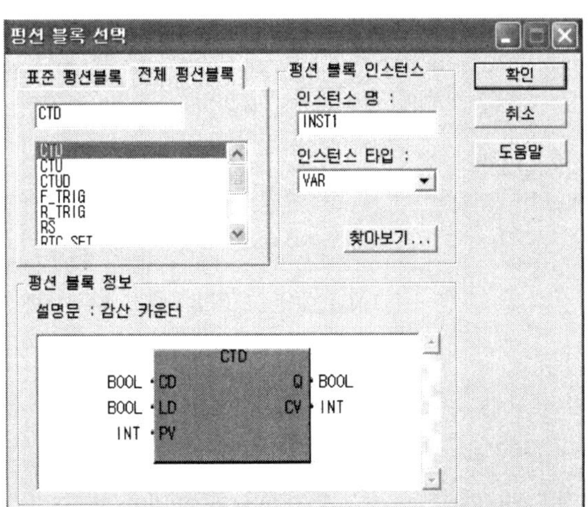

[그림 5.6.3] 펑션 블록 선택 대화상자

⑥ [그림 5.6.3]에서 펑션 블록의 종류는 표준 펑션 블록, 전체 펑션 블록 2가지가 있고 이 2가지 중 하나를 선택하면 된다. 각 펑션 블록 종류를 선택하고 해당하는 펑션들을 목록에서 선택한 후 각 펑션 블록의 인스턴스명을 기입한다. 그리고 인스턴스 타입은 VAR, VAR_EXTERNAL, VAR_RETAIN의 3가지 중 하나를 선택한 후 확인 단추를 누른다.

5.6.3 분기 및 서브루틴 호출

프로그램을 순차적으로 진행하다가 필요한 곳으로 분기하는 방법이 있다. 이와 같은 명령이 점프 명령이고, 동일한 처리 루틴이 한 프로그램 내의 여러 곳에서 사용될 경우 이를 별도의 독립된 루틴으로 작성하여 필요할 때마다 주루틴에서 이를 호출하여 사용하는 것을 서브루틴(subroutine)이라고 한다.

① 점프 명령을 실행하기 위해 도구상자에서 점프(≫) 명령을 선택한다.

② 점프 명령을 삽입하고자 하는 위치로 마우스를 옮긴 후 마우스의 왼쪽 버튼을 누른다. 그러면 마지막 열에 입력이 된다.

③ 입력된 점프 명령 위에 마우스를 놓고 왼쪽 버튼을 더블클릭 한다.

④ 그러면 레이블을 입력할 수 있도록 대화상자가 나타난다.

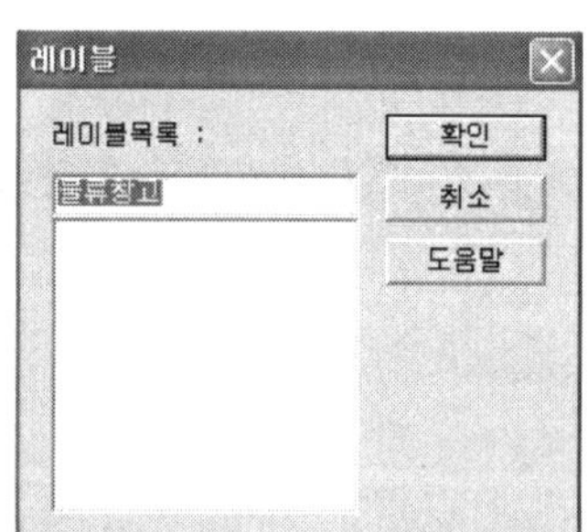

[그림 5.6.4] 레이블 입력 대화상자

⑤ [그림 5.6.4]의 레이블 입력 대화상자에서 레이블 이름을 입력하고 확인 단추를 누른다.

⑥ 점프할 목적지는 레이블로 나타내고, 레이블의 위치는 행을 표시하는 0번 열에 입력하여야 한다. 도구상자에서 화살표(↖)를 선택한다.

⑦ 행이 표시된 0번 열에 마우스를 옮긴 후 왼쪽 버튼을 더블클릭 한다.

⑧ 그러면 [그림 5.6.5]의 레이블/렁 설명문 선택 대화상자가 나타난다.

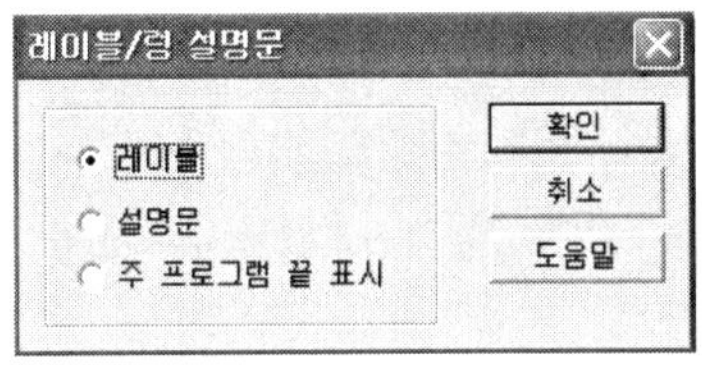

[그림 5.6.5] 레이블/렁 설명문 선택 대화상자

⑨ [그림 5.6.5]에서 레이블을 클릭하고 확인 단추를 누른다.

⑩ [그림 5.6.6]의 레이블 추가 대화상자가 나타난다.

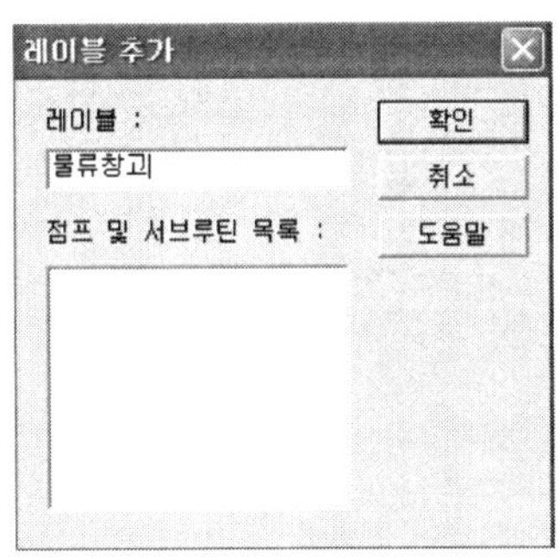

[그림 5.6.6] 레이블 추가 대화상자

⑪ [그림 5.6.6]에서 레이블의 이름을 입력하고 확인 단추를 누른다.

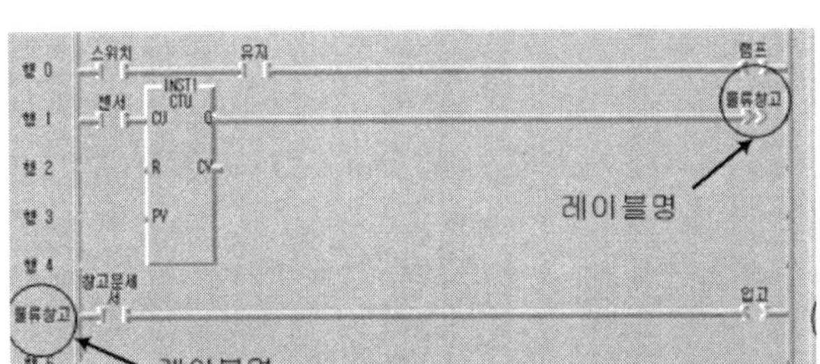

[그림 5.6.7] 점프 및 레이블 입력화면

⑫ 서브루틴을 호출하기 위해서는 도구상자에서 서브루틴 호출( )명령을 선택한다.

⑬ 서브루틴 호출명령을 삽입하고자 하는 위치로 마우스를 옮긴 후 마우스의 왼쪽 버튼을 누른다. 그러면 마지막 열에 입력이 된다.

⑭ 입력된 점프 명령 위에 마우스를 놓고 왼쪽 버튼을 더블클릭 한다.

⑮ 그러면 레이블을 입력할 수 있도록 [그림 5.6.4]의 대화상자가 나타난다.

⑯ [그림 5.6.4]의 레이블 입력 대화상자에서 호출할 서브루틴의 레이블 이름을 입력하고 확인 단추를 누른다.

⑰ 호출할 서브루틴은 프로그램의 끝인 END 명령 다음에 위치하고 있다. 서브루틴을 작성할 때에도 레이블은 점프할 레이블을 입력하는 방법과 동일하다.

[그림 5.6.8] 서브루틴 입력화면

5.6.4 변수입력

① 변수를 입력하기 위해 도구상자에서 화살표( )를 선택한다.

② 변수를 입력할 접점, 코일 등 입력 및 출력의 위치 위에 마우스를 옮긴 후 왼쪽 버튼을 더블클릭 한다.

③ [그림 5.6.9]의 변수 대화상자가 나타난다.

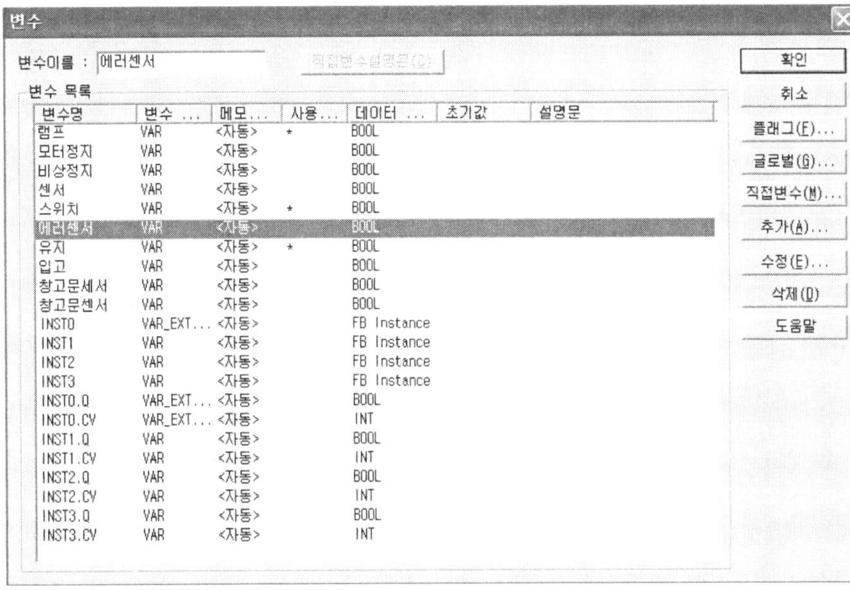

[그림 5.6.9] 변수 대화상자

④ [그림 5.6.9]에서 변수이름 난에 변수이름을 입력하고 확인 단추를 누른다.

⑤ [그림 5.6.10]의 변수 추가/수정 대화상자가 나타난다.

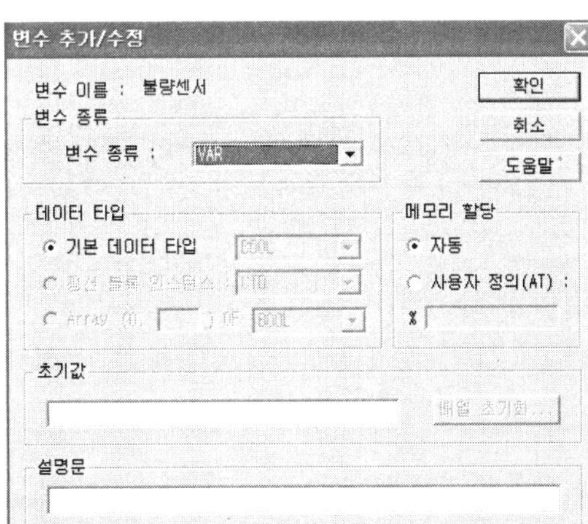

[그림 5.6.10] 변수 추가/수정 대화상자

⑥ [그림 5.6.10]의 대화상자에서 변수 종류를 선택한다. 변수 종류는 VAR, VAR_CONSTANT, VAR_RETAIN, VAR_EXTERNAL의 4가지가 있다.

⑦ 변수가 VAR, VAR_CONSTANT, VAR_RETAIN의 3가지는 초기값을 지정하게 되어 있어 초기값이 지정 가능하다. 그러나 초기값을 지정하지 않아도 상관없다.

⑧ 메모리 할당은 자동할당과 사용자 정의로 나누어지며, 자동할당은 프로그램 컴파일 시 선언된 변수를 타입에 따라 자동으로 데이터 영역에 할당하며, 사용자 정의로 지정을 할 때에는 사용자가 선언된 변수를 I, Q, M 영역에 할당한다.

⑨ 사용자 정의로 지정할 때 변수의 형태는 다음과 같다. 또한 직접변수 접두어와 의미는 〈표 5.6.1〉과 같다.

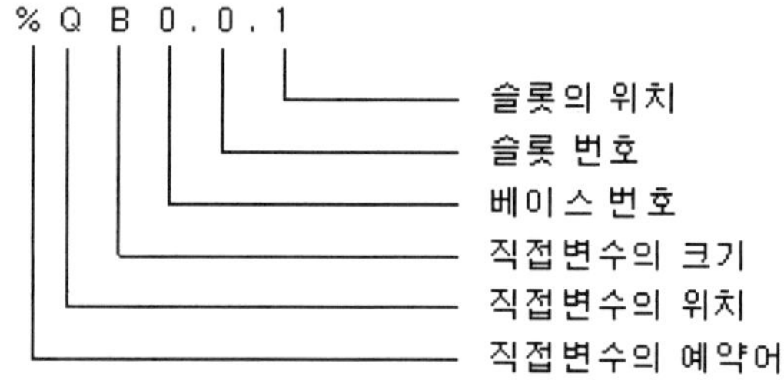

[그림 5.6.11] 사용자 정의 변수

〈표 5.6.1〉 직접변수의 접두어와 의미

접 두 어		의 미
직접변수의 위치	I	입력
	Q	출력
	M	내부 메모리
직접변수의 크기	X, 없음	1비트
	B	1바이트(8비트)
	W	1워드(16비트)
	D	2워드(32비트)

⑩ 입력이 완료되었으면 확인 단추를 누른다.

5.6.5 기타편집

(1) 블록 편집

① 도구상자에서 블록 지정( )을 선택한다.

② 블록을 시작할 위치로 마우스를 옮긴 후 마우스의 왼쪽 버튼을 누르고 드래그하여 블록을 지정한다.

③ 블록을 지정한 상태에서 잘라내기( ), 복사( ), 붙여넣기( ), 지우기( )를 하면 된다.

(2) 찾 기

① 메뉴에서 편집(E) ⇒ 찾기(F)( )를 선택한다.

② [그림 5.6.12]의 찾기 대화상자가 나타난다.

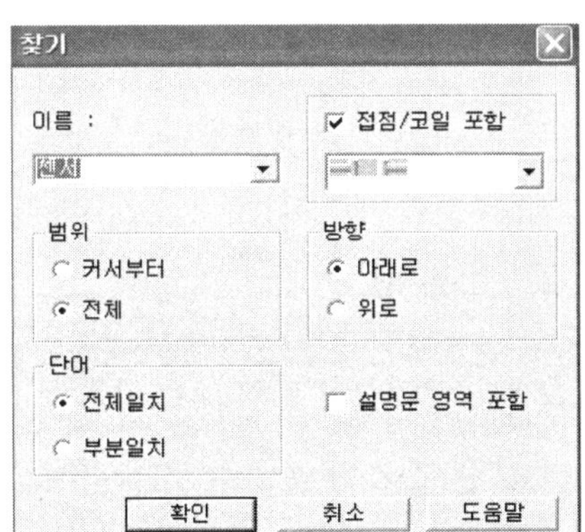

[그림 5.6.12] 찾기 대화상자

③ [그림 5.6.12]의 찾기 대화상자에서 찾고자 하는 이름을 이름 입력란에 입력하고 범위 및 단어, 방향을 선택한다. 접점 및 코일을 포함하면 접점 및 코일 포함란에 클릭을 하여 선택하고 종류를 선택한다. 그리고 확인 단추를 누른다.

(3) 바 꾸 기

① 메뉴에서 편집(E) ⇒ 바꾸기(R)( )를 선택한다.

② [그림 5.6.13]의 바꾸기 대화상자가 나타난다.

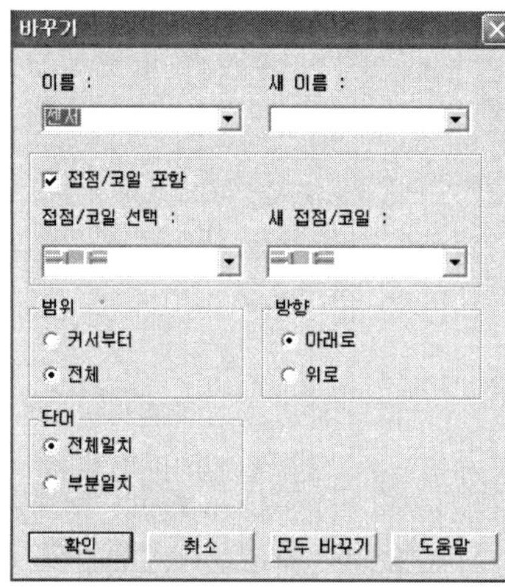

[그림 5.6.13] 바꾸기 대화상자

③ [그림 5.6.13]의 바꾸기 대화상자에서 바꿀 이름을 이름 입력란에 입력하고 새 이름 입력란에 새 이름을 입력한다. 범위 및 단어, 방향을 선택한 후 확인 단추를 누른다.

④ 바꾸기는 이름만을 바꿀 수도 있고, 이름은 그대로 두고 접점이나 코일만을 바꿀 수도 있다. 접점이나 코일만을 바꿀 때에는 이름 및 새 이름 난은 바꾸어야 될 접점이나 코일의 이름을 똑같이 입력하고 접점/코일 포함 난을 클릭하여 선택한 후 바꾸어야 될 접점/코일을 선택하고 새 접점/코일을 선택한 후 확인 단추를 누른다. 모두 바꾸기를 선택하면 처음부터 끝까지 같은 접점/코일을 한 번에 바꿀 수 있다.

⑤ 그러면 [그림 5.6.14]의 바꾸기 확인 대화상자가 나타난다.

[그림 5.6.14] 바꾸기 확인 대화상자

⑥ 예 단추를 누른다.

(4) 찾아가기

① 메뉴에서 편집(E) ⇒ 찾아가기(G)( )를 선택한다.
② [그림 5.6.15]의 찾아가기 대화상자가 나타난다.

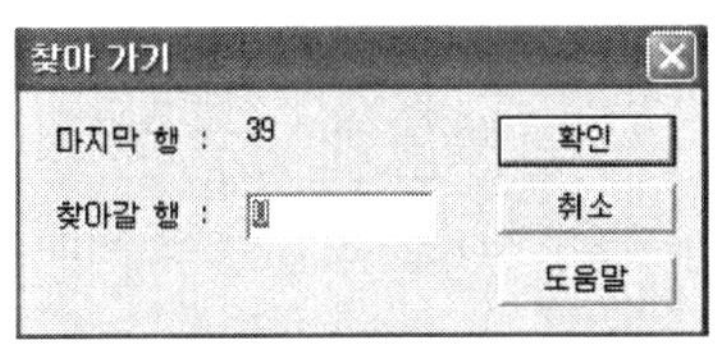

[그림 5.6.15] 찾아가기 대화상자

③ [그림 5.6.15]의 찾아가기 대화상자에서 찾아갈 행의 번호를 입력하고 확인 단추를 누른다.

(5) 라인 삭제

① 도구상자에서 화살표( )를 선택한다.
② 라인 삭제할 위치로 마우스를 옮긴 후 왼쪽 버튼을 눌러 커서를 이동시킨다.
③ 메뉴에서 편집(E) ⇒ 라인 삭제(E)를 선택한다.

(6) 셀 삭 제

① 도구상자에서 화살표( )를 선택한다.

② 셀 삭제할 위치로 마우스를 옮긴 후 왼쪽 버튼을 눌러 커서를 이동시킨다.

③ 메뉴에서 편집(E) ⇒ 셀 삭제(H)를 선택한다. 또는 커서가 위치하고 있는 셀을 삭제하기 위해 'DEL'키를 눌러도 된다.

(7) 라인 삽입

① 도구상자에서 화살표(↖)를 선택한다.

② 라인 삽입할 위치로 마우스를 옮긴 후 왼쪽 버튼을 눌러 커서를 이동시킨다.

③ 메뉴에서 편집(E) ⇒ 라인 삽입(L)을 선택한다.

(8) 셀 삽입

① 도구상자에서 화살표(↖)를 선택한다.

② 셀 삽입할 위치로 마우스를 옮긴 후 왼쪽 버튼을 눌러 커서를 이동시킨다.

③ 메뉴에서 편집(E) ⇒ 셀 삽입(I)을 선택한다.

5.7 SFC 프로그램 편집

5.7.1 SFC 개요

SFC는 이산제어 프로그램에서 순차제어논리를 기술하는 데 적합한 그래픽 언어로 종래의 PLC 언어를 이용하여 응용 프로그램을 실행처리 순서에 따라 플로 차트 형식으로 전개하는 구조화 표현 방식 언어이다.

SFC는 응용 프로그램이 스텝과 트랜지션으로 구분되어 있고, 각 스텝은 액션으로, 각 트랜지션은 트랜지션 조건과 연관된다. SFC의 예는 [그림 5.7.1]과 같다.

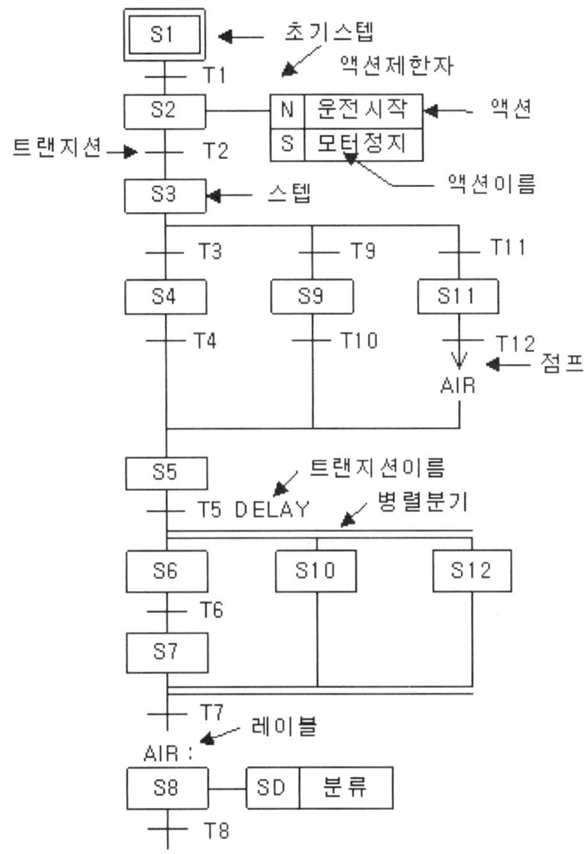

[그림 5.7.1] SFC의 예

5.7.2 SFC 구조

(1) SFC의 구성요소

SFC는 각각의 동작을 나타내는 스텝과 천이조건을 나타내는 트랜지션으로 구성된다.

① 스텝(Step)

스텝은 액션이 연결됨으로써 시퀀스 제어의 단위를 나태내고 일련의 동작을 일으키게 되고, [그림 5.7.1]에서 S1, S2, S3, … 등이 스텝이며, 이중 S1은 초기 스텝이다. 초기 스텝은 2중 직사각형으로 표시하고 최초로 활성화되는 스텝이고, 각 스텝이 활성화 상태이면 부착되어 있는 액션의 내용이 실행된다.

각 스텝에는 액션을 2개까지 연결할 수 있으며, 액션이 없는 스텝은 대기 액션으로 되고, 액션이 활성화된 후 액션 다음의 이행조건이 만족될 때까지 대기 상태가 된다. 즉 다음 이행조건이 만족을 못하면 현재의 스텝에서 계속 기다리게 된다. 각 스텝에 연결된 액션은 IL 언어 또는 LD 언어로 구성되고 스텝이 활성화될 동안 액션의 내용이 실행되며, 액션은 액션 제한자에 의해 제어된다.

[그림 5.7.2]에서 초기 스텝 S1이 활성화되면, ACTION 1과 ACTION 2의 내용이 실행된다. ACTION 1과 ACTION 2 앞의 N과 S는 액션 제한자를 나타내고 S는 R 제한자를 만날 때까지 실행을 계속한다. 즉, ACTION 2는 S1 스텝이 비활성화되어도 계속 실행을 하며 R 제한자를 만나게 되면 정지하게 된다.

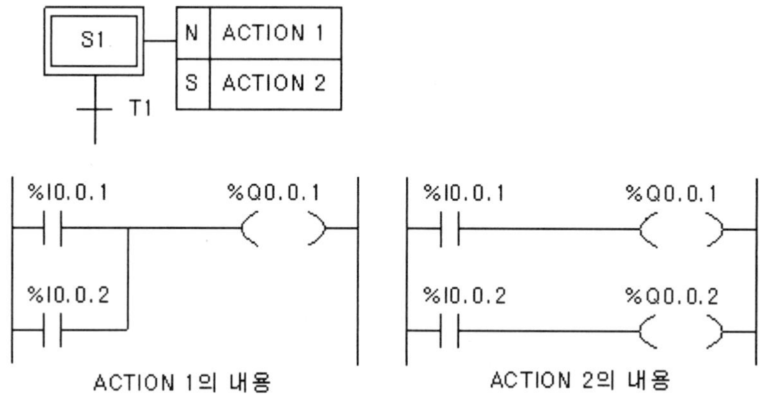

[그림 5.7.2] 액션 사용 예

② 트랜지션(Transition)

트랜지션은 스텝 간의 동작이행조건을 나타내고, 스텝과 스텝 사이에는 반드시 트랜지션으로 이어져야 한다. 즉, 트랜지션은 스텝에 이어져서 다음 스텝으로 이동하기 위한 조건을 나타내는 것이며, 한 스텝이 활성화된 상태에서 트랜지션이 조건을 만족하면 다음 스텝이 활성화되는 것이다. 트랜지션은 IL 언어 및 LD 언어, 또는 직접변수로 표현될 수 있으며, 트랜지션의 이행조건 결과는 항상 BOOL로 되어야 하고 그 변수의 이름은 어느 트랜지션에서나 TRANS로 사용하여야 한다. 트랜지션의 사용 예는 [그림 5.7.3]과 같다. [그림 5.7.3]에서 T1

의 내용은 LD 언어로 작성이 되었으며, S1 스텝이 활성화된 상태에서 TRANS 출력이 ON되면 S1 스텝이 비활성화되고, S2 스텝이 활성화 상태로 된다. 그리고 TRANS 변수는 내부적으로 선언된 변수가 되며, 모든 트랜지션은 이행조건을 TRANS 변수로 출력시켜야 한다.

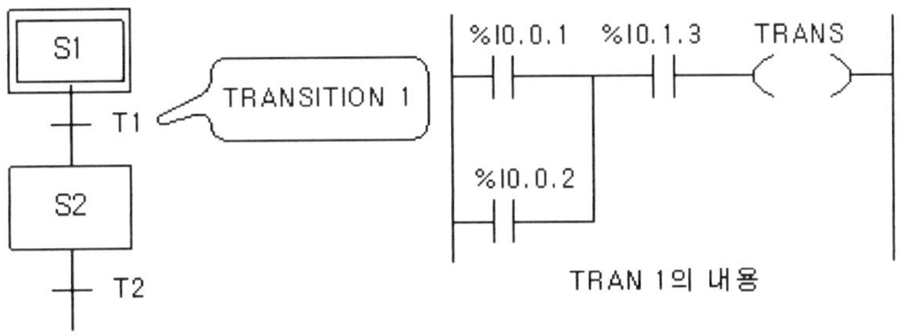

[그림 5.7.3] 트랜지션의 사용 예

③ 액션 제한자(Action Qualifier)

액션 제한자는 액션의 동작을 제한하게 되고, 스텝에 연관된 액션은 지정된 제한자에 따라 실행 시점과 시간이 정의된다.

㉠ N(Non-Stored) 가시나무

N은 스텝이 활성화된 동안만 액션이 실행된다. 즉, 스텝이 활성화되면 액션이 실행되고 스텝이 비활성화되면 바로 액션도 중지된다.

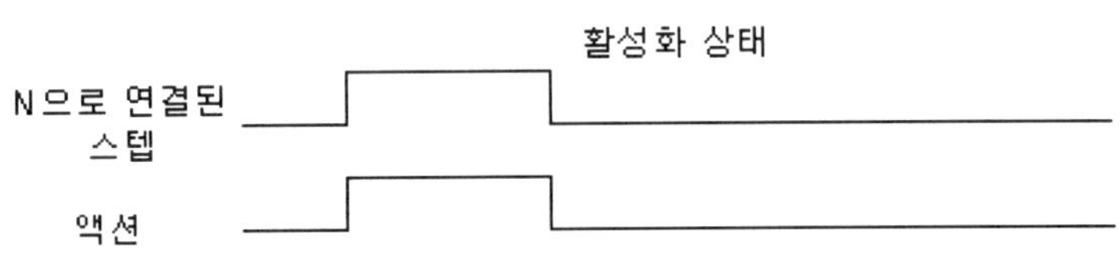

[그림 5.7.4] N 제한자 액션의 타이밍도

㉡ S(Set)

스텝이 활성화되면 액션이 Set되어 실행된다. 그러나 N 제한자와는 다르게 스텝이 비활성화되어도 액션은 계속 실행이 되고, 이 액션이 중지되려면 R 제한자가 실행되어야 한다.

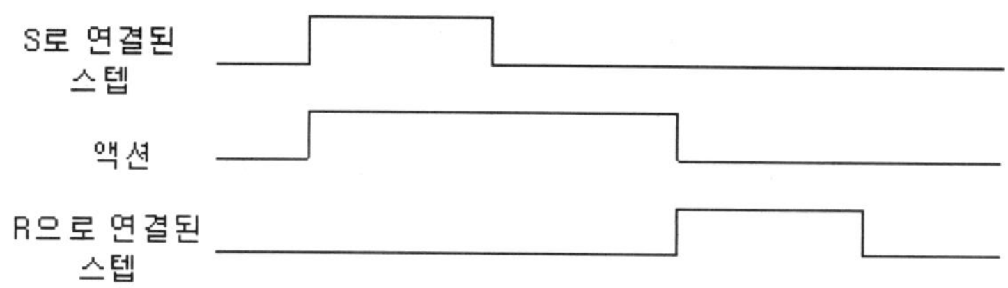

[그림 5.7.5] S와 R 제한자 액션의 타이밍도

ⓒ R(Overriding Reset)

이전에 지정된 제한자 중 S, SD, DS, SL 제한자로 실행된 액션의 실행을 중지시킨다.

ⓓ L(Time Limited)

스텝이 활성화된 후 지정된 시간 또는 스텝이 비활성화될 때까지 액션이 실행된다. 즉, 액션이 활성화될 때 액션이 실행되고 지정된 시간 동안 액션이 동작하게 된다.

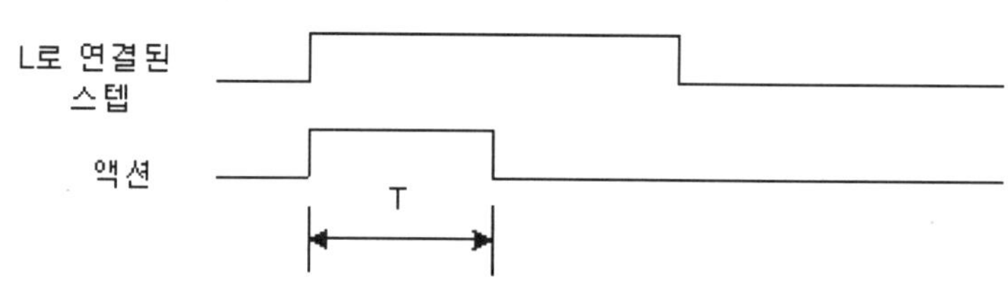

[그림 5.7.6] L 제한자 액션의 타이밍도

ⓔ D(Time Delayed)

스텝이 활성화된 후 일정한 시간이 지연된 후 액션이 동작을 시작하게 된다.

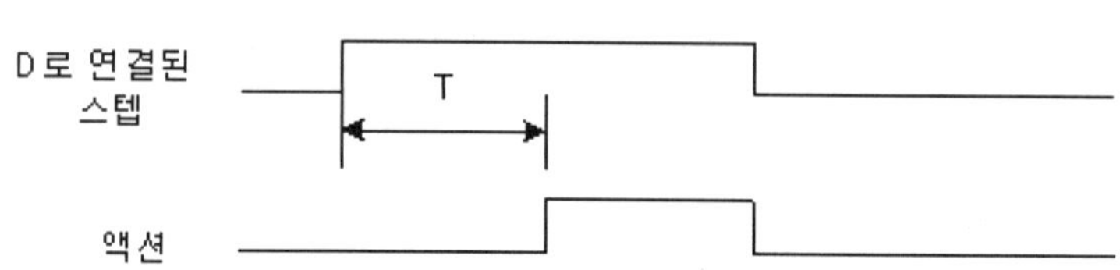

[그림 5.7.7] D 제한자 액션의 타이밍도

㉥ P(Pulse)

스텝이 활성화된 순간에만 액션이 실행된다. P 제한자는 스텝이 활성으로 될 때 또는 비활성으로 될 때 일회 실행되는 펄스 동작을 나타내며, 디지털 회로의 에지(edge) 동작과 같은 역할을 한다.

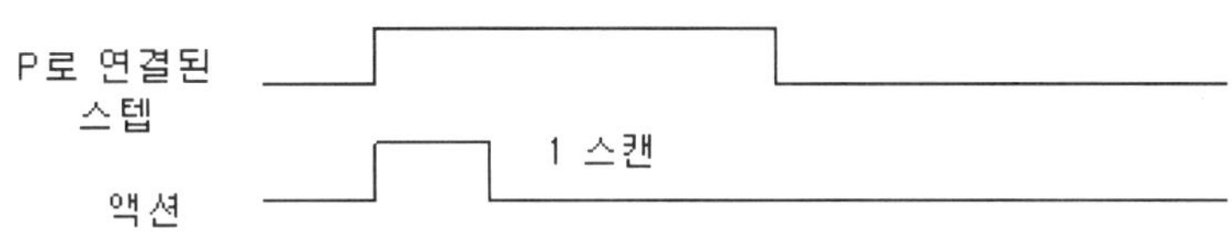

[그림 5.7.8] P 제한자 액션의 타이밍도

㉦ SD(Stored & Time Delayed)

스텝이 활성화된 후 지정된 시간이 경과한 후부터 R 제한자가 실행될 때까지 액션이 실행된다.

즉, S 제한자와 D 제한자가 결합된 형태를 나타낸다. 단 시간이 경과하기 전에 R 제한자가 실행되면 액션은 실행되지 않는다.

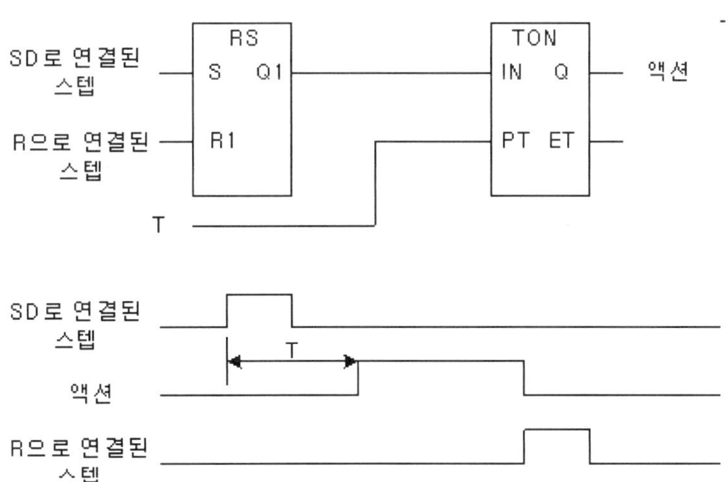

[그림 5.7.9] SD 제한자의 사용 예와 타이밍도

ⓞ DS(Delayed & Stored)

스텝이 활성화된 후 지정된 시간이 경과한 후부터 R 제한자가 실행될 때까지 액션이 실행된다. 즉, D 제한자와 S 제한자가 결합된 형태를 나타낸다.

SD 제한자와 DS 제한자의 차이는 SD 제한자는 액션의 S 제한자 동작이 먼저 일어나기 때문에 스텝이 비활성화로 바뀌어도 액션은 그대로 진행되어 지정된 시간이 지연된 후(D 제한자) 액션이 실행되고 R 제한자를 만나야 액션의 실행이 중지된다.

그러나 DS 제한자는 액션의 D 제한자 동작이 먼저 일어나기 때문에 스텝이 활성화된 상태에서 일정한 시간이 지난 후 액션이 실행되며, 액션이 실행되기 전에 스텝이 비활성화되면 액션은 실행되지 않는다.

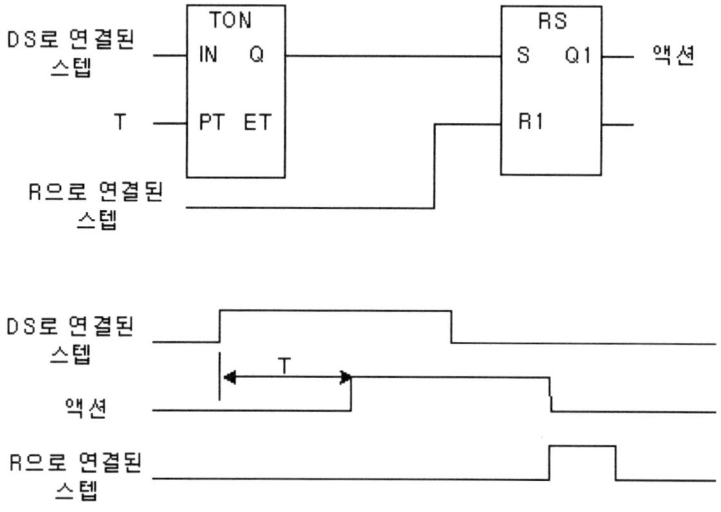

[그림 5.7.10] DS 제한자의 사용 예와 타이밍도

ⓩ SL(Stored & Time Limited)

스텝이 활성화된 후 지정된 시간이 경과한 후까지 액션이 실행되거나 또는 R 제한자가 실행될 때까지 액션이 실행된다.

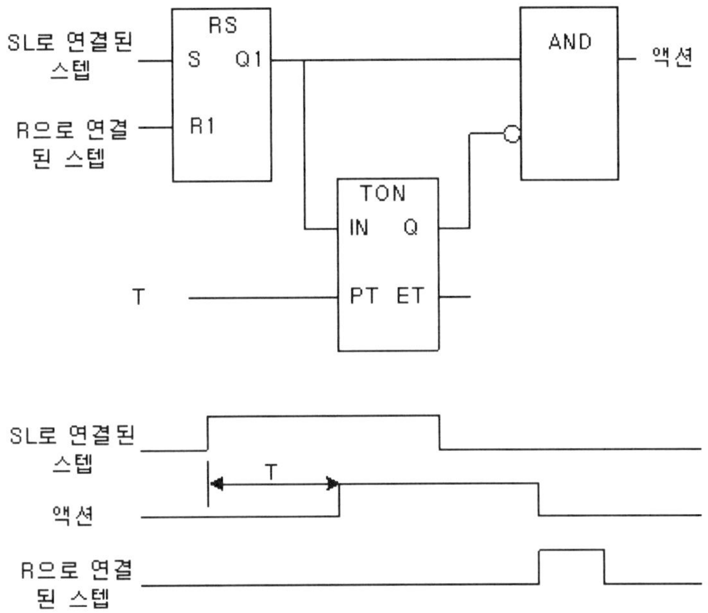

[그림 5.7.11] SL 제한자의 사용 예와 타이밍도

5.7.3 SFC 전개규칙

SFC는 스텝과 트랜지션이 일대일로 구성되어야 하며, 스텝이 발생하고 트랜지션을 검사한다. 이러한 일련의 동작이 순차적으로 일어나고, SFC는 초기 스텝부터 마지막 스텝까지 일자로 직렬 연결되어 있는 직렬연결, 선택적인 트랜지션을 검사하여 조건에 따라 다른 스텝으로 이동할 수 있는 선택분기, 한 트랜지션에서 여러 개의 스텝을 동시에 실행할 수 있는 병렬분기의 3종류로 나누어진다.

(1) 직렬연결

직렬연결은 초기 스텝부터 마지막 스텝까지 직렬 연결되어 있는 시퀀스로 [그림 5.7.12]와 같다. 전개규칙은 다음과 같다.

① 2개의 스텝은 직접 연결되지 않고 항상 트랜지션에 의해 분리된다.

② 2개의 트랜지션은 직접 연결되지 않고 항상 스텝에 의해 분리된다.

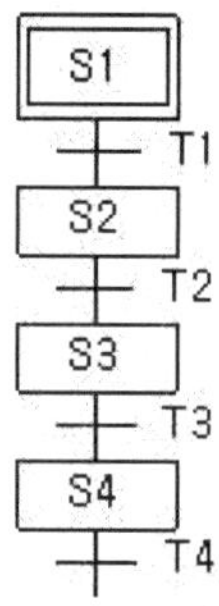

[그림 5.7.12] 직렬연결

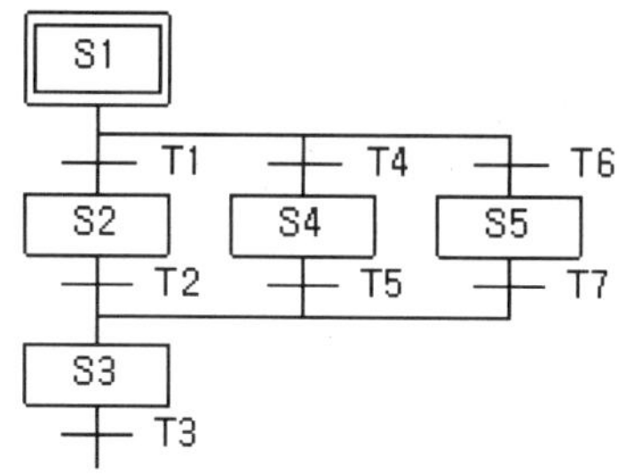

[그림 5.7.13] 선택분기

③ 스텝과 스텝과의 이행은 상위 스텝이 활성화된 상태에서 다음에 연결된 트랜지션의 이행조건이 1로 되면 하위 스텝이 활성화 상태가 된다.

(2) 선택분기

선택분기는 [그림 5.7.13]과 같다. [그림 5.7.13]에서 S1 스텝이 활성화되고, T1, T4, T6 조건에 따라 S2, S4, S5 스텝이 활성화 상태가 되는 분기를 말한다. 선택 시퀀스의 전개규칙은 다음과 같다.

① 선택분기로 연결되어 있으면 상위 스텝이 활성화된 상태에서 다음에 연결된 2개 이상의 트랜지션 중 이행조건이 1로 된 곳의 다음 스텝이 활성화된다.

② 선택분기는 여러 트랜지션 중 먼저 1로 된 곳의 해당 액션만 실행되고 나머지 액션은 실행되지 않는다.

③ JUMP의 삽입은 선택분기의 끝에만 가능하다.

(3) 병렬분기

병렬분기는 [그림 5.7.14]와 같다. [그림 5.7.14]에서 T1 트랜지션이 조건을 만족하게 되면 스텝 S2, S6, S8이 동시에 활성화되는 스텝을 말한다. 병렬분기의 전개규칙은 다음과 같다.

① 병렬분기로 연결되어 있으면, 상위 스텝이 활성화 상태에서 다음에 연결되어 있는 트랜지션의 이행조건이 1로 될 때 이 트랜지션 밑에 연결된 모

든 스텝이 활성화 상태로 된다. 이때 활성화 상태인 스텝은 분기의 수만큼 존재하게 된다.

② 병렬분기에서 합쳐질 경우는 각 분기의 마지막 스텝이 모두 활성화 상태에서 트랜지션의 이행조건이 1로 되면 다음에 연결된 스텝이 활성화 상태로 된다.

③ 병렬분기는 두 가지 동작을 동시에 실행한다.

(4) 점 프

점프는 임의의 곳으로 건너뛸 때 사용된다. 또한 마지막 스텝에서 초기 스텝으로 되돌아가고자 할 때도 사용된다. 점프의 규칙은 다음과 같다.

① SFC 마지막 스텝이 활성화 상태로 된 후 다음에 연결되어 있는 트랜지션의 이행조건이 1로 되면 SFC 초기 스텝이 활성화 상태로 된다.

② 점프를 사용하면 원하는 곳으로 전개를 이어 나갈 수 있다.

③ 점프는 SFC 프로그램 끝 또는 선택분기 끝에만 올 수 있다.

④ 점프는 병렬분기에서 병렬분기 안으로 또는 병렬분기에서 밖으로 점프할 수 없다. 그러나 병렬분기 안에서의 점프는 가능하다.

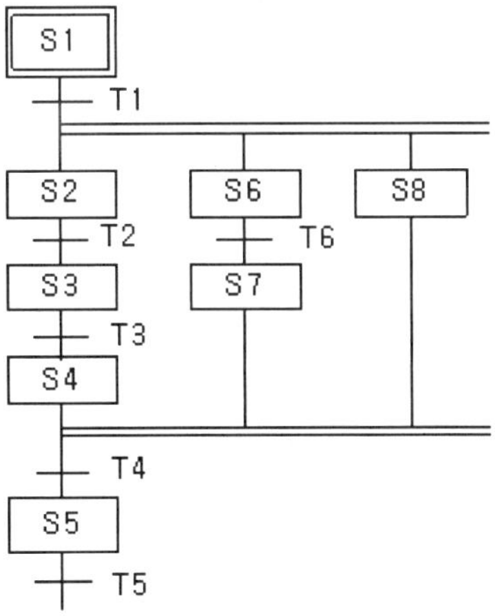

[그림 5.7.14] 병렬분기

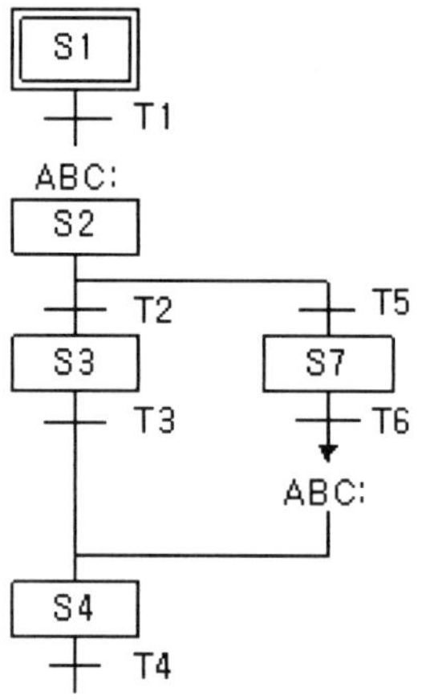

(a) 선택분기 끝에서의 점프

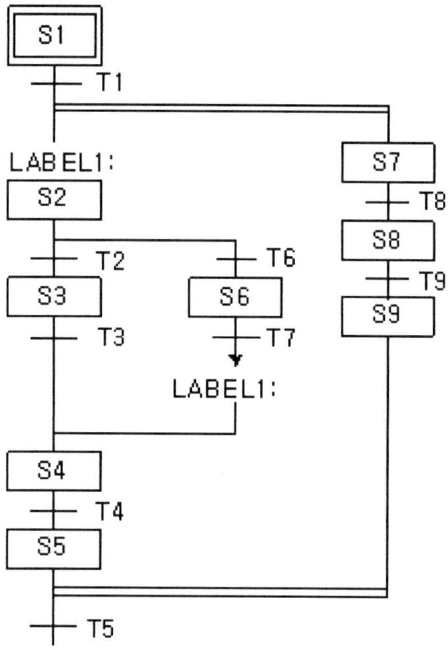

(b) 병렬분기 안에서의 점프

[그림 5.7.15] 점프의 예

5.8 SFC 프로그램 작성

SFC 프로그램은 LD 프로그램에 비해서 작성하기가 아주 쉽고, 프로그램이 흘러가는 시퀀스를 알기가 쉬울 뿐 아니라 에러가 발생했을 때 찾기가 쉽다. 또한 SFC는 각각의 스텝과 트랜지션을 LD와 IL 언어를 사용하여 세부적으로 작성이 가능하다.

SFC 프로그램 편집화면은 [그림 5.8.1]과 같다.

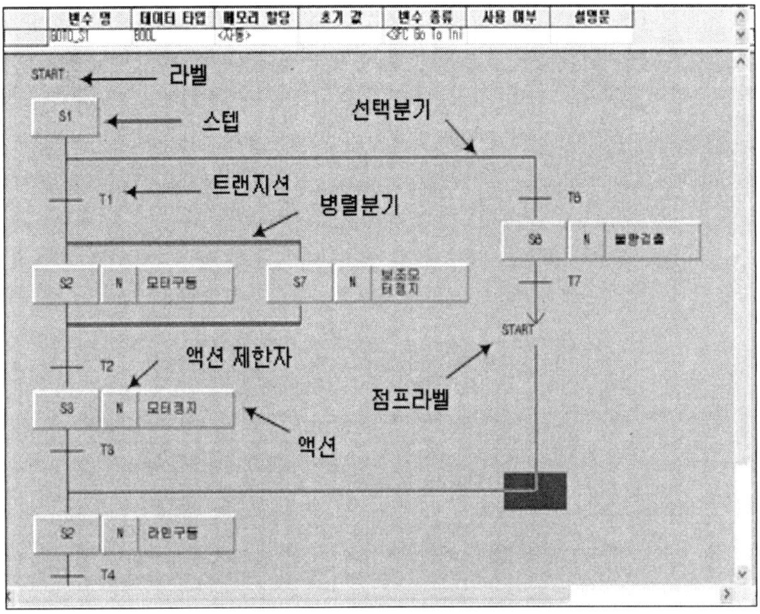

[그림 5.8.1] SFC 프로그램 편집화면

5.8.1 스텝과 트랜지션 생성

① 프로젝트를 생성한 후 SFC의 초기화면을 띄우면 [그림 5.8.2]와 같다.

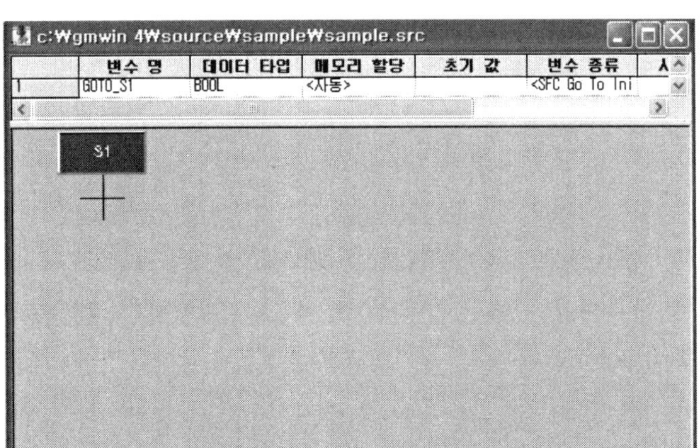

[그림 5.8.2] SFC 초기화면

② [그림 5.8.2]와 같이 초기화면에서 초기 스텝이 생성되어 있다. 따라서 다음 스텝부터 생성하면 되기 때문에 다음 스텝을 생성하기 위해서 도구상자에서 스텝 추가( )를 선택한다.

③ 초기화면에서 마우스를 초기 스텝 위에 가져가면 스텝의 모양이 나타난다.

④ 그곳에서 마우스의 왼쪽 버튼을 누른다. 그러면 [그림 5.8.3]과 같이 스텝과 트랜지션이 생성된다.

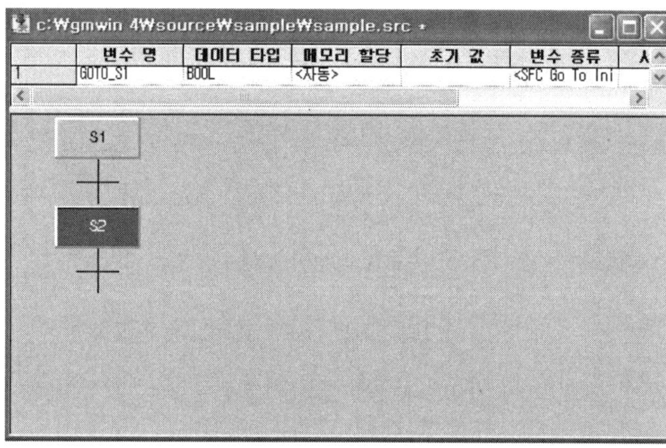

[그림 5.8.3] 스텝과 트랜지션이 생성된 화면

⑤ 스텝의 번호를 바꾸려면 액션의 생성화면과 동일하다. 도구상자에서 액션/트랜지션( )을 선택한다.

⑥ 스텝의 번호를 바꾸고자 하는 스텝의 위치로 마우스를 이동시킨 후 왼쪽 버튼을 누른다. 그러면 [그림 5.8.4]의 스텝 화면이 나타난다.

⑦ [그림 5.8.4]의 화면에서 스텝의 이름을 치고 확인 단추를 누른다.

⑧ 트랜지션의 번호를 부여하거나 바꾸고자 하는 방법도 스텝과 동일하게 도구상자에서 액션/트랜지션( )을 선택한다.

⑨ 트랜지션의 번호를 바꾸고자 하는 트랜지션의 위치로 마우스를 이동시킨 후 왼쪽 버튼을 누른다. 그러면 [그림 5.8.5]의 트랜지션 화면이 나타난다.

⑩ [그림 5.8.5]의 화면에서 트랜지션의 이름을 치고 확인 단추를 누른다.

⑪ 스텝의 번호나 트랜지션의 번호를 부여하거나, 간단하게 변경하기 위해서는 도구를 이용하지 않고 스텝이나 트랜지션으로 마우스를 이동시킨 후 더블클릭 하면 [그림 5.8.4] 또는 [그림 5.8.5]의 화면이 바로 나타난다.

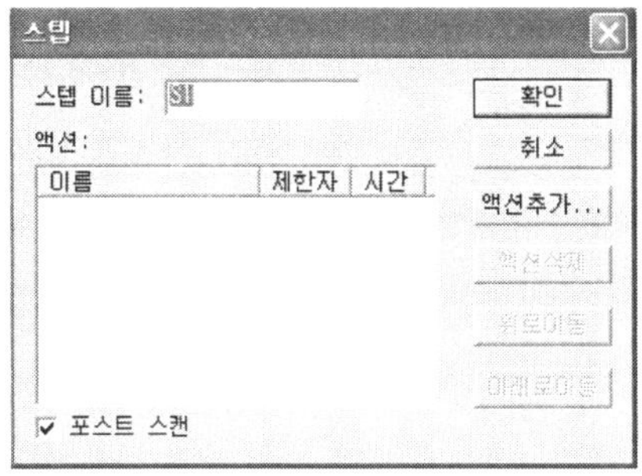

[그림 5.8.4] 스텝 화면

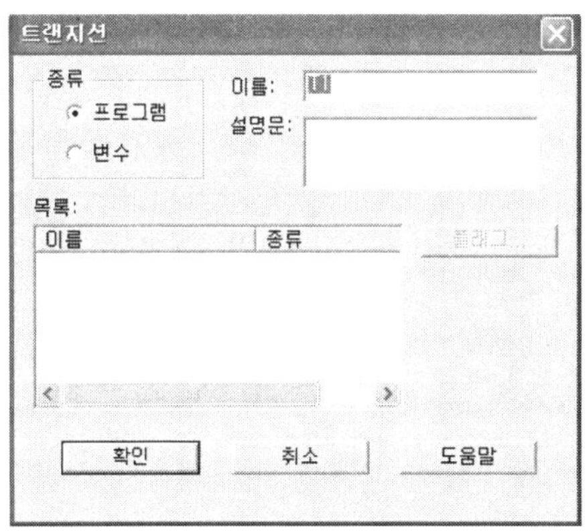

[그림 5.8.5] 트랜지션 화면

5.8.2 선택분기 생성

① 선택분기는 한 스텝에서 다음 스텝으로 이동할 때 여러 개의 조건 중 맞는 조건에 따라 스텝이 결정되는 분기이다.

② 도구상자에서 분기삽입( )을 선택하고, 분기가 시작될 위치로 마우스를 이동시킨 후 마우스의 왼쪽 버튼을 누른다. 이때 선택분기는 반드시 스텝 위에서 분기가 시작될 위치로 해야 한다.

③ [그림 5.8.6]과 같이 점선으로 시작위치가 표시되고 그 아래 스텝들은 적색으로 표시된다.

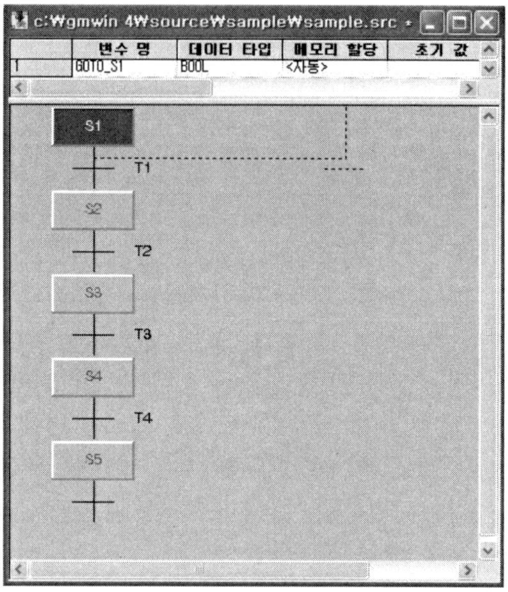

[그림 5.8.6] 분기삽입 화면

④ 분기가 끝날 스텝으로 마우스를 이동시킨 후 마우스의 왼쪽 버튼을 누른다.
⑤ [그림 5.8.7]과 같이 선택분기가 생성된다.

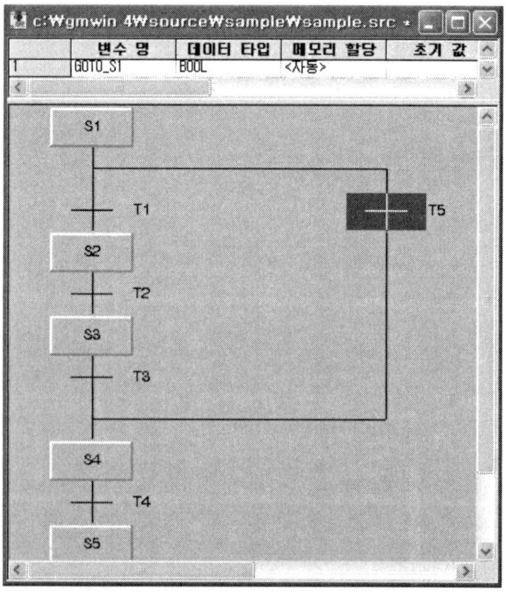

[그림 5.8.7] 선택분기 생성 화면

⑥ 선택분기가 생성된 곳에 이어서 다른 선택분기를 이어서 확장하려면 도구상자에서 분기삽입( )을 선택하고, 선택분기를 이어서 추가할 분기의 위치로 마우스를 이동시킨 후 왼쪽 버튼을 누른다.

⑦ [그림 5.8.8]과 같이 선택분기가 확장 생성된다.

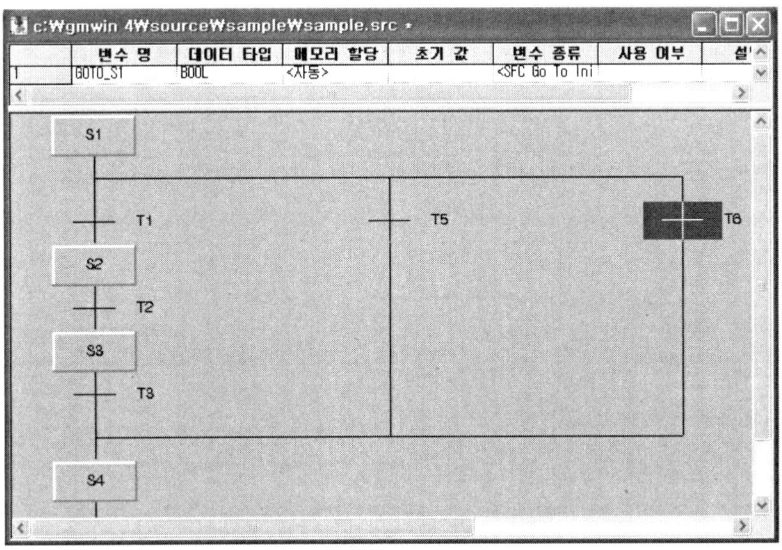

[그림 5.8.8] 선택분기 확장 생성 화면

5.8.3 병렬분기 생성

① 병렬분기는 한 트랜지션의 이행조건을 만족하면 여러 개의 스텝을 동시에 실행시키는 분기이다.

② 도구상자에서 분기 삽입( )을 선택하고, 분기가 시작될 위치로 마우스를 이동시킨 후 마우스의 왼쪽 버튼을 누른다. 이때 병렬분기는 반드시 트랜지션 위에서 분기가 시작될 위치로 해야 한다.

③ [그림 5.8.9]와 같이 점선으로 시작위치가 표시되고 그 아래 스텝들은 적색으로 표시된다.

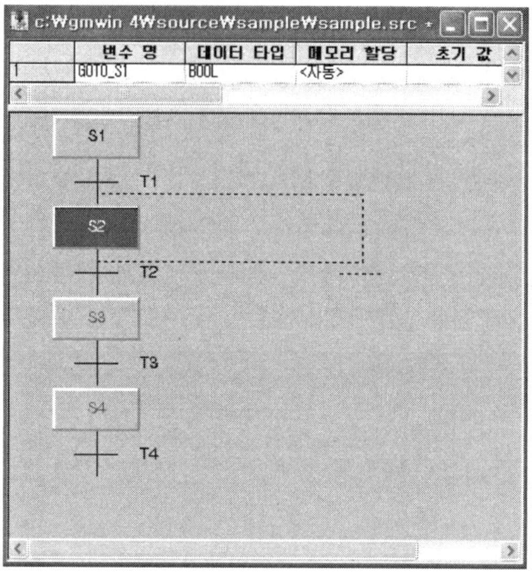

[그림 5.8.9] 분기 삽입 화면

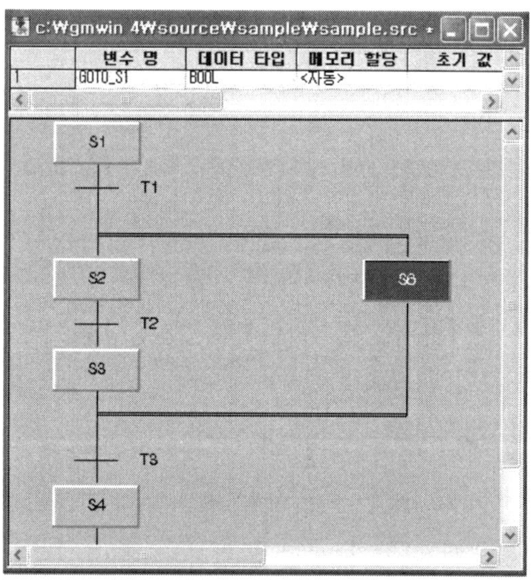

[그림 5.8.10] 병렬분기 생성 화면

5.8.4 점프 생성

① 도구상자에서 점프 추가( )를 누른다.

② 점프를 할 위치로 마우스를 이동시킨 후 마우스의 왼쪽 버튼을 누른다.

③ [그림 5.8.11]의 점프 대화상자에서 점프 이름을 입력하고 확인 단추를 누른다.

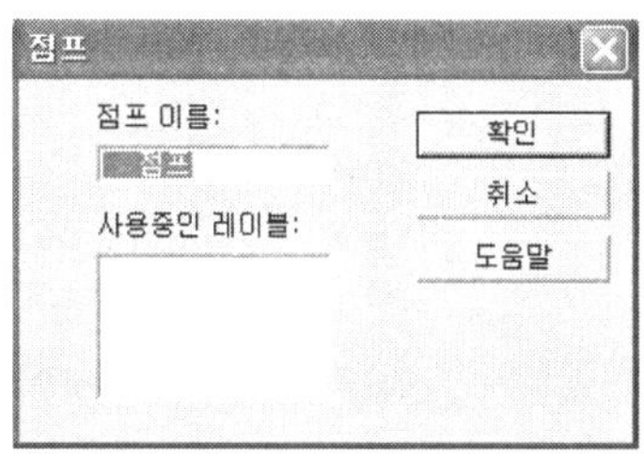

[그림 5.8.11] 점프 대화상자

④ [그림 5.8.12]와 같이 점프가 생성된다.

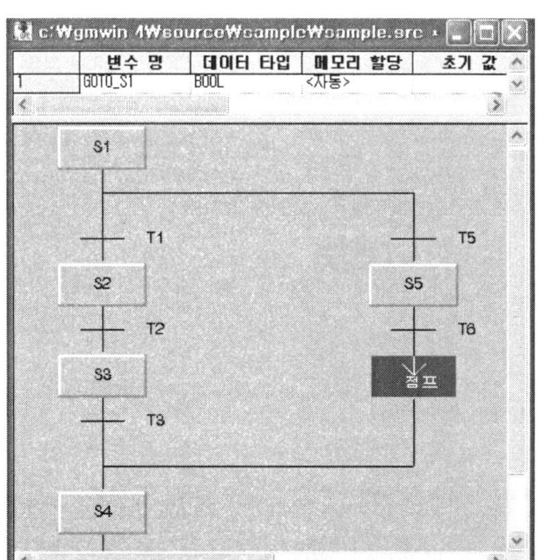

[그림 5.8.12] 점프 생성 화면

5.8.5 레이블 생성

① 도구상자에서 레이블 추가( )를 선택한다.

② 레이블을 붙일 스텝으로 마우스를 위치시킨 후 마우스의 왼쪽 버튼을 누른다.

③ [그림 5.8.13]의 레이블 대화상자가 나타난다.

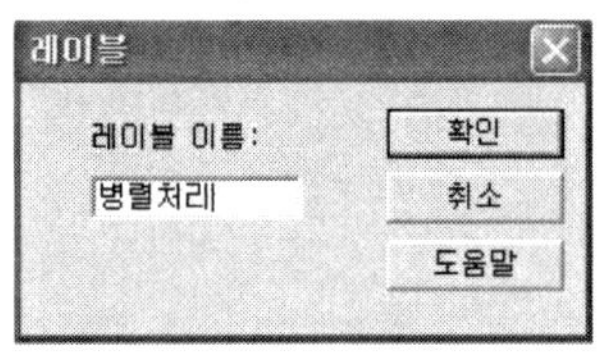

[그림 5.8.13] 레이블 대화상자

④ [그림 5.8.14]는 레이블 생성 화면이다.

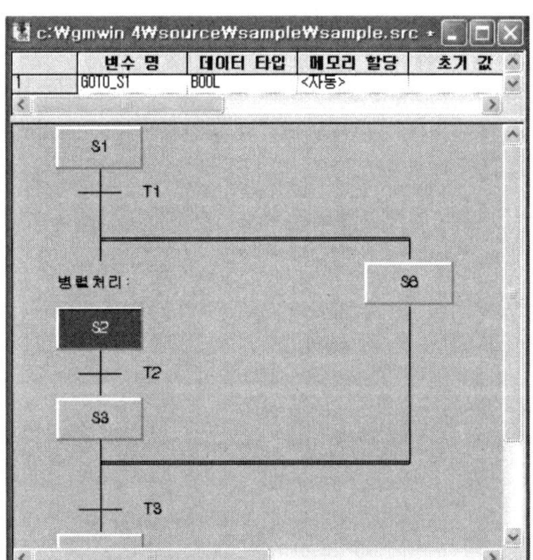

[그림 5.8.14] 레이블 생성 화면

5.8.6 액션 생성

① 액션은 스텝의 세부적인 동작을 나타내며 액션을 생성하기 위해 도구상자에서 액션/트랜지션( )을 선택한다.
② 액션을 지정한 스텝으로 마우스를 이동시킨 후 왼쪽 버튼을 누른다. 그러면 [그림 5.8.15]의 스텝 대화상자가 나타난다.
③ [그림 5.8.15]에서 액션 추가 단추를 누른다.
④ [그림 5.8.16]의 액션 대화상자가 나타나면, 액션 대화상자에서 종류를 프로그램 또는 변수로 선택한다. 종류를 변수 출력으로 지정하면 액션이 활성화될 때 지정된 변수가 1로 출력된다.

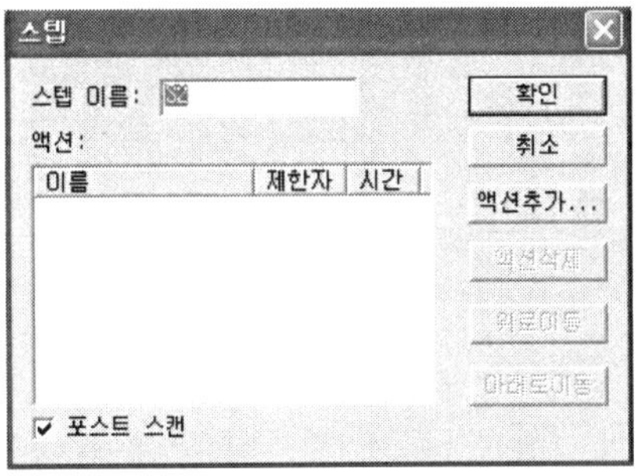

[그림 5.8.15] 스텝 대화상자

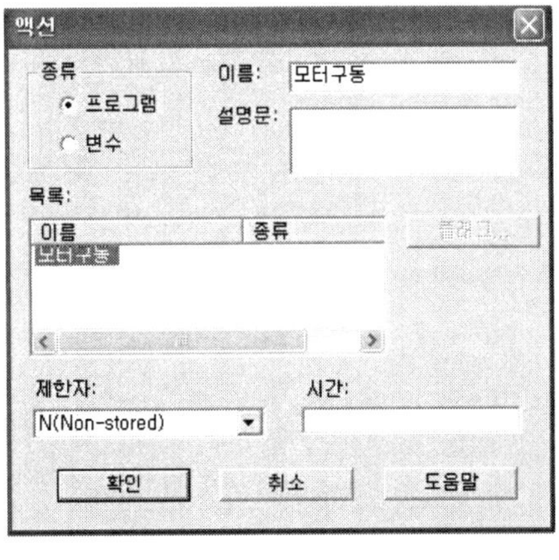

[그림 5.8.16] 액션 대화상자

⑤ 이름을 입력한다. 이름은 영문일 경우는 최대 16글자까지, 한글일 경우는 최대 8글자까지 가능하다.

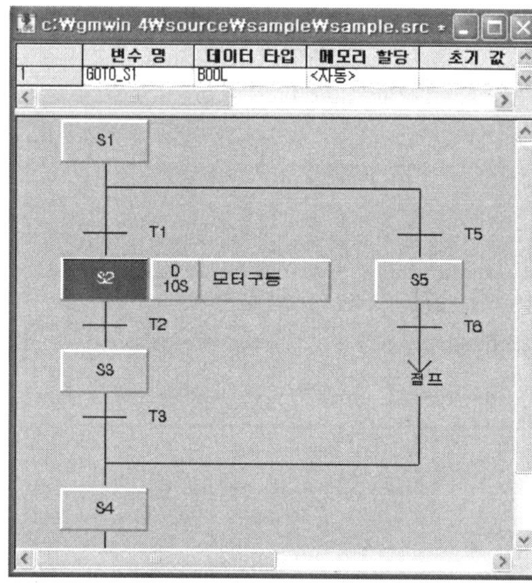

[그림 5.8.17] 액션 생성 화면

⑥ 제한자를 선택한다. 단 제한자가 D(time Delayed), L(time Limited), SD(Stored & time Delayed), SL(Stored & time Limited), DS(Delayed & Stored)일 경우에는 시간 입력란에 시간 설정치를 입력한다. 시간값은 T#50S와 같은 형태로 입력한다.

⑦ 입력을 마친 후 확인 단추를 누른다.

⑧ 액션 제한자의 종류 및 기능은 〈표 5.8.1〉과 같다.

〈표 5.8.1〉 액션 제한자

제한자	약 어	기 능
N	Non-stored	스텝이 활성화된 동안만 액션이 실행
S	Set	스텝이 활성화되면 액션이 Set되어 실행
R	overriding-Reset	이전에 지정된 제한자 중 S, SD, DS, SL 제한자로 실행된 액션의 실행을 중지
L	time Limited	스텝이 활성화된 후 지정된 시간 또는 스텝이 비활성화될 때까지 액션이 실행

제한자	약 어	기 능
D	time-Delayed	스텝이 활성화된 후 일정한 시간이 지연된 후 액션이 동작을 시작
P	Pulse	스텝이 활성화된 순간에만 액션이 실행
SD	Stored & time Delayed	스텝이 활성화된 후 지정된 시간이 경과한 후부터 R 제한자가 실행될 때까지 액션이 실행
DS	Delayed & Stored	스텝이 활성화된 후 지정된 시간이 경과한 후부터 R 제한자가 실행될 때까지 액션이 실행. 단 시간이 경과하기 전에 스텝이 비활성화되거나 R 제한자가 실행되면 액션은 실행되지 않는다.
SL	Stored & time Limited	스텝이 활성화된 후 지정된 시간이 경과한 후까지 액션이 실행되거나 또는 R 제한자가 실행될 때까지 액션이 실행

5.8.7 트랜지션 생성

① 트랜지션 이름을 붙이기 위해 도구상자에서 액션/트랜지션( )을 선택한다.

② 이름을 붙일 트랜지션으로 마우스를 이동시킨 후 왼쪽 버튼을 누른다. 그러면 [그림 5.8.18]의 대화상자가 나타난다.

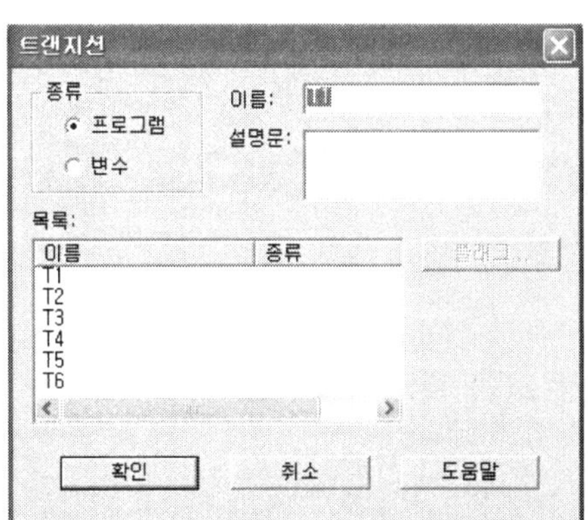

[그림 5.8.18] 트랜지션 대화상자

③ [그림 5.8.18]의 트랜지션 대화상자에서 종류를 프로그램 또는 변수로 선택한다. 종류를 변수로 지정하면 1로 될 때 조건이 1로 되어 다음 스텝으로 넘어간다.

④ 이름란에 이름을 입력한다. 영문은 16자까지, 한글은 8자까지 입력 가능하다. 목록에 있는 이름을 부여하고 싶으면 목록에서 선택해도 된다.

⑤ 설명문란에 설명문을 입력한다. 설명문은 최대 40자까지 입력 가능하다.

⑥ 입력을 마친 후 확인 단추를 누른다.

5.8.8 기타편집

(1) 스텝 및 트랜지션 삭제

① 도구상자 화살표( )를 선택한다.

② 삭제를 원하는 스텝이나 트랜지션으로 마우스를 이동한 후 마우스의 왼쪽 버튼을 누른다.

(2) 선택분기 및 병렬분기 삭제

① 분기를 삭제하기 위해서는 선택분기일 경우에는 삭제하고자 하는 선택분기 안에는 다른 스텝과 트랜지션 등은 모두 삭제하고 트랜지션 하나만 남겨야 한다. 또한 병렬분기일 경우에는 삭제하고자 하는 병렬분기 안에는 스텝 하나만 남겨야 한다.

② 그 후 도구상자에서 화살표( )를 선택한다.

③ 삭제를 원하는 선택분기 또는 병렬분기 안의 스텝이나 트랜지션으로 마우스를 이동한 후 마우스의 왼쪽 버튼을 누른다.

(3) 내부 프로그램 열기

① 내부 프로그램은 각각의 스텝이나 트랜지션을 좀 더 세부적으로 프로그램할 수 있는 기능이다.

② 도구상자에서 내부 프로그램 열기( )를 선택한다.

③ 내부 프로그램을 작성할 트랜지션이나 액션으로 마우스를 이동시킨 후 마우스의 왼쪽 버튼을 누른다. 스텝에서는 내부 프로그램을 열 수 없고, 액션에서만 가능하다.

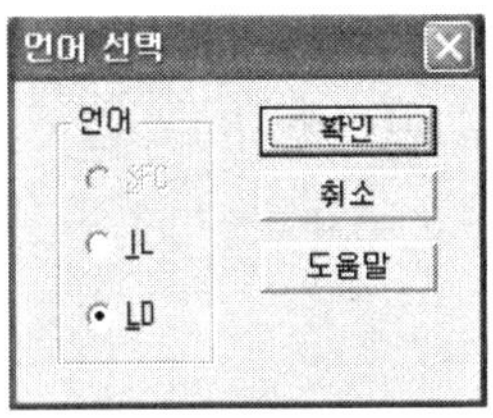

[그림 5.8.19] 트랜지션 언어 선택 대화상자

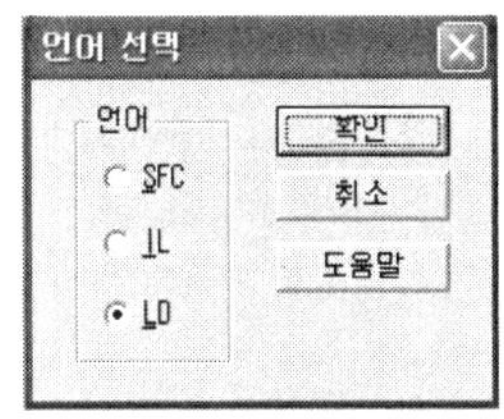

[그림 5.8.20] 액션 언어 선택 대화상자

④ [그림 5.8.19]와 [그림 5.8.20]의 대화상자가 나타난다. 트랜지션은 내부를 SFC 언어로 작성할 수 없고, 액션만 SFC로 작성할 수 있다.

⑤ 언어를 선택하고 확인 단추를 누른다. 그러면 SFC, IL, LD 편집화면으로 되고 내부를 세부적으로 편집할 수 있다.

5.9 시뮬레이터

시뮬레이터(Simulator)는 PLC 프로그램을 작성하고 PLC와 직접 접속하기 전에 컴퓨터로 프로그램을 검증할 수 있는 기능이다. 프로그래밍 시 온라인 접속 없이 프로그램을 디버그 할 수 있기 때문에 프로그래머들에게는 상당히 유익한 기능이다. 이것은 GMWIN을 사용하여 프로그램을 작성하고 시뮬레이터 기능을 사용하면 되기 때문에 상당히 편리하다. 그러나 시뮬레이터는 스캔 프로그램은 최대 256개까지, 태스크 프로그램은 정주기 태스크가 최대 32개, 내부 태스크가 최대 16개, 외부 태스크가 최대 16개까지 가능하다.

5.9.1 시뮬레이터 화면 구성

시뮬레이터를 실행시키면 [그림 5.9.1]의 화면이 나타난다.

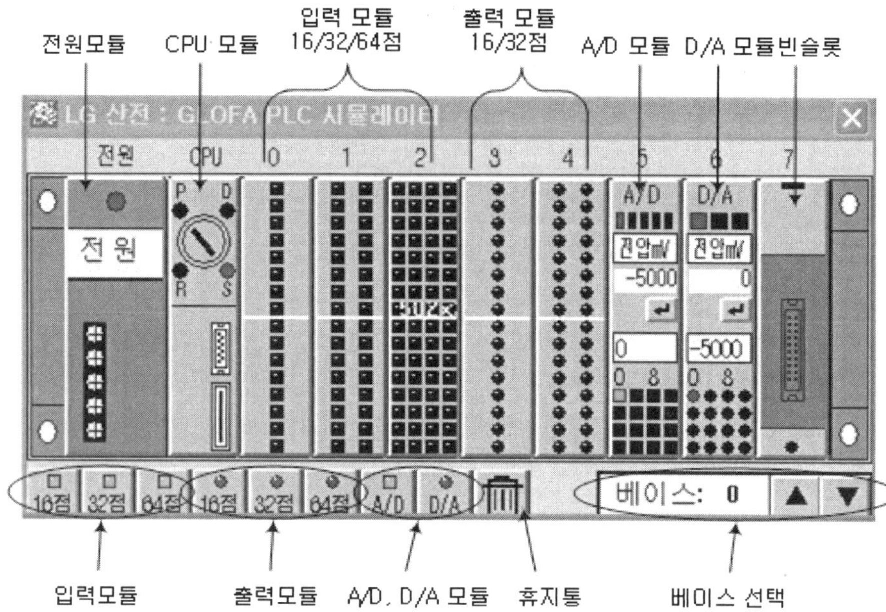

[그림 5.9.1] 시뮬레이터 실행 화면

[그림 5.9.1]의 시뮬레이터 화면에서 모듈은 전원 모듈, CPU 모듈, 입력 모듈, 출력 모듈, A/D 모듈, D/A 모듈로 구성된다.

CPU 모듈은 정지(S, Stop) 모드, 실행(R, Run) 모드, 일시정지(P, Pause) 모드, 디버그(D, Debug) 모드를 실행할 수 있다. 그리고 한 베이스는 전원 모듈과 CPU 모듈을 제외하고 8개의 모듈을 장착 가능하고, 베이스는 0, 1, 2, 3의 4개까지 연결이 가능하다. 좌측 하단의 정사각형 녹색 LED는 입력 모듈로서, 16점, 32점, 64점짜리를 장착할 수 있고, 원형 적색 LED는 출력 모듈로서, 16점, 32점, 64점짜리를 장착할 수 있으며, A/D 모듈과 D/A 모듈을 장착할 수 있다.

5.9.2 시뮬레이터 실행

① 시뮬레이터를 실행시키기 위해 GMWIN으로 실행하고자 하는 프로그램을 작성한다. 예를 들어 [그림 5.9.2]의 예제를 해본다.

② 메뉴상에서 도구집(T) ⇒ 시뮬레이터시작(M)을 선택한다.

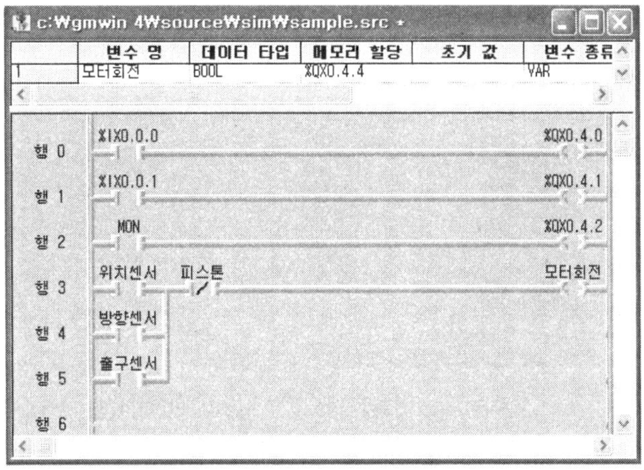

[그림 5.9.2] 시뮬레이터 예제

③ [그림 5.9.3]의 컴파일 화면이 나타나면 확인 단추를 누른다.

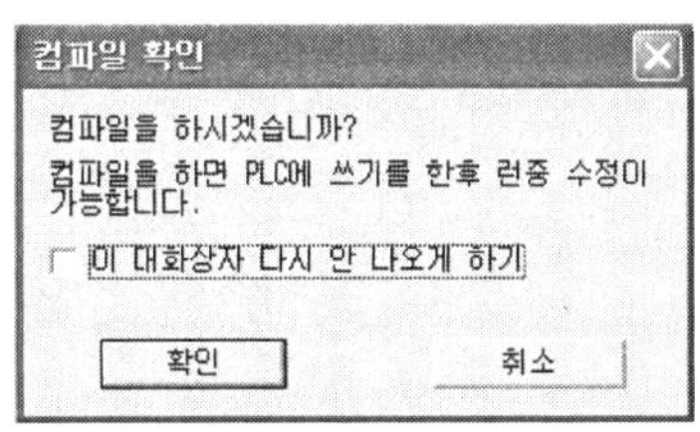

[그림 5.9.3] 컴파일 화면

④ 컴파일 화면이 나타나고 작성된 프로그램에 대해서 컴파일을 시작하여 컴파일이 완료되면 [그림 5.9.4]의 컴파일 완료 화면에서 확인 단추를 누른다.

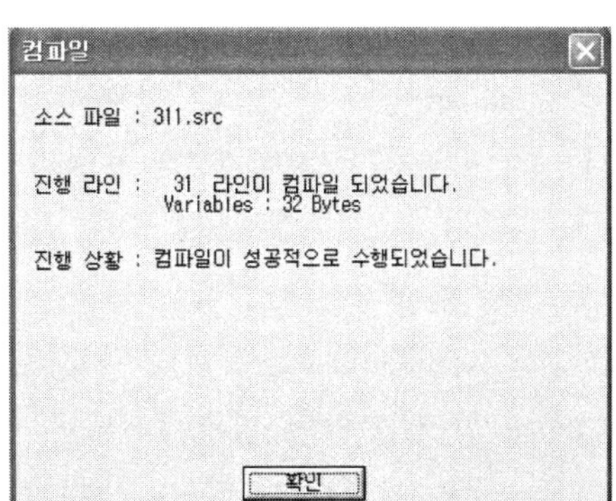

[그림 5.9.4] 컴파일 완료 화면

[그림 5.9.5] 시뮬레이터 화면

⑤ [그림 5.9.5]의 시뮬레이터 화면이 나타난다.

⑥ 필요한 입력 모듈과 출력 모듈을 장착한다. 우선 입력 모듈은 [그림 5.9.2]에서 입력 모듈은 0번 슬롯에, 출력 모듈은 4번 슬롯에 할당되었기 때문에 입력 중 16점을 0번 슬롯에 장착하고, 16점 출력 모듈을 4번 슬롯에 장착한다.

⑦ 16점 입력 모듈을 0번 슬롯에 장착하기 위해서는 좌측 하단의 16점 입력 모듈 위로 마우스를 위치하고 마우스의 왼쪽 버튼을 누르고 왼쪽 버튼을 누른 상태에서 0번 슬롯으로 이동한 후 마우스를 놓는다.

⑧ 16점 출력 모듈을 4번 슬롯에 장착하기 위해서는 ⑥번과 동일한 방법으로 4번 슬롯으로 장착한다.

⑨ 슬롯에 다른 모듈이 장착되어 있는 상태에서 모듈을 겹쳐 놓으면 새로운 것으로 대치된다.

⑩ 슬롯에 장착되어 있는 모듈을 제거하기 위해서는 슬롯에 장착된 모듈 위로 마우스를 위치시키고 마우스의 왼쪽 버튼을 누르고 왼쪽 버튼을 누른 상태에서 하단 중앙에 휴지통으로 가져와서 마우스의 버튼을 놓으면 된다.

⑪ 시뮬레이터를 구동하기 위해서 CPU 모듈의 스위치를 R로 한다. 이때는 마우스를 R의 위치로 놓고 마우스의 왼쪽 버튼을 클릭한다. 그러면 CPU는 RUN 모드로 전환되고 프로그램이 동작을 시작한다.

⑫ 0번 슬롯의 0번 접점을 마우스의 왼쪽 버튼으로 클릭한다.

⑬ [그림 5.9.6]과 같이 작성된 프로그램에서 동작상태를 확인할 수 있고, [그림 5.9.7]과 같이 시뮬레이터에서도 입력과 출력의 접점 동작을 확인할 수 있다.

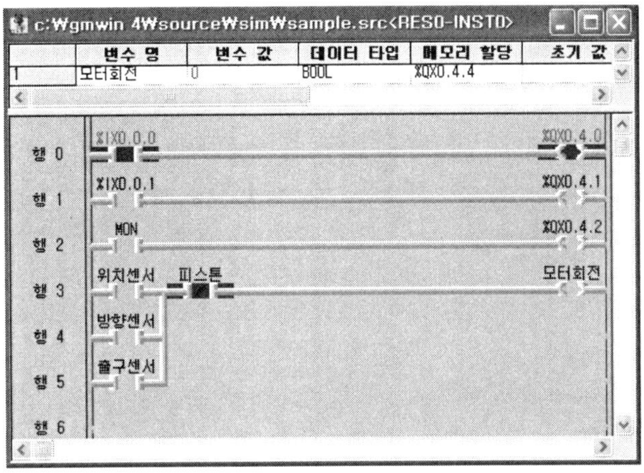

[그림 5.9.6] 프로그램 동작상태

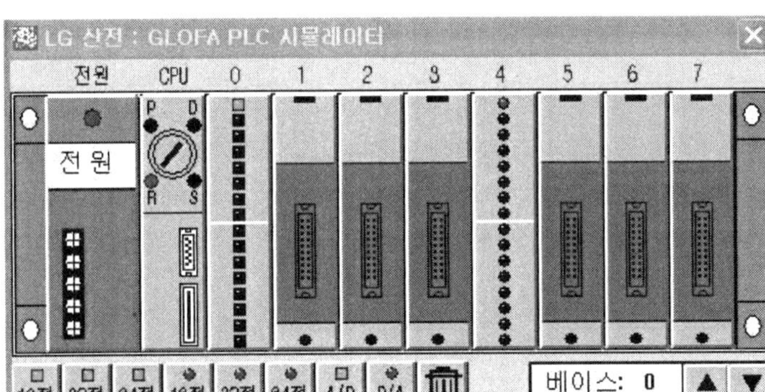

[그림 5.9.7] 시뮬레이터 동작상태

5.9.3 시뮬레이션 종류

(1) 입출력 모듈 시뮬레이션

① 입출력 접점을 시뮬레이션 하는 것으로 가장 일반적인 것이다.

② 입출력 접점의 ON/OFF는 해당하는 접점을 직접 클릭함으로써 실행할 수 있다.

(2) 전원 시뮬레이션

① 전원 모듈을 시뮬레이션 할 수 있는 것으로 시뮬레이터가 시작되면 전원은 ON 상태가 된다.

② 전원 램프를 클릭하면 전원이 OFF되었다가 ON된다. 이것은 실제로 PLC 전원이 OFF되었다가 ON된 상태로 간주되며, 이때 핫 리스타트로 정의된 프로그램이 있는 경우에는 그 프로그램을 실행한다.

③ 전원 시뮬레이션은 Run 모드에서만 가능하다.

(3) A/D, D/A 시뮬레이션

① 시뮬레이션이 가능한 특수 모듈은 A/D 모듈, D/A 모듈 2가지이다.

② A/D 모듈과 D/A 모듈은 [그림 5.9.8]과 같다.

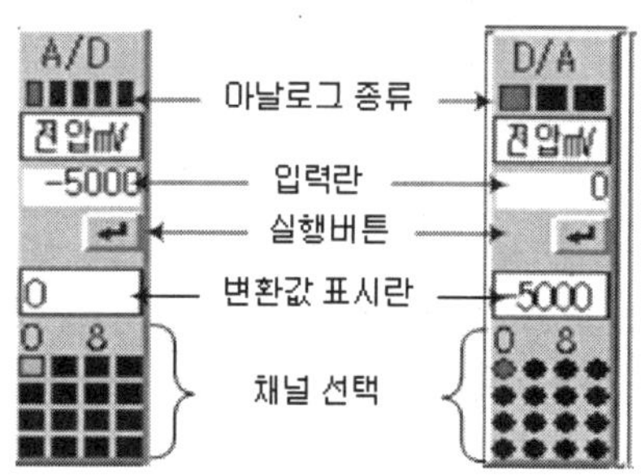

[그림 5.9.8] A/D 모듈과 D/A 모듈

③ 각 모듈에 대한 세부적인 기능은 다음과 같다.

㉠ 아날로그 종류 : 각 모듈의 입력원의 종류를 표시한다.

- A/D 입력원 : ±5V, ±10V, ±20mA, 4~20mA
- D/A 입력원 : ±5V, ±10V, 4~20mA

㉡ 입력란 : A/D 아날로그 값, D/A 디지털 값을 입력한다.

㉢ 실행 버튼 : 입력된 값을 변환하기 위한 실행 명령 버튼이다.

㉣ 변환값 표시란 : 변환된 아날로그, 디지털 값이 표시된다.

㉤ 채널 : 선택된 채널이 표시된다.

④ 사용방법

㉠ A/D, D/A 시뮬레이션은 기본적으로 프로그램 상에서 편집한 A/D, D/A 초기화 펑션 블록에서 설정한 값 중 베이스(Base), 슬롯(Slot), 채널(CH), 데이터 타입(Data Type)은 유효하며, 기타 항목은 무시된다.

㉡ 프로그램에서 사용하지 않은 베이스와 슬롯에 A/D, D/A 모듈을 장착한 경우에는 베이스와 슬롯은 해당 영역에서 유효하지만, 데이터 타입은 모두 0, 즉 DT=0으로 0~16000까지의 출력 형식, 채널은 모든 채널을 사용하는 것으로 하여 시뮬레이션 한다.

㉢ 아날로그 종류의 변경은 Stop 모드에서만 가능하며, 현재 선택된 채널이 변경한 아날로그 종류의 채널로 속성이 변경된다.

㉣ 채널의 변경은 모든 모드에서 가능하며, 바뀐 채널의 변환값이 표시된다.

㉤ A/D의 경우 각각의 채널에 따라 아날로그 종류를 따로 설정할 수 있으며, 채널이 바뀌면 그 채널에 맞게 아날로그 종류도 바꾸어 표시된다.

㉥ D/A의 경우에는 모든 채널에 대하여 하나의 아날로그 종류로만 가능하다. 채널별로 아날로그 종류를 설정할 수 없다.

㉦ A/D 모듈의 아날로그 값 입력 단위는 전압 : mV, 전류 : μA이며, 입력란에 입력되는 값은 아날로그 값이며 그 값이 현재의 아날로그 종류의 범위를 벗어날 수 없다. 상하한 값을 넘는 경우는 상하한 값을 취한다.

【예】 아날로그 종류가 ±5V(DT=0)인 상태에서 아날로그 값 −6000이 입력되면, −5000으로 간주하여 변환된 디지털 값은 0이 표시된다.

㉧ D/A 모듈의 디지털 값 입력 범위는 데이터 타입(DT)에 의해 결정된다.

- 데이터 타입(DT)이 0일 때는 0~16000
- 데이터 타입(DT)이 1일 때는 −8000~−8000

㉨ 입력란에 입력되는 값은 디지털 값이며, DT에 따른 값을 벗어나지 못하며 상하한 값을 넘는 경우는 상하한 값을 취한다.

【예】 아날로그 종류가 ±5V(DT=0)인 상태에서 디지털 값 17000이 입력되면, 16000으로 간주하여 변환된 아날로그 값은 5000이 표시된다.

㉧ A/D(D/A) 모듈 시뮬레이션 순서는 다음과 같다.

- A/D(D/A) 모듈을 장착한다(Stop 모드).
- 아날로그 종류를 선택한다(Stop 모드).
- CPU의 모드를 Run으로 바꾼다.
- 변환하는 채널을 선택한다.
- 아날로그(디지털) 값을 입력 범위를 넘지 않는 범위에서 입력한다.
- 실행 버튼을 눌러 변환 명령을 준다.
- 데이터 타입에 따라 디지털(아날로그) 값이 표시되는지 확인하고, GMWIN 화면에서 프로그램이 정상적으로 수행되는지를 확인한다.

연 습 문 제

1. GM-Win의 특징에 대해 간략히 설명하라.

2. PC와 PLC를 연결할 때 접속 방식 5가지를 설명하라.

3. GLOFA Fnet과 Mnet에 대해 간략히 설명하라.

4. SFC 프로그램에서 액션 제한자에 대해 설명하라.

5. SFC 프로그램에서 3종류의 분기에 대해 설명하라.

6. 시뮬레이터의 시뮬레이션 종류에 대해 설명하라.

제 II 편

실 습

♣ GMWIN에서 생성되는 파일들

사용자가 프로젝트를 생성하고 프로그램을 편집하여 PLC 실행 파일을 만들면 다음과 같은 파일이 만들어진다.

1) 〈프로젝트 명〉.PRJ : 사용자가 작성한 프로젝트 파일
2) 〈프로젝트 명〉.BN0
   - PLC 실행 파일
   - GM1인 경우 리소스 개수만큼 생긴다.
   - 〈프로젝트 명〉.BN0 ~ 〈프로젝트 명〉.BNn, (n은 리소스 번호)
3) 〈프로젝트 명〉.MON : 모니터링을 위한 정보 파일
4) 〈프로젝트 명〉.CR0
   - PLC 실행 파일을 만들 때 생성
   - 프로그램에서 사용한 글로벌 변수 및 직접변수를 나타낸 텍스트 파일(Cross Reference)
5) 〈프로그램 명〉.SRC : 사용자가 작성한 프로그램 파일
6) 〈프로그램 명〉.ASV
   - 사용자가 작성한 프로그램을 이 이름으로 주기적으로 저장한다.
   - 메뉴 Option-Auto 저장에서 타임 값을 설정하였을 경우에만 생성되고 정상적으로 프로그램 창을 닫은 경우 자동으로 삭제된다.
7) 〈프로그램 명〉.OP? : 프로그램을 컴파일하면 생성된다(프로그램 블록인 경우).
8) 〈프로그램 명〉.OB? : 프로그램을 컴파일하면 생성된다(펑션 블록인 경우).
9) 〈프로그램 명〉.OF? : 프로그램을 컴파일하면 생성된다(펑션인 경우).
   - OP3 : GM3인 경우
   - OP4 : GM4인 경우

* 주) 밑줄친 파일들은 반드시 보관하여야 할 파일들이며 나머지 파일들은 메이크 실행으로 다시 생성할 수 있다.

제 1 장
LD 프로그래밍

1.1 기본접속회로

1.1.1 실습의 목적

① LD 프로그램의 기초를 이해한다.
② 회로의 직렬접속 및 병렬접속의 동작 및 방법을 이해한다.
③ 블록의 직렬접속 및 병렬접속의 동작 및 방법을 이해한다.
④ Set 코일과 Reset 코일의 동작 및 방법을 이해한다.
⑤ 기타 복합 접속회로에 대한 동작 및 방법을 이해한다.

1.1.2 관련지식

(1) 래더 다이어그램 작성 시 주의사항

① 회로는 횡서로 그린다.
② PLC용 시퀀스 신호의 흐름은 좌에서 우로, 위에서 아래로 흐른다. 반대쪽으로는 전류가 흐르지 못한다.

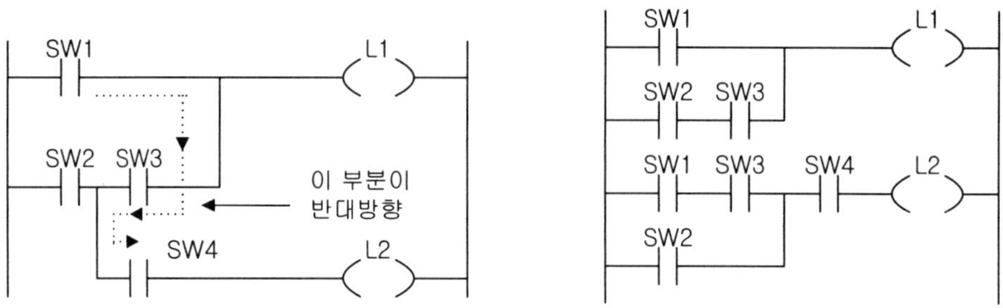

(a) 신호의 흐름 (b) PLC용 회로

[그림EXP 1.1.1] 신호 흐름방향의 제한Ⅰ

[그림EXP 1.1.1]의 회로에서 코일 L2 동작에는 접점 SW1, SW3, SW4가 동작할 때와 접점 SW2, SW4가 동작하는 두 가지가 있는데, 접점 SW3을 통과하는 신호의 방향이 우→좌로 반대로 되어 있다. 이 흐름을 그대로 프로그램하지 못하기 때문에 (b)처럼 재기입하여야 한다. 또한 [그림EXP 1.1.2]의 회로에서는 코일 L1이 동작할 때에 신호의 흐름이 접점에 SW3에서 반대 방향이 되므로 (b)처럼 변경하여야 한다.

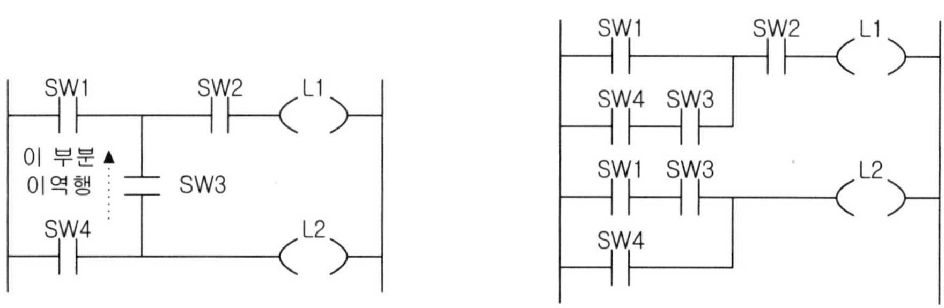

(a) 신호의 흐름 (b) PLC용 회로

[그림EXP 1.1.2] 신호 흐름방향의 제한Ⅱ

③ 입력조건 없이 어떤 접점도 출력 코일에 사용할 수 없다.

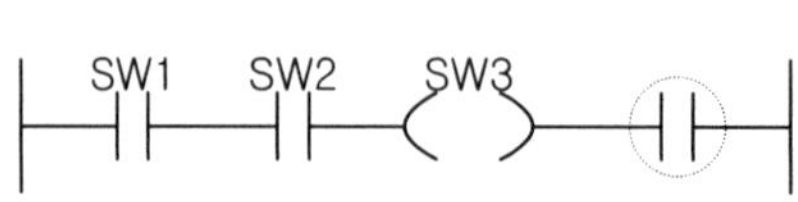

[그림EXP 1.1.3] 코일의 위치

④ 입력조건 없이 모선에 출력을 지정할 수 없다.

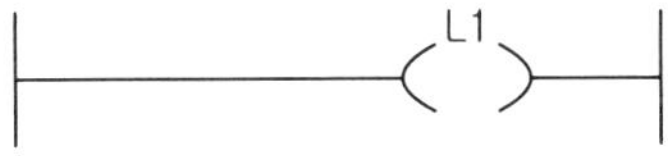

[그림EXP 1.1.4] 출력 모선 지정

⑤ 가능한 접점 및 코일의 번호는 낮은 번호부터 높은 번호로 부여한다.

⑥ 같은 출력 코일은 이중으로 사용할 수 없다.

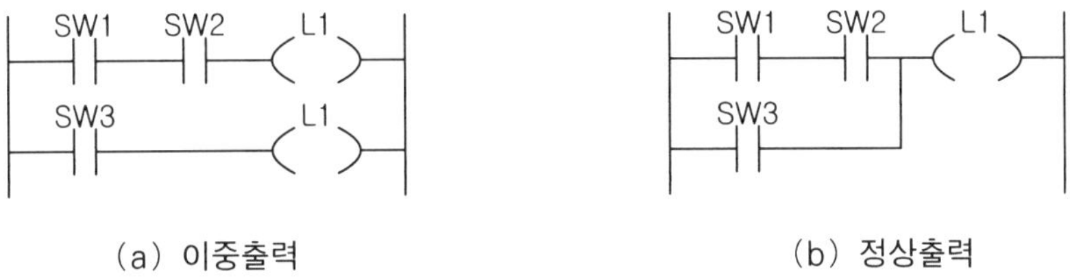

[그림EXP 1.1.5] 이중출력 금지

(2) 접점의 직렬접속 및 병렬접속

접점의 직렬접속은 1개의 다른 접점과 직렬접속이 되도록 작용하여 AND 논리가 성립하며, 지정접점의 ON/OFF 정보와 그 전까지의 연산결과를 출력한다.

접점의 병렬접속은 1개의 다른 접점과 병렬접속이 되도록 작용하여 OR 논리가 성립하며, 지정접점의 ON/OFF 정보와 그 전까지의 연산결과를 출력한다.

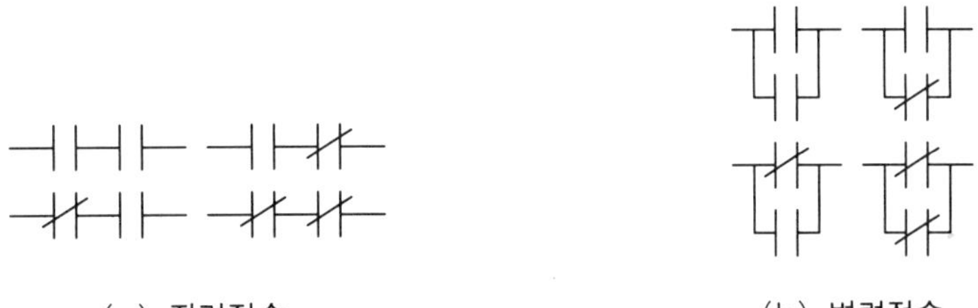

[그림EXP 1.1.6] 접점의 직렬접속 및 병렬접속의 여러 형태

(3) 블록의 직렬접속 및 병렬접속

블록의 직렬접속은 두 개의 블록(A블록, B블록)이 AND 논리가 성립하며, 블록의 병렬접속은 두 개의 블록(A블록, B블록)이 OR 논리가 성립한다.

(a) 블록의 직렬접속 (b) 블록의 병렬접속

[그림EXP 1.1.7] 블록의 직렬접속 및 병렬접속

(4) SET 코일 및 RESET 코일

SET 코일은 입력조건이 ON되면 지정 출력접점을 ON 상태로 유지시켜 입력이 OFF되어도 출력이 ON 상태로 유지되는 코일이다.

RESET 코일은 입력조건이 ON되면 지정 출력접점을 OFF 상태로 유지시켜 입력이 OFF되어도 출력이 OFF 상태로 유지되는 명령이다. SET 코일과 RESET 코일은 반드시 병행되어야 한다.

1.1.3 실 습

(1) 직렬접속 Ⅰ

① 기 능

- 스위치1과 스위치2가 모두 ON이면 램프1이 ON된다.
- 스위치3이 ON이고, 스위치4가 OFF이면 램프2가 ON된다.
- 스위치5가 OFF이고, 스위치6이 ON이면 램프3이 ON된다.
- 스위치7과 스위치8이 모두 OFF이면 램프4가 ON된다.

② 지역변수 목록

	변수 명	데이터 타입	메모리 할당	초기 값	변수 종류	사용 여부	설명문
1	램프1	BOOL	%QX0.4.1		VAR	*	
2	램프2	BOOL	%QX0.4.2		VAR	*	
3	램프3	BOOL	%QX0.4.3		VAR	*	
4	램프4	BOOL	%QX0.4.4		VAR	*	
5	스위치1	BOOL	%IX0.0.1		VAR	*	
6	스위치2	BOOL	%IX0.0.2		VAR	*	
7	스위치3	BOOL	%IX0.0.3		VAR	*	
8	스위치4	BOOL	%IX0.0.4		VAR	*	
9	스위치5	BOOL	%IX0.0.5		VAR	*	
10	스위치6	BOOL	%IX0.0.6		VAR	*	
11	스위치7	BOOL	%IX0.0.7		VAR	*	
12	스위치8	BOOL	%IX0.0.8		VAR	*	

[그림EXP 1.1.8] 지역변수 목록

③ 프로그램

[그림EXP 1.1.9] 프로그램

(2) 직렬접속 Ⅱ

① 기 능

- 스위치1, 스위치2, 스위치3이 ON이고, 스위치4가 OFF이면 램프1이 ON된다.
- 스위치5가 OFF이고, 스위치6, 스위치7, 스위치8이 Off이면 램프2가 ON된다.
- 스위치9가 OFF이고, 스위치10, 스위치11, 스위치12가 ON이면 램프3이 ON된다.

② 지역변수 목록

	변수 명	데이터 타입	메모리 할당	초기 값	변수 종류	사용 여부	설명문
1	램프1	BOOL	%QX0.4.1		VAR	*	
2	램프2	BOOL	%QX0.4.2		VAR	*	
3	램프3	BOOL	%QX0.4.3		VAR	*	
4	스위치1	BOOL	%IX0.0.1		VAR	*	
5	스위치10	BOOL	%IX0.0.10		VAR	*	
6	스위치11	BOOL	%IX0.0.11		VAR	*	
7	스위치12	BOOL	%IX0.0.12		VAR	*	
8	스위치2	BOOL	%IX0.0.2		VAR	*	
9	스위치3	BOOL	%IX0.0.3		VAR	*	
10	스위치4	BOOL	%IX0.0.4		VAR	*	
11	스위치5	BOOL	%IX0.0.5		VAR	*	
12	스위치6	BOOL	%IX0.0.6		VAR	*	
13	스위치7	BOOL	%IX0.0.7		VAR	*	
14	스위치8	BOOL	%IX0.0.8		VAR	*	
15	스위치9	BOOL	%IX0.0.9		VAR	*	

[그림EXP 1.1.10] 지역변수 목록

③ 프로그램

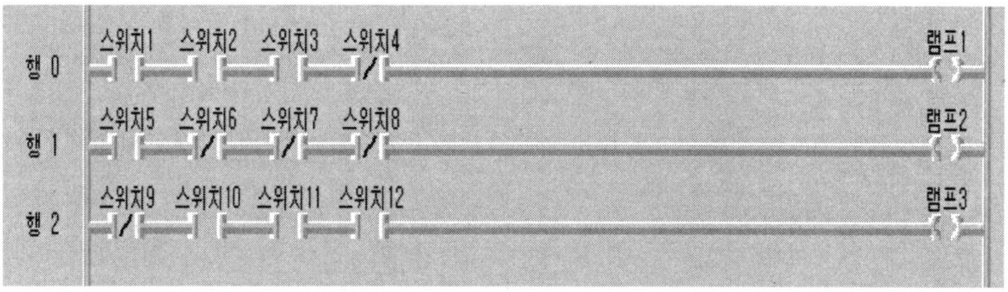

[그림EXP 1.1.11] 프로그램

(3) 병렬접속 Ⅰ

① 기 능

- 스위치1이 ON이거나, 스위치2가 ON이면 램프1이 ON된다.
- 스위치3이 ON이거나, 스위치4가 OFF이면 램프2가 ON된다.
- 스위치5가 OFF이거나, 스위치6이 ON이면 램프3이 ON된다.
- 스위치7이 OFF이거나, 스위치8이 OFF이면 램프4가 ON된다.

② 지역변수 목록

	변수 명	데이터 타입	메모리 할당	초기 값	변수 종류	사용 여부	설명문
1	램프1	BOOL	%QX0.4.1		VAR	*	
2	램프2	BOOL	%QX0.4.2		VAR	*	
3	램프3	BOOL	%QX0.4.3		VAR	*	
4	램프4	BOOL	%QX0.4.4		VAR	*	
5	스위치1	BOOL	%IX0.0.1		VAR	*	
6	스위치2	BOOL	%IX0.0.2		VAR	*	
7	스위치3	BOOL	%IX0.0.3		VAR	*	
8	스위치4	BOOL	%IX0.0.4		VAR	*	
9	스위치5	BOOL	%IX0.0.5		VAR	*	
10	스위치6	BOOL	%IX0.0.6		VAR	*	
11	스위치7	BOOL	%IX0.0.7		VAR	*	
12	스위치8	BOOL	%IX0.0.8		VAR	*	

[그림EXP 1.1.12] 지역변수 목록

③ 프로그램

[그림EXP 1.1.13] 프로그램

(4) 병렬접속 II

① 기 능

• 스위치1 또는 스위치2 또는 스위치3이 ON이면 램프1이 ON된다.

• 스위치4가 ON이거나, 스위치5가 OFF이거나, 스위치6이 ON이거나, 스위치7이 OFF이면 램프2가 ON된다.

② 지역변수 목록

	변수 명	데이터 타입	메모리 할당	초기 값	변수 종류	사용 여부	설명문
1	램프1	BOOL	%QX0.4.1		VAR	*	
2	램프2	BOOL	%QX0.4.2		VAR	*	
3	스위치1	BOOL	%IX0.0.1		VAR	*	
4	스위치2	BOOL	%IX0.0.2		VAR	*	
5	스위치3	BOOL	%IX0.0.3		VAR	*	
6	스위치4	BOOL	%IX0.0.4		VAR	*	
7	스위치5	BOOL	%IX0.0.5		VAR	*	
8	스위치6	BOOL	%IX0.0.6		VAR	*	
9	스위치7	BOOL	%IX0.0.7		VAR	*	

[그림EXP 1.1.14] 지역변수 목록

③ 프로그램

[그림EXP 1.1.15] 프로그램

(5) 블록의 직렬접속

① 기 능

• A블록(스위치1과 스위치3가 OR)과 B블록(스위치2와 스위치4가 OR)이 직렬접속(AND)되어 램프1이 ON된다.

• A블록(스위치5와 스위치8이 OR)과 B블록(스위치6과 스위치9가 OR), C블록(스위치7과 스위치10이 OR)이 직렬접속(AND)되어 램프2가 ON된다.
• 램프2는 B접점으로 구성되어 A블록, B블록, C블록이 모두 만족하면 램프2는 OFF된다.

② 지역변수 목록

	변수 명	데이터 타입	메모리 할당	초기 값	변수 종류	사용 여부	설명문
1	램프1	BOOL	%QX0.4.1		VAR	*	
2	램프2	BOOL	%QX0.4.2		VAR	*	
3	스위치1	BOOL	%IX0.0.1		VAR	*	
4	스위치10	BOOL	%IX0.0.10		VAR	*	
5	스위치2	BOOL	%IX0.0.2		VAR	*	
6	스위치3	BOOL	%IX0.0.3		VAR	*	
7	스위치4	BOOL	%IX0.0.4		VAR	*	
8	스위치5	BOOL	%IX0.0.5		VAR	*	
9	스위치6	BOOL	%IX0.0.6		VAR	*	
10	스위치7	BOOL	%IX0.0.7		VAR	*	
11	스위치8	BOOL	%IX0.0.8		VAR	*	
12	스위치9	BOOL	%IX0.0.9		VAR	*	

[그림EXP 1.1.16] 지역변수 목록

③ 프로그램

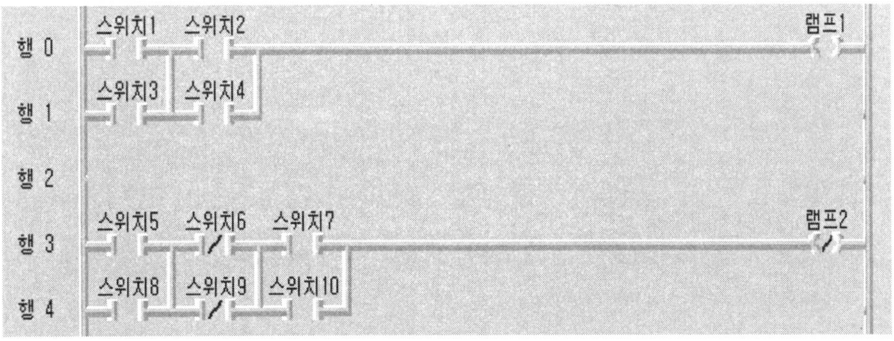

[그림EXP 1.1.17] 프로그램

(6) 블록의 병렬접속

① 기 능

• A블록(스위치1과 스위치2가 AND)과 B블록(스위치3과 스위치4가 AND),

C블록(스위치5와 스위치6이 AND)이 병렬접속(OR)되어 램프1이 ON된다.

• A블록(스위치7과 스위치8, 스위치9가 AND)과 B블록(스위치10과 스위치 11, 스위치12가 AND), C블록(스위치13과 스위치14, 스위치15가 AND)이 병렬접속(OR) 되어 램프2가 ON된다.
• 램프2는 B접점으로 구성되어 A블록, B블록, C블록이 어느 하나라도 만족하면 램프2는 OFF된다.

② 지역변수 목록

	변수 명	데이터 타입	메모리 할당	초기 값	변수 종류	사용 여부	설명문
1	램프1	BOOL	%QX0.4.1		VAR	*	
2	램프2	BOOL	%QX0.4.2		VAR	*	
3	스위치1	BOOL	%IX0.0.1		VAR	*	
4	스위치10	BOOL	%IX0.0.10		VAR	*	
5	스위치11	BOOL	%IX0.0.11		VAR	*	
6	스위치12	BOOL	%IX0.0.12		VAR	*	
7	스위치13	BOOL	%IX0.0.13		VAR	*	
8	스위치14	BOOL	%IX0.0.14		VAR	*	
9	스위치15	BOOL	%IX0.0.15		VAR	*	
10	스위치2	BOOL	%IX0.0.2		VAR	*	
11	스위치3	BOOL	%IX0.0.3		VAR	*	
12	스위치4	BOOL	%IX0.0.4		VAR	*	
13	스위치5	BOOL	%IX0.0.5		VAR	*	
14	스위치6	BOOL	%IX0.0.6		VAR	*	
15	스위치7	BOOL	%IX0.0.7		VAR	*	
16	스위치8	BOOL	%IX0.0.8		VAR	*	
17	스위치9	BOOL	%IX0.0.9		VAR	*	

[그림EXP 1.1.18] 지역변수 목록

③ 프로그램

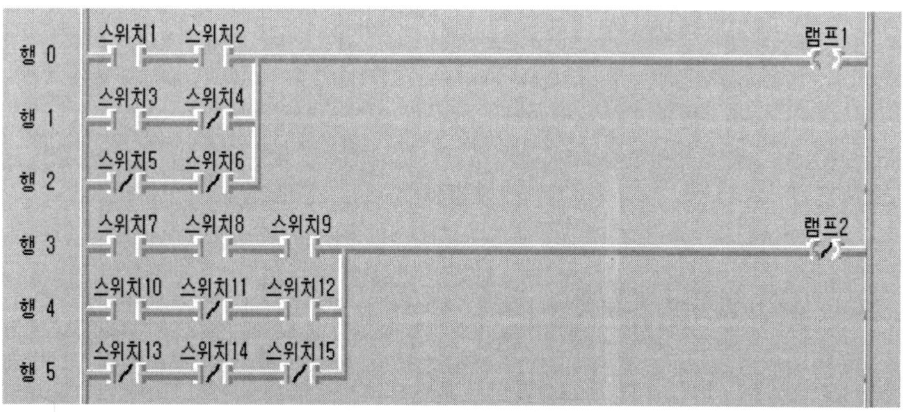

[그림EXP 1.1.19] 프로그램

(7) Set 코일과 Reset 코일

① 기 능

- 스위치1을 ON하면 램프1이 ON되고, 램프2가 ON되어 램프2는 Set 상태로 된다.
- 스위치2를 ON하면 램프1은 OFF로 되고, 램프1이 OFF로 되어도 램프2는 Set 상태로 되어 있어 계속 ON으로 유지된다.
- 스위치3를 ON하면 램프1이 OFF되고, 램프2의 Reset 코일이 ON되면서 램프2는 OFF된다.

② 지역변수 목록

	변수 명	데이터 타입	메모리 할당	초기 값	변수 종류	사용 여부	설명문
1	램프1	BOOL	%QX0.4.1		VAR	*	
2	램프2	BOOL	%QX0.4.2		VAR	*	
3	스위치1	BOOL	%IX0.0.1		VAR	*	
4	스위치2	BOOL	%IX0.0.2		VAR	*	
5	스위치3	BOOL	%IX0.0.3		VAR	*	

[그림EXP 1.1.20] 지역변수 목록

③ 프로그램

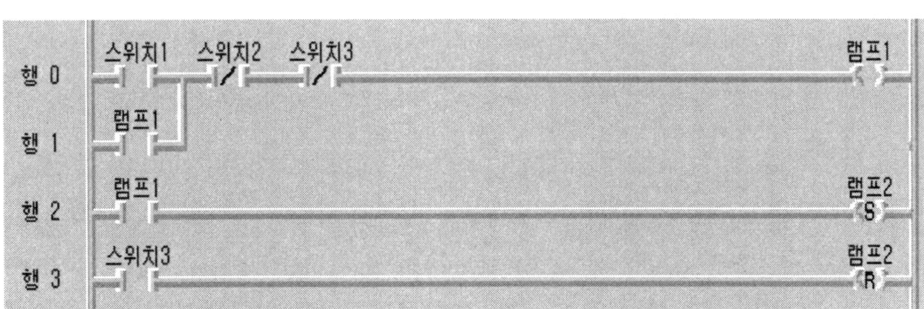

[그림EXP 1.1.21] 프로그램

(8) Flip-Flop 회로

① 기 능

- 스위치1을 ON하였다가 OFF하면 램프가 ON되고, 스위치1을 다시 ON하였다가 OFF하면 램프가 OFF로 된다.
- 스위치1을 ON→OFF 반복할 때마다 램프의 상태는 바뀐다.
- 내부 보조 Relay를 사용한다.

② 지역변수 목록

	변수 명	데이터 타입	메모리 할당	초기 값	변수 종류	사용 여부	설명문
1	램프	BOOL	%QX0.4.0		VAR	*	
2	스위치	BOOL	%IX0.0.0		VAR	*	
3	M1	BOOL	<자동>		VAR	*	
4	M2	BOOL	<자동>		VAR	*	
5	M3	BOOL	<자동>		VAR	*	

[그림EXP 1.1.22] 지역변수 목록

③ 프로그램

[그림EXP 1.1.23] 프로그램

1.1.4 실습결과

(1) 직렬접속 I

각 스위치의 동작에 따라 각 램프의 상태를 확인하여 〈표EXP 1.1.1〉에 기록한다.

〈표EXP 1.1.1〉

<table>
<tr><td rowspan="4">1</td><td colspan="2">스 위 치</td><td rowspan="2">램프1</td></tr>
<tr><td>1</td><td>2</td></tr>
<tr><td>ON</td><td>ON</td><td></td></tr>
<tr><td>OFF</td><td>ON</td><td></td></tr>
<tr><td rowspan="4">2</td><td colspan="2">스 위 치</td><td rowspan="2">램프2</td></tr>
<tr><td>3</td><td>4</td></tr>
<tr><td>OFF</td><td>ON</td><td></td></tr>
<tr><td>ON</td><td>OFF</td><td></td></tr>
<tr><td rowspan="4">3</td><td colspan="2">스 위 치</td><td rowspan="2">램프3</td></tr>
<tr><td>5</td><td>6</td></tr>
<tr><td>ON</td><td>OFF</td><td></td></tr>
<tr><td>OFF</td><td>ON</td><td></td></tr>
<tr><td rowspan="4">4</td><td colspan="2">스 위 치</td><td rowspan="2">램프4</td></tr>
<tr><td>7</td><td>8</td></tr>
<tr><td>OFF</td><td>OFF</td><td></td></tr>
<tr><td>ON</td><td>ON</td><td></td></tr>
</table>

(2) 직렬접속 II

각 스위치의 동작에 따라 각 램프의 상태를 확인하여 〈표EXP 1.1.2〉에 기록한다.

〈표EXP 1.1.2〉

1	스 위 치				램프1
	1	2	3	4	
	ON	ON	OFF	OFF	
	ON	ON	ON	OFF	
2	스 위 치				램프2
	5	6	7	8	
	ON	ON	ON	ON	
	ON	OFF	OFF	OFF	
3	스 위 치				램프3
	9	10	11	12	
	OFF	OFF	OFF	OFF	
	OFF	ON	ON	ON	

(3) 병렬접속 Ⅰ

각 스위치의 동작에 따라 각 램프의 상태를 확인하여 〈표EXP 1.1.3〉에 기록한다.

〈표EXP 1.1.3〉

1	스 위 치		램프1
	1	2	
	ON	ON	
	OFF	ON	
2	스 위 치		램프2
	3	4	
	OFF	ON	
	ON	ON	
3	스 위 치		램프3
	5	6	
	ON	OFF	
	OFF	OFF	
4	스 위 치		램프4
	7	8	
	OFF	OFF	
	ON	ON	

(4) 병렬접속 Ⅱ

각 스위치의 동작에 따라 각 램프의 상태를 확인하여 〈표EXP 1.1.4〉에 기록한다.

〈표EXP 1.1.4〉

	스 위 치				램프1
1	1	2	3		
	ON	OFF	OFF		
	OFF	OFF	ON		
	스 위 치				램프2
2	4	5	6	7	
	ON	ON	OFF	ON	
	OFF	ON	OFF	ON	

(5) 블록의 직렬접속

각 스위치의 동작에 따라 각 램프의 상태를 확인하여 〈표EXP 1.1.5〉에 기록한다.

〈표EXP 1.1.5〉

	스 위 치						램프1
1	1	2	3	4			
	ON	OFF	ON	OFF			
	ON	OFF	OFF	ON			
	스 위 치						램프2
2	5	6	7	8	9	10	
	ON	OFF	OFF	OFF	OFF	OFF	
	ON	ON	OFF	ON	OFF	ON	

(6) 블록의 병렬접속

각 스위치의 동작에 따라 각 램프의 상태를 확인하여 〈표EXP 1.1.6〉에 기록한다.

〈표EXP 1.1.6〉

1	스 위 치									램프1
	1	2	3	4	5	6				
	ON	ON	OFF	ON	ON	ON				
	OFF	OFF	OFF	ON	ON	ON				
2	스 위 치									램프2
	7	8	9	10	11	12	13	14	15	
	OFF	OFF	OFF	OFF	OFF	OFF	OFF	OFF	OFF	
	ON	ON	OFF	ON	ON	ON	OFF	OFF	ON	

(7) Set 코일과 Reset 코일

각 스위치의 동작에 따라 각 램프의 상태를 확인하여 〈표EXP 1.1.7〉에 기록한다.

〈표EXP 1.1.7〉에서 순서에 따라 스위치의 상태를 조작한다.

〈표EXP 1.1.7〉

	스 위 치			램 프	
	1	2	3	1	2
1	ON	OFF	OFF		
2	OFF	OFF	OFF		
3	OFF	ON	OFF		
4	OFF	OFF	ON		

(8) Flip-Flop 회로

스위치의 동작에 따라 각 램프의 상태를 확인하여 〈표EXP 1.1.8〉에 타이밍도를 기록한다.

〈표EXP 1.1.8〉

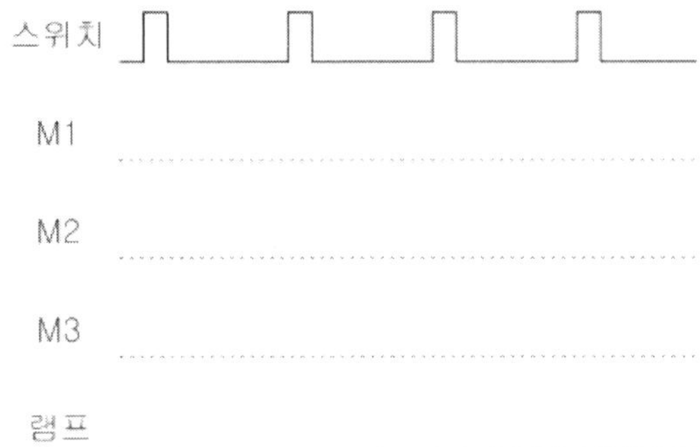

1.2 기본기능회로

1.2.1 실습의 목적

① 자기유지회로의 동작 및 프로그램 방법을 이해한다.
② 인터록 회로의 동작 및 프로그램 방법을 이해한다.
③ 일치회로 및 불일치회로의 동작 및 프로그램 방법을 이해한다.
④ 다수결회로의 동작 및 프로그램 방법을 이해한다.

1.2.2 관련지식

(1) 자기유지회로

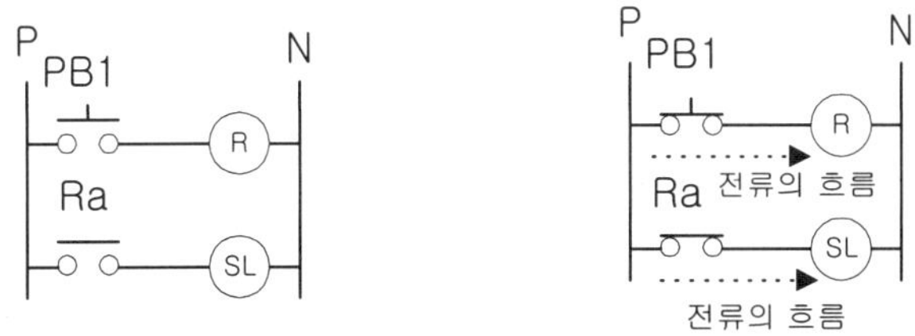

(a) 릴레이 회로 (b) 회로의 전류흐름

[그림EXP 1.2.1] ON회로

[그림EXP 1.2.1]에서 푸시버튼 스위치 PB를 누르고 있는 동안 릴레이 R이 여자되어 릴레이 R의 a접점 Ra가 ON되고 표시등 SL이 점등하게 된다. 그러나 PB를 떼면 릴레이 R이 해제되고 a접점 Ra가 OFF되어 SL이 소등하게 된다. 즉, PB를 누르고 있는 동안만 SL이 점등하게 되는 것이다.

자기유지회로는 PB를 눌렀다 떼어도 SL이 계속 점등하도록 하는 회로로서 [그림EXP 1.2.2]와 같다.

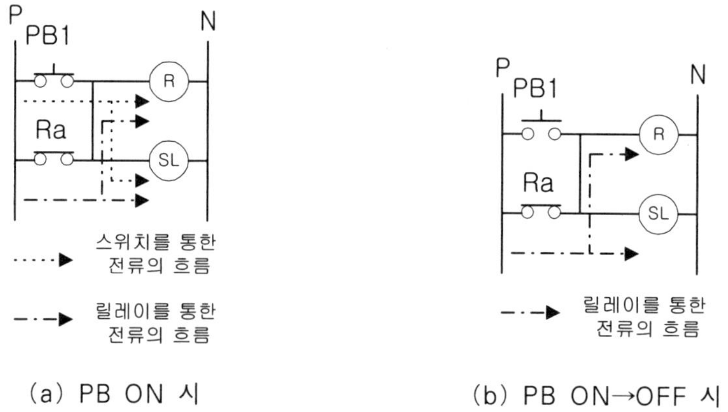

[그림EXP 1.2.2] 자기유지회로

[그림EXP 1.2.2]의 (a)에서 PB를 누르면 릴레이 R은 여자되고 Ra도 ON되며 SL이 점등하게 된다. 이때 릴레이 R과 SL에는 PB와 Ra를 통하여 전류가 흐르게 된다. PB를 OFF하면 릴레이 R의 a접점인 Ra를 통하여 릴레이 R과 SL에 전류가 흐르기 때문에 R과 SL은 계속 ON으로 유지될 수 있다. 이와 같은 회로를 자기유지회로라 하며, 간단한 1비트의 메모리 등으로 사용이 가능하다.

그러나 [그림EXP 1.2.2]의 (b)에서 PB를 떼어도 회로는 계속 유지하기 때문에 회로를 차단시키려면 주 전원을 차단해야 하는 문제점이 생긴다. 따라서 자기유지회로를 차단시키는 방법은 2가지로 나누어진다.

① 정지우선회로

정지우선회로는 [그림EXP 1.2.3]과 같다.

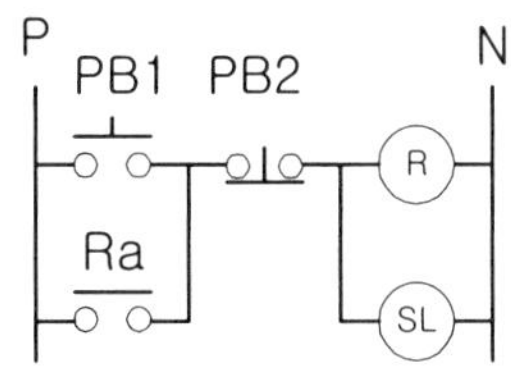

[그림EXP 1.2.3] 정지우선회로

[그림EXP 1.2.3]에서 PB1을 눌렀다 떼면, 릴레이 R이 ON되고 릴레이의 a 접점 Ra가 ON이 되어 릴레이의 여자전류는 계속 흐르게 되며 SL이 점등하게 된다. 릴레이 R과 SL을 OFF시키려면 b접점 스위치인 PB2를 눌러야 한다. PB2를 누르면 릴레이 R과 SL에 전류가 차단되어 OFF로 된다. 즉 PB1은 기동 스위치이고, PB2는 정지 스위치가 된다. 이때 PB1과 PB2를 동시에 누르면 회로는 차단상태로 된다. 이와 같은 회로를 정지우선회로라 한다.

② 시동우선회로

시동우선회로는 [그림EXP 1.2.4]와 같다.

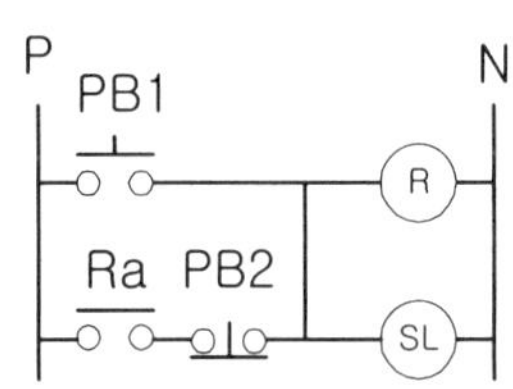

[그림EXP 1.2.4] 시동우선회로

[그림EXP 1.2.4]에서 PB1을 눌렀다 떼면, 릴레이 R이 ON되고 릴레이의 a 접점 Ra가 ON되어 릴레이의 여자전류는 계속 흐르게 되며 SL이 점등하게 된다. 릴레이 R과 SL을 OFF시키려면 b접점 스위치인 PB2를 눌러야 한다. PB2를 누르면 릴레이 R과 SL에 전류가 차단되어 OFF로 된다. 즉 PB1은 기동 스위치이고, PB2는 정지 스위치가 된다.

이때 PB1과 PB2를 동시에 누르면 회로는 기동상태로 된다. 이와 같은 회로를 시동우선회로라 한다.

(2) 인터록 회로

인터록 회로는 [그림EXP 1.2.5]에서처럼 자기유지회로를 2조 만들어 각 회로에 서로 다른 한쪽의 릴레이 b접점을 접속한 회로이다.

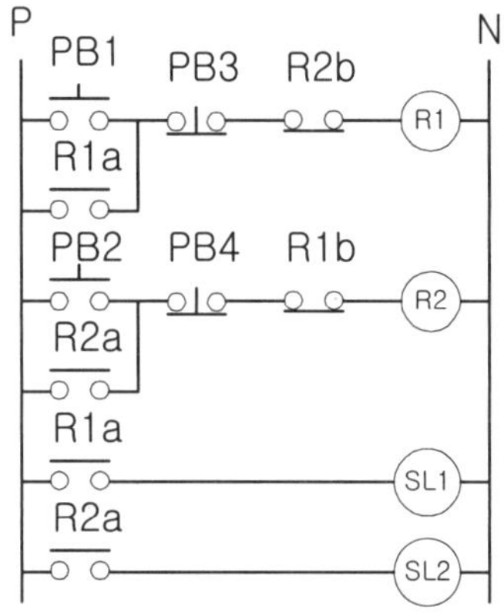

[그림EXP 1.2.5] 릴레이 인터록 회로

[그림EXP 1.2.5]에서 PB1 스위치는 SL1을 ON시키기 위한 스위치로, PB2는 SL2를 ON시키기 위한 스위치로 사용된다. R1a는 릴레이 R1의 a접점으로 자기유지회로로 되어 있고, R2a는 릴레이 R2의 a접점으로 자기유지회로로 되어 있다. 또한 PB3과 PB4는 SL1과 SL2를 OFF시키기 위한 스위치로 자기유지회로에서 정지우선회로로 되어 있다. R1b와 R2b는 릴레이 R1과 R2의 b접점으로 각 릴레이의 인터록 접점으로 사용된다.

푸시버튼 스위치 PB1을 누르면 릴레이 R1이 작동하여 R1a가 ON으로 되고 R1b는 OFF로 된다. R1a가 ON되면서 SL1이 ON으로 된다. 이때 R1b가 OFF로 되어 PB2를 눌러도 릴레이 R2가 작동하지 않게 된다. 즉, 릴레이 R1이 동작하고 있는 동안은 R2는 전혀 동작이 안 된다. OFF 스위치 PB3를 누르면 R1은 복귀되고 R1a는 OFF로 R1b는 ON으로 된다. 이때 PB2를 누르면 릴레이 R2가 ON으로 되고 R2a가 ON, R2b가 OFF로 되어 SL2가 ON으로 된다. R2b가 OFF로 되어 PB1을 눌러도 릴레이 R1은 작동하지 않게 된다. 즉, 릴레이 R2가 동작하고 있는 동안은 R1은 전혀 동작이 안 된다. 이와 같이

R1은 R2에 대한 잠금장치로, R2는 R1에 대한 잠금장치로 사용하게 되고, 선행우선회로로써 사용할 수 있다. 인터록 회로는 기기의 보호와 조작자의 안전을 목적으로 많이 사용되고 있다.

(3) 일치회로

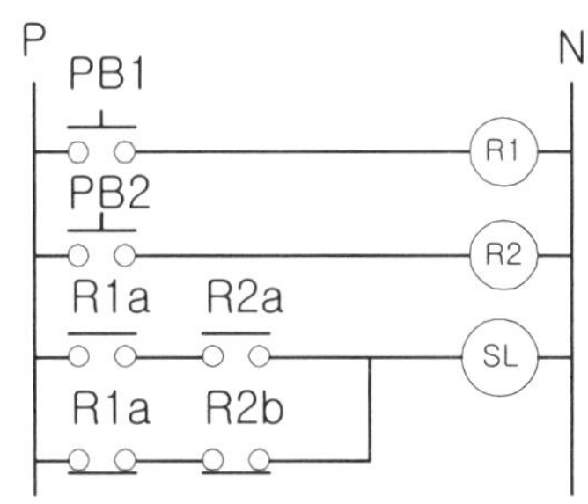

[그림EXP 1.2.6] 일치회로의 예

[그림EXP 1.2.6]에서 PB1과 PB2가 동시에 ON 또는 OFF로 되면 표시등 SL이 ON된다. PB1과 PB2 스위치가 서로 반대(PB1=ON, PB2=OFF 또는 PB1=OFF, PB2=ON)로 되면 표시등 SL은 OFF로 된다. 이와 같이 두 스위치의 상태가 일치할 때 동작하는 회로를 일치회로라 한다.

(4) 불일치회로

[그림EXP 1.2.7]에서 PB1=ON, PB2=ON(또는 PB1=OFF, PB2=OFF)으로 되면 R1과 R2가 ON(또는 R1과 R2가 OFF)된다. 따라서 R1a=ON, R1b=OFF, R2a=ON, R2b=OFF(또는 R1a=OFF, R1b=ON, R2a=OFF, R2b=ON)로 되어 표시등 SL은 OFF로 된다. 한편 PB1=ON, PB2=OFF (또는 PB1=OFF, PB2=ON)으로 되면 R1=ON, R2=OFF(또는 R1=OFF, R2=ON)로 된다. 따라서 R1a=ON, R1b=OFF, R2a=OFF, R2b=ON(또는 R1a=OFF, R1b=ON, R2a=ON, R2b=OFF)로 되어 표시등 SL은 ON으로 된다.

이와 같이 두 스위치의 상태가 서로 다른 경우 동작하는 회로를 불일치회로라 한다.

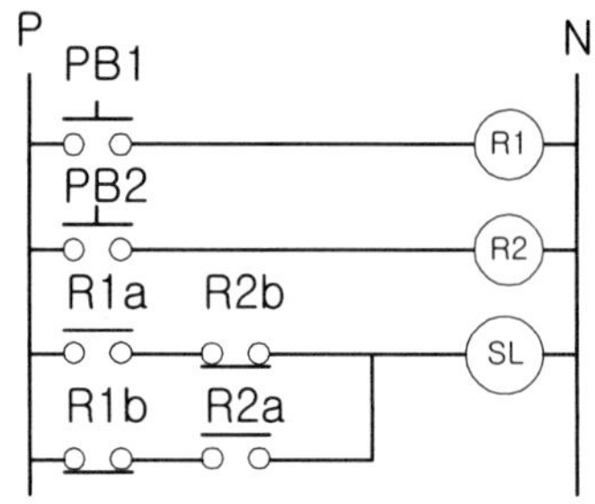

[그림EXP 1.2.7] 불일치회로의 예

(5) 다수결회로

[그림EXP 1.2.8]에서 PB1, PB2, PB3 중에서 2개 또는 3개의 스위치를 동시에 누르면 표시등 SL이 ON된다. 반면에 단지 하나의 스위치만 누르면 표시등 SL은 동작하지 않는다.

이와 같이 몇 개 이상의 스위치가 ON되어야 동작하는 회로를 다수결회로라 한다.

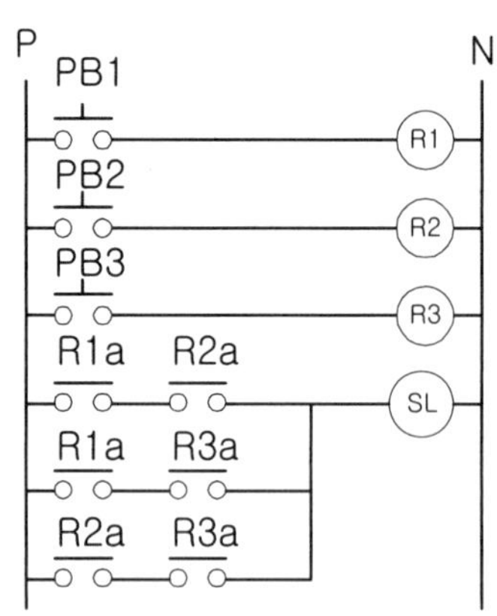

[그림EXP 1.2.8] 다수결회로의 예

1.2.3 실 습

(1) 자기유지회로 I

① 기 능

- 스위치1을 ON하면 램프1이 ON된다.
- 스위치1이 OFF되어도 램프1은 ON으로 자기유지 된다.
- 램프1이 램프2의 시작 스위치로 작용한다.
- 램프1이 OFF되어도 램프2는 ON으로 자기유지 된다.
- 스위치2는 램프1의, 스위치3는 램프2의 정지 스위치로 작용한다.
- 스위치2와 스위치3는 정지우선 자기유지 스위치이다.

② 지역변수 목록

	변수 명	데이터 타입	메모리 할당	초기 값	변수 종류	사용 여부	설명문
1	램프1	BOOL	%QX0.4.1		VAR	*	
2	램프2	BOOL	%QX0.4.2		VAR	*	
3	스위치1	BOOL	%IX0.0.1		VAR	*	
4	스위치2	BOOL	%IX0.0.2		VAR	*	
5	스위치3	BOOL	%IX0.0.3		VAR	*	

[그림EXP 1.2.9] 지역변수 목록

③ 프로그램

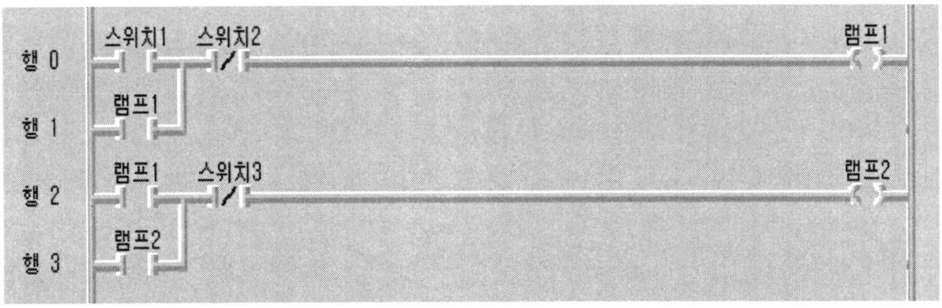

[그림EXP 1.2.10] 프로그램

(2) 자기유지회로 Ⅱ

① 기 능

- 스위치1을 ON하면 램프1이 ON된다.
- 스위치1이 OFF되어도 램프1은 ON으로 자기유지 된다.
- 램프1이 램프2의 시작 스위치로 작용한다.
- 램프1이 OFF되어도 램프2는 ON으로 자기유지 된다.
- 스위치2는 램프1의, 스위치3는 램프2의, 스위치4는 램프3의 정지 스위치로 작용한다.
- 스위치2, 스위치3, 스위치4는 시동우선 자기유지 스위치이다.

② 지역변수 목록

	변수 명	데이터 타입	메모리 할당	초기 값	변수 종류	사용 여부	설명문
1	램프1	BOOL	%QX0.4.1		VAR	*	
2	램프2	BOOL	%QX0.4.2		VAR	*	
3	램프3	BOOL	%QX0.4.3		VAR	*	
4	스위치1	BOOL	%IX0.0.1		VAR	*	
5	스위치2	BOOL	%IX0.0.2		VAR	*	
6	스위치3	BOOL	%IX0.0.3		VAR	*	
7	스위치4	BOOL	%IX0.0.4		VAR	*	

[그림EXP 1.2.11] 지역변수 목록

③ 프로그램

[그림EXP 1.2.12] 프로그램

(3) 인터록 회로 Ⅰ

① 기 능

- 스위치1을 ON하면 램프1이 ON되고, 램프1은 스위치1에 자기유지 된다.
- 스위치2는 램프1을 OFF하기 위한 스위치이다.
- 스위치3을 ON하면 램프2가 ON되고, 램프2는 스위치3에 자기유지 된다.
- 스위치4는 램프2를 OFF하기 위한 스위치이다.
- 램프1은 램프2에 인터록 되고, 램프2는 램프1에 인터록 된다.

② 지역변수 목록

	변수 명	데이터 타입	메모리 할당	초기 값	변수 종류	사용 여부	설명문
1	램프1	BOOL	%QX0.4.1		VAR	*	
2	램프2	BOOL	%QX0.4.2		VAR	*	
3	스위치1	BOOL	%IX0.0.1		VAR	*	
4	스위치2	BOOL	%IX0.0.2		VAR	*	
5	스위치3	BOOL	%IX0.0.3		VAR	*	
6	스위치4	BOOL	%IX0.0.4		VAR	*	

[그림EXP 1.2.13] 지역변수 목록

③ 프로그램

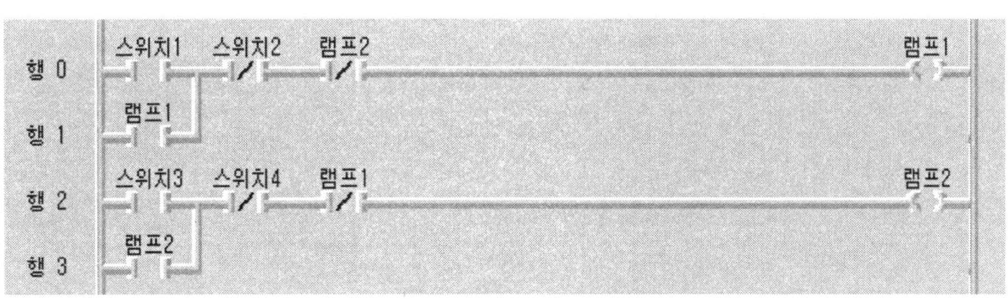

[그림EXP 1.2.14] 프로그램

(4) 인터록 회로 Ⅱ

① 기 능

- 스위치1을 ON하면 램프1이 ON되고, 램프1은 스위치1에 자기유지 된다.

- 스위치2는 램프1을 OFF하기 위한 스위치이다.
- 스위치3을 ON하면 램프2가 ON되고, 램프2는 스위치3에 자기유지 된다.
- 스위치4는 램프2를 OFF하기 위한 스위치이다.
- 스위치5를 ON하면 램프3가 ON되고, 램프3는 스위치5에 자기유지 된다.
- 스위치6은 램프3를 OFF하기 위한 스위치이다.
- 램프2와 램프3은 램프1에 인터록 되고, 램프1과 램프3은 램프2에 인터록 되며, 램프1과 램프2는 램프3에 인터록 된다.

② 지역변수 목록

	변수 명	데이터 타입	메모리 할당	초기 값	변수 종류	사용 여부	설명문
1	램프1	BOOL	%QX0.4.1		VAR	*	
2	램프2	BOOL	%QX0.4.2		VAR	*	
3	램프3	BOOL	%QX0.4.3		VAR	*	
4	스위치1	BOOL	%IX0.0.1		VAR	*	
5	스위치2	BOOL	%IX0.0.2		VAR	*	
6	스위치3	BOOL	%IX0.0.3		VAR	*	
7	스위치4	BOOL	%IX0.0.4		VAR	*	
8	스위치5	BOOL	%IX0.0.5		VAR	*	
9	스위치6	BOOL	%IX0.0.6		VAR	*	

[그림EXP 1.2.15] 지역변수 목록

③ 프로그램

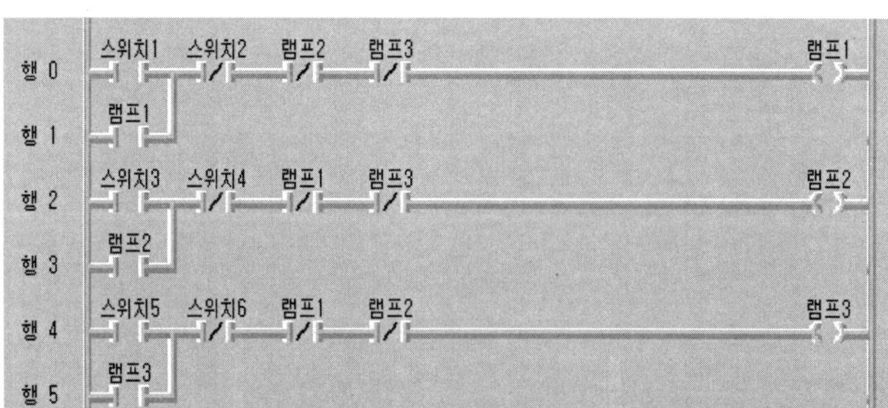

[그림EXP 1.2.16] 프로그램

(5) 일치회로

① 기 능

- 스위치1, 스위치2, 스위치3의 상태가 모두 ON일 때 램프가 ON된다.
- 스위치1, 스위치2, 스위치3의 상태가 모두 OFF일 때도 램프가 ON된다.

② 지역변수 목록

	변수 명	데이터 타입	메모리 할당	초기 값	변수 종류	사용 여부	설명문
1	램프	BOOL	%QX0.4.1		VAR	*	
2	스위치1	BOOL	%IX0.0.1		VAR	*	
3	스위치2	BOOL	%IX0.0.2		VAR	*	
4	스위치3	BOOL	%IX0.0.3		VAR	*	
5	중계1	BOOL	<자동>		VAR	*	
6	중계2	BOOL	<자동>		VAR	*	
7	중계3	BOOL	<자동>		VAR	*	

[그림EXP 1.2.17] 지역변수 목록

③ 프로그램

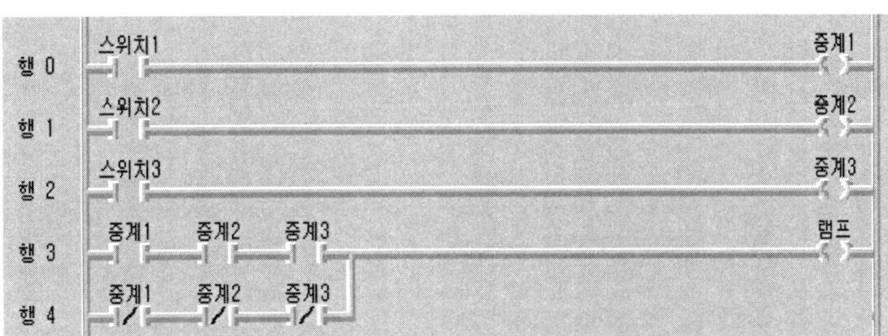

[그림EXP 1.2.18] 프로그램

(6) 불일치회로

① 기 능

- 스위치1이 ON이고, 스위치2가 OFF일 때 램프가 ON된다.
- 스위치1이 OFF이고, 스위치2가 ON일 때도 램프가 ON된다.

② 지역변수 목록

	변수 명	데이터 타입	메모리 할당	초기 값	변수 종류	사용 여부	설명문
1	램프	BOOL	%QX0.4.1		VAR	*	
2	스위치1	BOOL	%IX0.0.1		VAR	*	
3	스위치2	BOOL	%IX0.0.2		VAR	*	
4	중계1	BOOL	<자동>		VAR	*	
5	중계2	BOOL	<자동>		VAR	*	

[그림EXP 1.2.19] 지역변수 목록

③ 프로그램

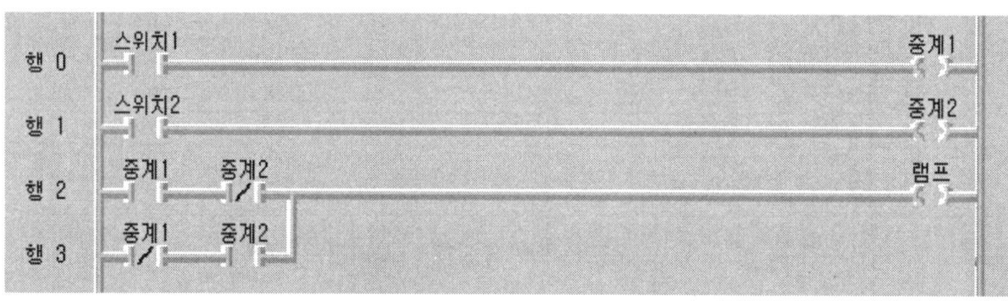

[그림EXP 1.2.20] 프로그램

(7) 다수결회로

① 기 능

- 스위치1, 스위치2, 스위치3, 스위치4 중 3개 이상의 스위치가 ON될 때 램프가 ON된다.

② 지역변수 목록

	변수 명	데이터 타입	메모리 할당	초기 값	변수 종류	사용 여부	설명문
1	램프	BOOL	%QX0.4.1		VAR	*	
2	스위치1	BOOL	%IX0.0.1		VAR	*	
3	스위치2	BOOL	%IX0.0.2		VAR	*	
4	스위치3	BOOL	%IX0.0.3		VAR	*	
5	스위치4	BOOL	%IX0.0.4		VAR	*	
6	중계1	BOOL	<자동>		VAR	*	
7	중계2	BOOL	<자동>		VAR	*	
8	중계3	BOOL	<자동>		VAR	*	
9	중계4	BOOL	<자동>		VAR	*	

[그림EXP 1.2.21] 지역변수 목록

③ 프로그램

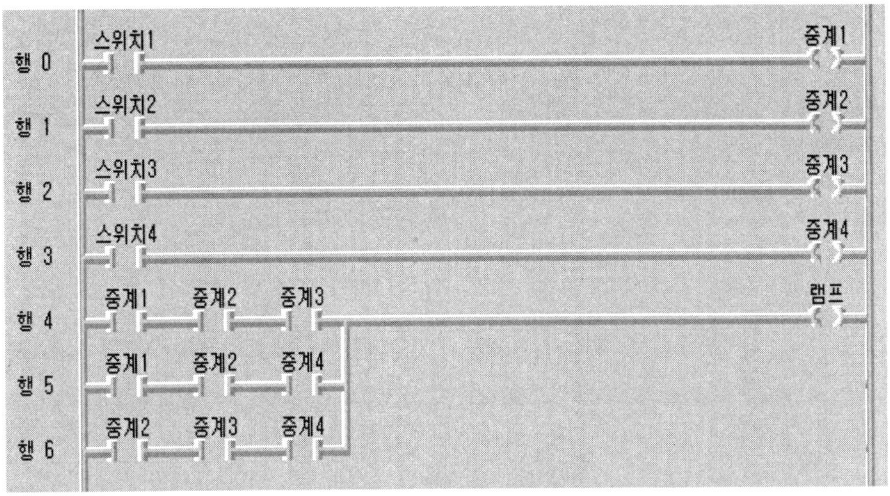

[그림EXP 1.2.22] 프로그램

1.2.4 실습결과

(1) 자기유지회로 I

각 스위치를 순서대로 동작하면서 각 램프의 상태를 확인하여 〈표EXP 1.2.1〉에 기록한다.

〈표EXP 1.2.1〉

순서	스위치1	스위치2	스위치3	램프1	램프2
1	ON	OFF	OFF		
2	OFF	OFF	OFF		
3	OFF	ON	OFF		
4	OFF	OFF	OFF		
5	OFF	OFF	ON		
6	OFF	OFF	OFF		

(2) 자기유지회로 Ⅱ

각 스위치를 순서대로 동작하면서 각 램프의 상태를 확인하여 〈표EXP 1.2.2〉에 기록한다.

〈표EXP 1.2.2〉

순서	스위치1	스위치2	스위치3	스위치4	램프1	램프2	램프3
1	ON	OFF	OFF	OFF			
2	OFF	OFF	OFF	OFF			
3	OFF	ON	OFF	OFF			
4	OFF	OFF	OFF	OFF			
5	OFF	OFF	ON	OFF			
6	OFF	OFF	OFF	OFF			
7	OFF	OFF	OFF	ON			
8	OFF	OFF	OFF	OFF			

(3) 인터록 회로 Ⅰ

각 스위치를 순서대로 동작하면서 각 램프의 상태를 확인하여 〈표EXP 1.2.3〉에 기록한다.

〈표EXP 1.2.3〉

순서	스위치1	스위치2	스위치3	스위치4	램프1	램프2
1	ON	OFF	OFF	OFF		
2	OFF	OFF	OFF	OFF		
3	OFF	OFF	ON	OFF		
4	OFF	OFF	OFF	OFF		
5	OFF	ON	OFF	OFF		
6	OFF	OFF	OFF	OFF		
7	OFF	OFF	ON	OFF		
8	OFF	OFF	OFF	OFF		
9	ON	OFF	OFF	OFF		
10	OFF	OFF	OFF	OFF		
11	OFF	OFF	OFF	ON		
12	OFF	OFF	OFF	OFF		

(4) 인터록 회로 Ⅱ

각 스위치를 순서대로 동작하면서 각 램프의 상태를 확인하여 〈표EXP 1.2.4〉에 기록한다.

〈표EXP 1.2.4〉

순서	스위치1	스위치2	스위치3	스위치4	스위치5	스위치6	램프1	램프2	램프3
1	ON	OFF	OFF	OFF	OFF	OFF			
2	OFF	OFF	ON	OFF	OFF	OFF			
3	OFF	ON	OFF	OFF	OFF	OFF			
4	OFF	OFF	OFF	OFF	ON	OFF			
5	OFF	OFF	OFF	OFF	OFF	OFF			
6	OFF	OFF	OFF	OFF	OFF	ON			
7	OFF	OFF	OFF	OFF	OFF	OFF			

(5) 일치회로

각 스위치의 동작에 따라 각 램프의 상태를 확인하여 〈표EXP 1.2.5〉에 기록한다.

〈표EXP 1.2.5〉

	스위치1	스위치2	스위치3	램프
1	OFF	OFF	OFF	
2	OFF	OFF	ON	
3	OFF	ON	OFF	
4	OFF	ON	ON	
5	ON	OFF	OFF	
6	ON	OFF	ON	
7	ON	ON	OFF	
8	ON	ON	ON	

(6) 불일치회로

각 스위치의 동작에 따라 각 램프의 상태를 확인하여 〈표EXP 1.2.6〉에 기록한다.

〈표EXP 1.2.6〉

	스위치1	스위치2	램프
1	OFF	OFF	
2	OFF	ON	
3	ON	OFF	
4	ON	ON	

(7) 다수결회로

각 스위치의 동작에 따라 각 램프의 상태를 확인하여 〈표EXP 1.2.7〉에 기록한다.

〈표EXP 1.2.7〉

	스위치1	스위치2	스위치3	스위치4	램프
1	OFF	OFF	OFF	OFF	
2	OFF	OFF	OFF	ON	
3	OFF	OFF	ON	OFF	
4	OFF	OFF	ON	ON	
5	OFF	ON	OFF	OFF	
6	OFF	ON	OFF	ON	
7	OFF	ON	ON	OFF	
8	OFF	ON	ON	ON	
9	ON	OFF	OFF	OFF	
10	ON	OFF	OFF	ON	
11	ON	OFF	ON	OFF	
12	ON	OFF	ON	ON	
13	ON	ON	OFF	OFF	
14	ON	ON	OFF	ON	
15	ON	ON	ON	OFF	
16	ON	ON	ON	ON	

1.3 기본 펑션 블록

1.3.1 실습의 목적

① 타이머의 동작 및 프로그램 방법을 이해한다.
② 카운터의 동작 및 프로그램 방법을 이해한다.

1.3.2 관련지식

(1) TON(ON Delay Timer)

TON은 입력조건(IN)이 ON되는 순간부터 설정시간 PT(Preset Time)에 의해 설정된 설정시간이 경과하면 타이머 출력 Q가 ON되는 타이머이다. TON의 펑션 블록은 [그림EXP 1.3.1]과 같다.

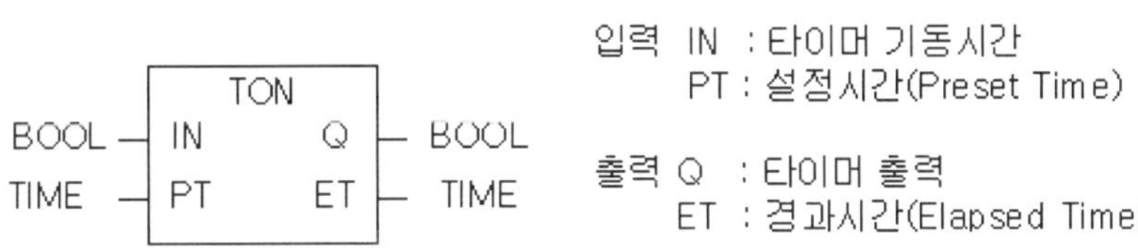

[그림EXP 1.3.1] TON 펑션 블록

TON의 동작은 [그림EXP 1.3.2]의 타이밍도와 같이 동작하게 된다.

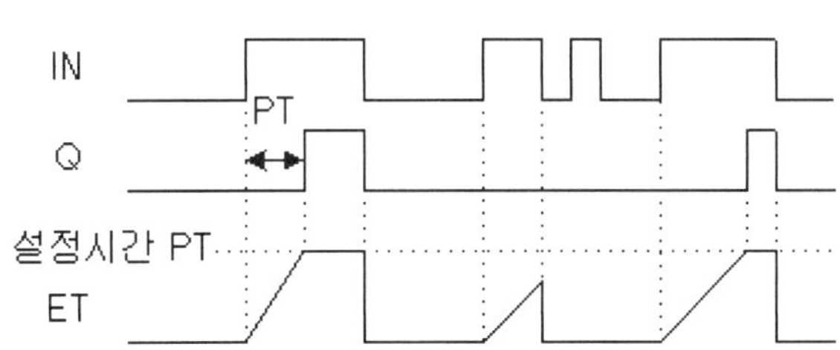

[그림EXP 1.3.2] TON 타이밍도

(2) TOF(OFF Delay Timer)

TOF는 입력조건(IN)이 ON되는 순간 TOF 타이머의 Q 출력이 ON되고, 입력조건이 OFF로 되면 타이머의 설정시간 PT(Preset Time)에 의해 설정된 설정시간이 경과된 후 타이머의 Q 출력이 OFF로 되는 타이머이다. TOF의 펑션 블록은 [그림EXP 1.3.3]과 같다.

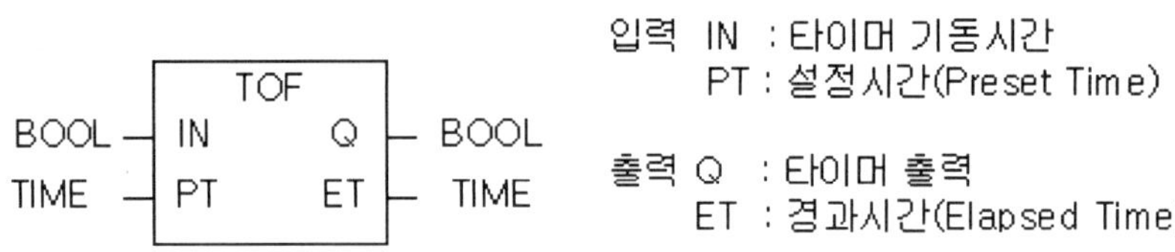

[그림EXP 1.3.3] TOF 펑션 블록

TOF의 동작은 [그림EXP 1.3.4]의 타이밍도와 같이 동작하게 된다.

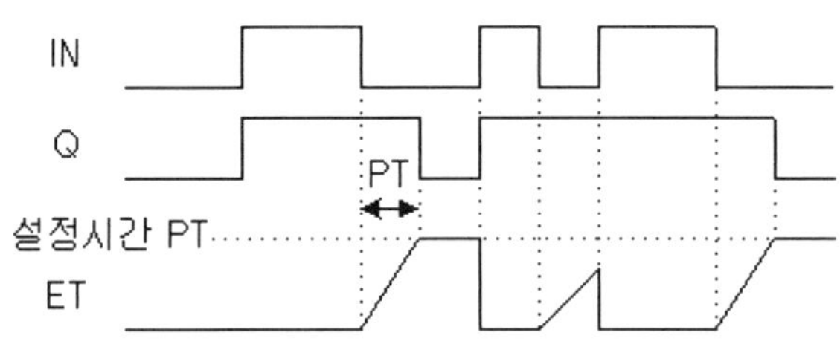

[그림EXP 1.3.4] TOF 타이밍도

(3) TP(Pulse Timer)

TP는 입력조건(IN)이 ON되는 순간 타이머의 출력 Q는 ON이 되고, 설정시간 PT(Preset Time)에 의해 설정된 시간 동안만 Q 출력이 ON이 되는 타이머이다.

TP의 펑션 블록은 [그림EXP 1.3.5]와 같다.

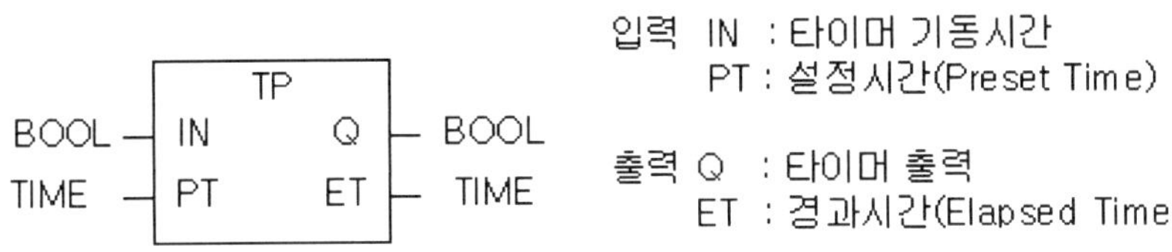

[그림EXP 1.3.5] TP 펑션 블록

TP의 동작은 [그림EXP 1.3.6]의 타이밍도와 같이 동작하게 된다.

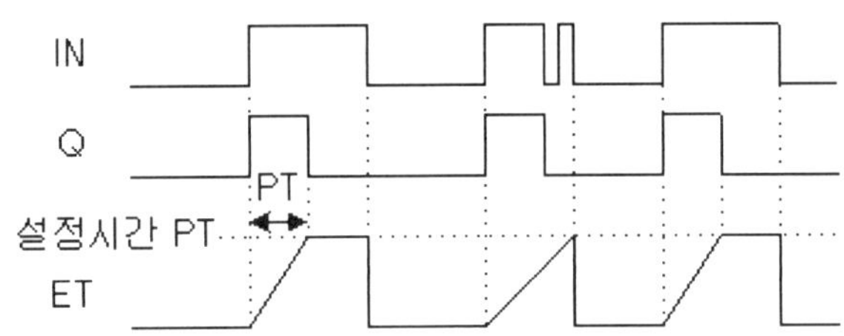

[그림EXP 1.3.6] TON 타이밍도

(4) CTU(Up Counter)

CTU는 업 카운터 펄스 입력(CU)이 입력될 때마다 현재값(CV)이 1만큼 증가하는 카운터로, 현재값(CV)이 설정값(PV)에 도달하면 출력(Q)가 1이 된다. CTU는 [그림EXP 1.3.7]과 같다.

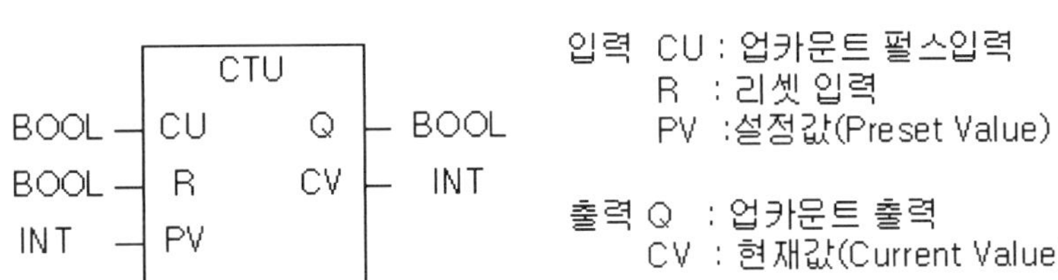

[그림EXP 1.3.7] CTU의 펑션 블록

[그림EXP 1.3.7]에서 현재값(CV)은 0에서 최대 32767까지 증가한다. 리셋 입력(R)은 현재값을 0으로 초기화할 때 사용한다. CTU의 타이밍도는 [그림EXP 1.3.8]과 같다.

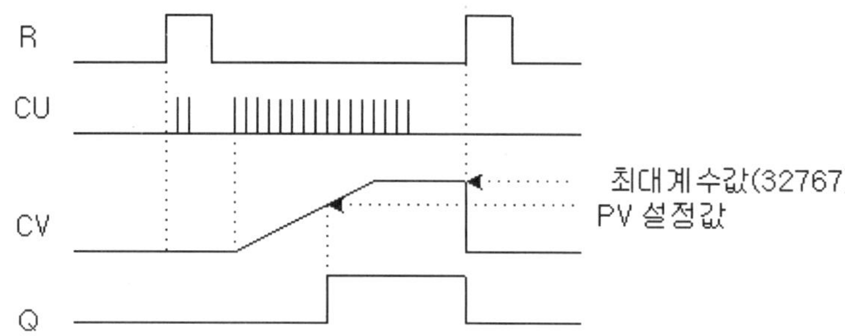

[그림EXP 1.3.8] CTU의 타이밍도

(5) CTD(Down Counter)

CTD는 다운 카운터 펄스 입력(CD)이 입력될 때마다 현재값(CV)이 1만큼 감소하는 카운터로, 현재값(CV)이 설정값(PV)에 도달하면 출력(Q)가 1이 된다. CTD는 [그림EXP 1.3.9]와 같다.

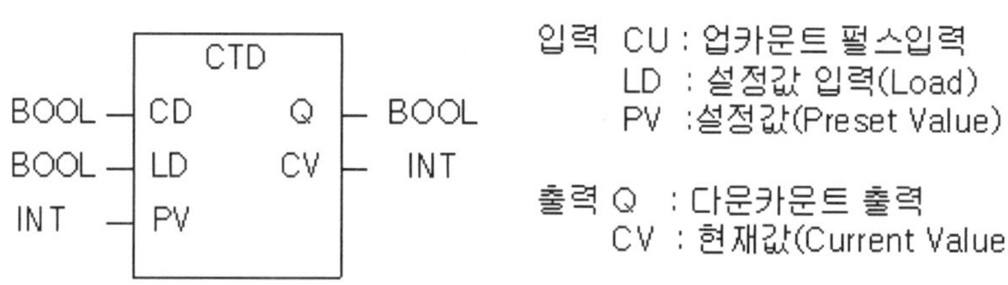

[그림EXP 1.3.9] CTD의 펑션 블록

[그림EXP 1.3.9]에서 현재값(CV)은 최대 −32768까지 감소한다. 설정값 입력(LD)은 1이 되면 현재값(CV)에 설정값(PV)이 로드된다. CTD의 타이밍도는 [그림EXP 1.3.10]과 같다.

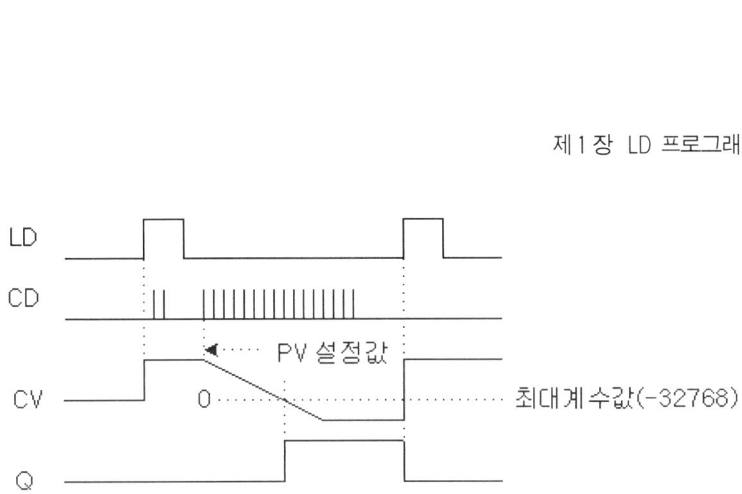

[그림EXP 1.3.10] CTD의 타이밍도

(6) CTUD(Up/Down Counter)

CTUD는 업카운터 펄스가 입력될 때마다 현재값(CV)이 증가되고, 다운카운터 펄스가 입력될 때마다 현재값(CV)이 감소되는 카운터이다. CTUD는 [그림EXP 1.3.11]과 같다.

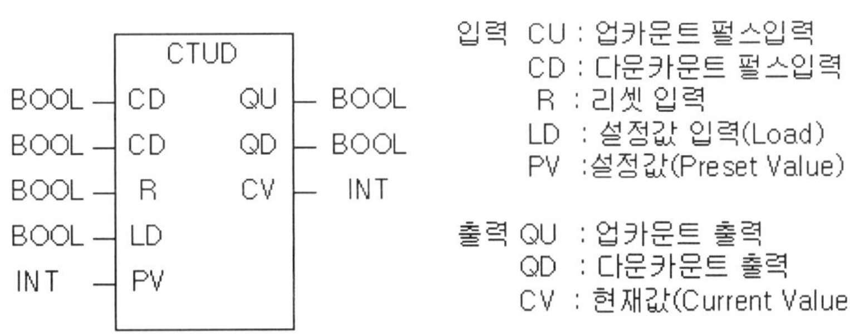

[그림EXP 1.3.11] CTUD의 펑션 블록

현재값(CV)은 최소 −32768에서 최대 32767 사이의 값을 갖게 된다. 또한 설정값 입력(LD)이 1이 되면 현재값(CV)은 설정값(PV)이 로드되며, 리셋 입력(R)이 1이 되면 현재값(CV)은 0으로 클리어된다.

각 입력신호는 R > LD > CU > CD 순으로 동작을 수행하며, 신호의 중복이 발생할 때는 우선순위가 높은 동작 하나만 수행한다.

CTUD의 타이밍도는 [그림EXP 1.3.12]와 같다.

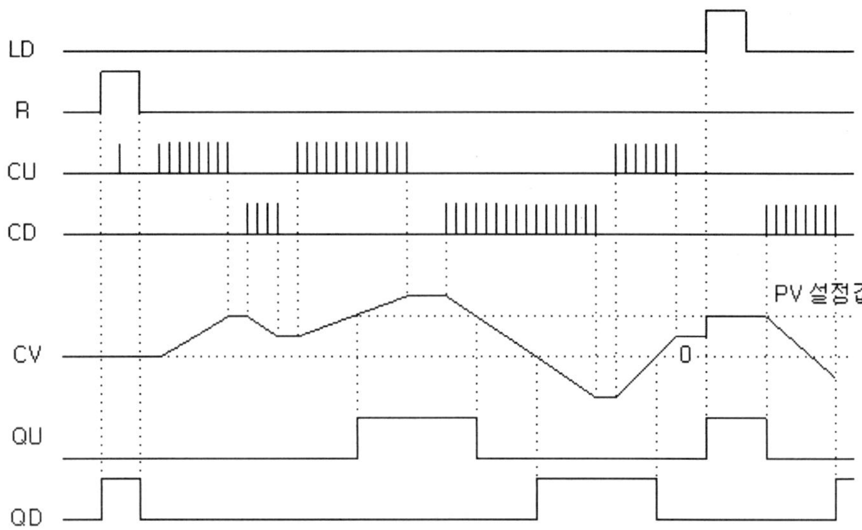

[그림EXP 1.3.12] CTUD의 타이밍도

1.3.3 실 습

(1) TON

① 기 능

- 스위치를 ON하면 1초 후에 램프1이 ON된다.
- 램프1이 ON된 후 1초 후에 램프2가 ON된다.
- 램프2가 ON된 후 1초 후에 램프3가 ON된다.

② 지역변수 목록

	변수 명	데이터 타입	메모리 할당	초기 값	변수 종류	사용 여부	설명문
1	스위치	BOOL	%IX0.0.1		VAR	*	
2	램프1	BOOL	%QX0.4.1		VAR	*	
3	램프2	BOOL	%QX0.4.2		VAR	*	
4	램프3	BOOL	%QX0.4.3		VAR	*	
5	ST1	FB Instance	<자동>		VAR	*	
6	ST2	FB Instance	<자동>		VAR	*	
7	ST3	FB Instance	<자동>		VAR	*	

[그림EXP 1.3.13] 지역변수 목록

③ 프로그램

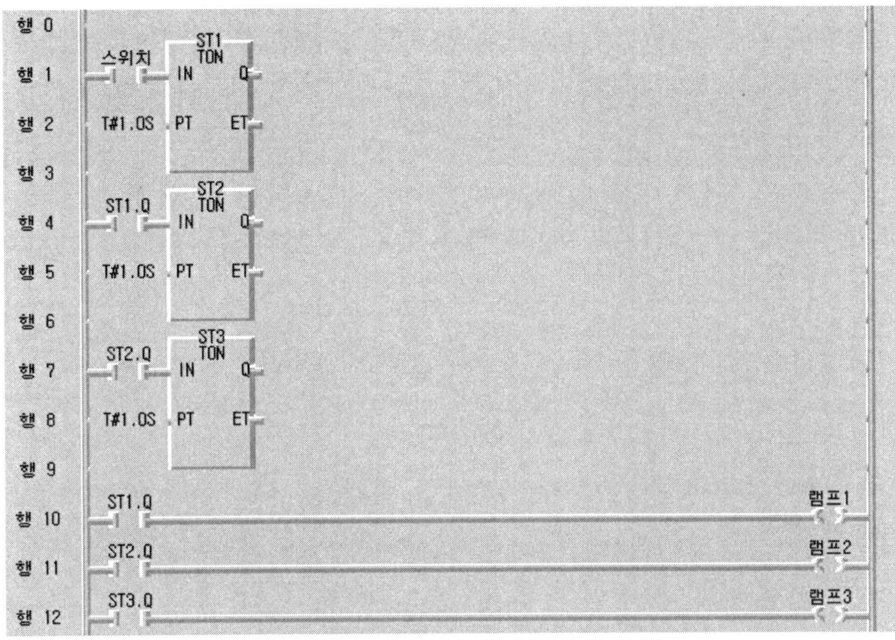

[그림EXP 1.3.14] 프로그램

(2) TOF

① 기 능

- 스위치를 ON하면 램프1, 램프2, 램프3가 모두 ON된다.
- 스위치를 OFF하면 1초 후에 램프1이 OFF된다.
- 램프1이 OFF된 후 1초 후에 램프2가 OFF된다.
- 램프2가 OFF된 후 1초 후에 램프3가 OFF된다.

② 지역변수 목록

	변수 명	데이터 타입	메모리 할당	초기 값	변수 종류	사용 여부	설명문
1	스위치	BOOL	%IX0.0.1		VAR	*	
2	램프1	BOOL	%QX0.4.1		VAR	*	
3	램프2	BOOL	%QX0.4.2		VAR	*	
4	램프3	BOOL	%QX0.4.3		VAR	*	
5	ST1	FB Instance	<자동>		VAR	*	
6	ST2	FB Instance	<자동>		VAR	*	
7	ST3	FB Instance	<자동>		VAR	*	

[그림EXP 1.3.15] 지역변수 목록

③ 프로그램

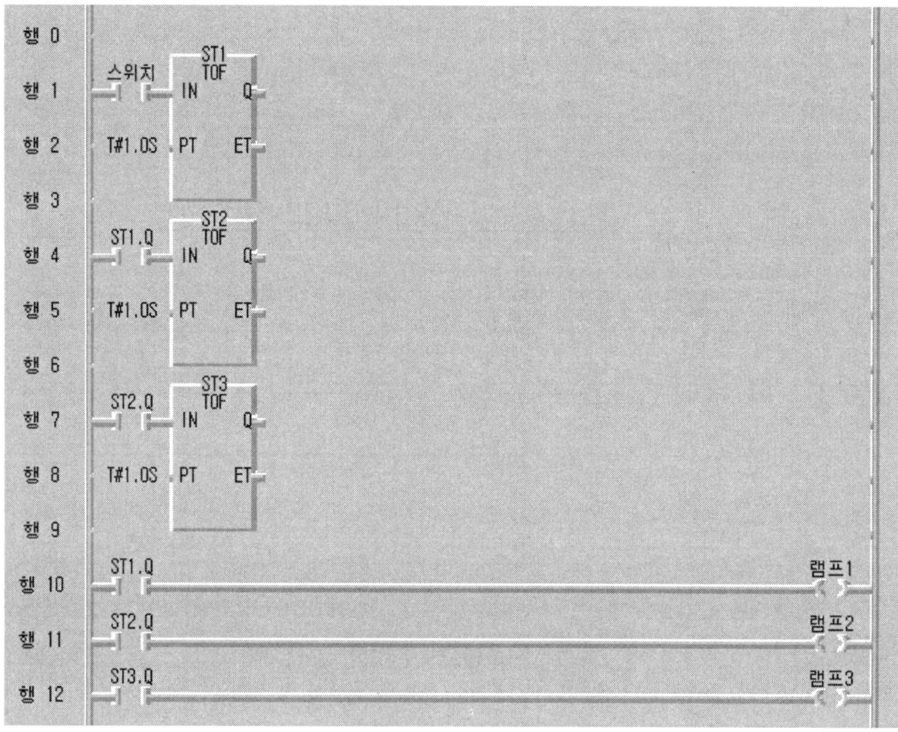

[그림EXP 1.3.16] 프로그램

(3) TP

① 기 능

- 스위치를 눌렀다 떼면, 램프1, 램프2, 램프3가 모두 ON된다.
- 1초 후에 램프1이 OFF된다.
- 램프1이 OFF된 후 1초 후에 램프2가 OFF된다.
- 램프2가 OFF된 후 1초 후에 램프3가 OFF된다.
- 그다음 스위치를 조작하지 않아도 이를 계속 반복한다.

② 지역변수 목록

	변수 명	데이터 타입	메모리 할당	초기 값	변수 종류	사용 여부	설명문
1	스위치	BOOL	%IX0.0.1		VAR	*	
2	램프1	BOOL	%QX0.4.1		VAR	*	
3	램프2	BOOL	%QX0.4.2		VAR	*	
4	램프3	BOOL	%QX0.4.3		VAR	*	
5	ST1	FB Instance	<자동>		VAR	*	
6	ST2	FB Instance	<자동>		VAR	*	
7	ST3	FB Instance	<자동>		VAR	*	

[그림EXP 1.3.17] 지역변수 목록

③ 프로그램

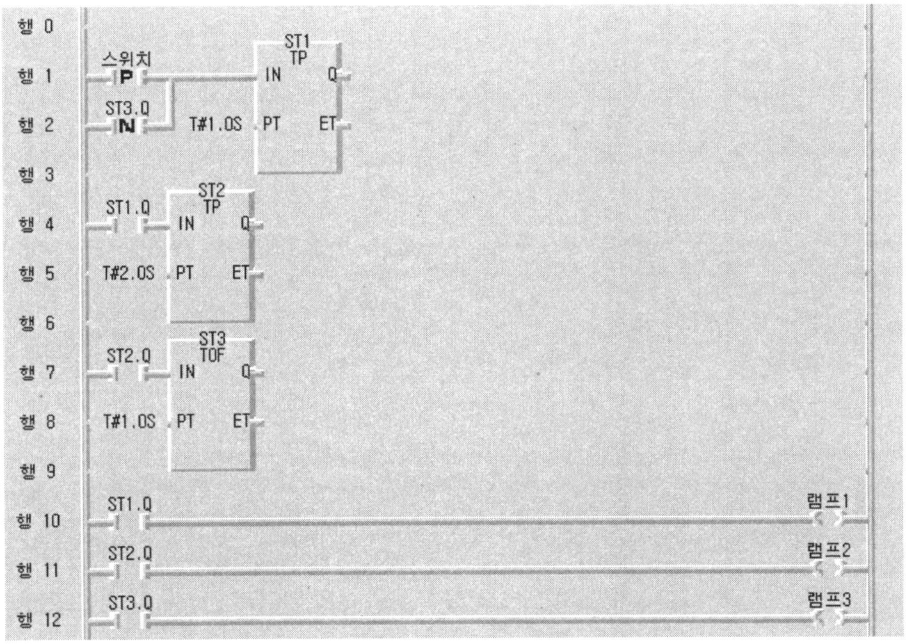

[그림EXP 1.3.18] 프로그램

(4) CTU

① 기 능

- 스위치를 눌렀다 뗄 때마다 카운터는 증가한다.
- 스위치를 5번 눌렀다 떼면 램프1이 ON된다.

- 스위치를 10번 눌렀다 떼면 램프2가 ON된다.
- 리셋 스위치를 누르면 램프1, 램프2가 모두 OFF된다.

② 지역변수 목록

	변수 명	데이터 타입	메모리 할당	초기 값	변수 종류	사용 여부	설명문
1	스위치	BOOL	%IX0.0.1		VAR	*	
2	리셋	BOOL	%IX0.0.2		VAR	*	
3	램프1	BOOL	%QX0.4.1		VAR	*	
4	램프2	BOOL	%QX0.4.2		VAR	*	
5	CT1	FB Instance	<자동>		VAR	*	
6	CT2	FB Instance	<자동>		VAR	*	

[그림EXP 1.3.19] 지역변수 목록

③ 프로그램

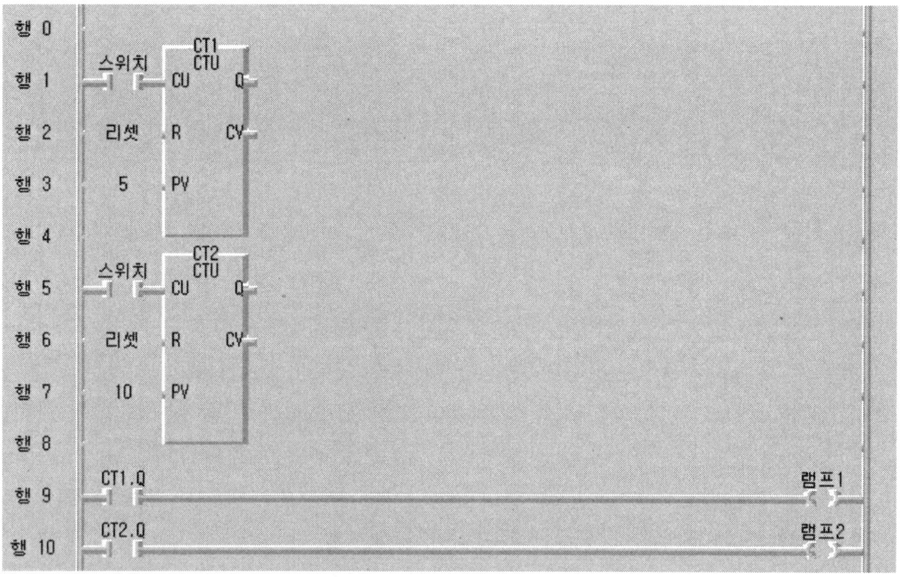

[그림EXP 1.3.20] 프로그램

(5) CTD

① 기 능

- 기동이 OFF에서 ON되면 현재값 CV가 이전값보다 1만큼 감소한다.
- 단 CV는 정수의 최소값 −32767을 넘지 않아야 한다.

• 설정값 입력 '리셋'이 ON되면 설정값 PV가 현재값 CV에 로드되어 5로 된다.
• 출력 Q는 현재값 CV가 0 이하이면 ON된다.
• 설정값이 5이므로 '기동'이 5번 ON되면 출력 Q가 ON되어 '램프'가 ON된다.
• '리셋'이 ON되면 '램프'가 OFF된다.

② 지역변수 목록

	변수 명	데이터 타입	메모리 할당	초기 값	변수 종류	사용 여부	설명문
1	기동	BOOL	%IX0.0.1		VAR	*	
2	리셋	BOOL	%IX0.0.2		VAR	*	
3	램프	BOOL	%QX0.4.1		VAR	*	
4	CT1	FB Instance	<자동>		VAR	*	

[그림EXP 1.3.21] 지역변수 목록

③ 프로그램

[그림EXP 1.3.22] 프로그램

(6) CTUD

① 기 능

• '증가'가 OFF에서 ON되면 현재값 CV가 이전값보다 1만큼 증가한다.
• '감소'가 OFF에서 ON되면 현재값 CV가 이전값보다 1만큼 감소한다.
• 단 현재값 CV는 정수의 최소값 −32768～+32767 사이의 값을 가진다.

- '리셋' 입력이 ON되면 현재값 CV는 0이 된다.
- '설정' 입력이 ON되면 현재값 CV에 설정값 PV가 로드되어 5로 된다.
- 출력 QU는 현재값 CV가 설정값 PV 이상이면 ON된다.
- 출력 QD는 현재값 CV가 0 이하이면 ON된다.
- 설정값이 5이므로 현재값이 5 이상이면 출력 QU가 ON되어 '램프1'이 ON되고, 현재값이 0 이하이면 출력 QD는 ON되어 '램프2'가 ON된다.

② 지역변수 목록

	변수 명	데이터 타입	메모리 할당	초기 값	변수 종류	사용 여부	설명문
1	기동	BOOL	%IX0.0.1		VAR	*	
2	감소	BOOL	%IX0.0.2		VAR	*	
3	리셋	BOOL	%IX0.0.3		VAR	*	
4	설정	BOOL	%IX0.0.4		VAR	*	
5	램프1	BOOL	%QX0.4.1		VAR	*	
6	램프2	BOOL	%QX0.4.2		VAR	*	
7	CT	FB Instance	<자동>		VAR	*	

[그림EXP 1.3.23] 지역변수 목록

③ 프로그램

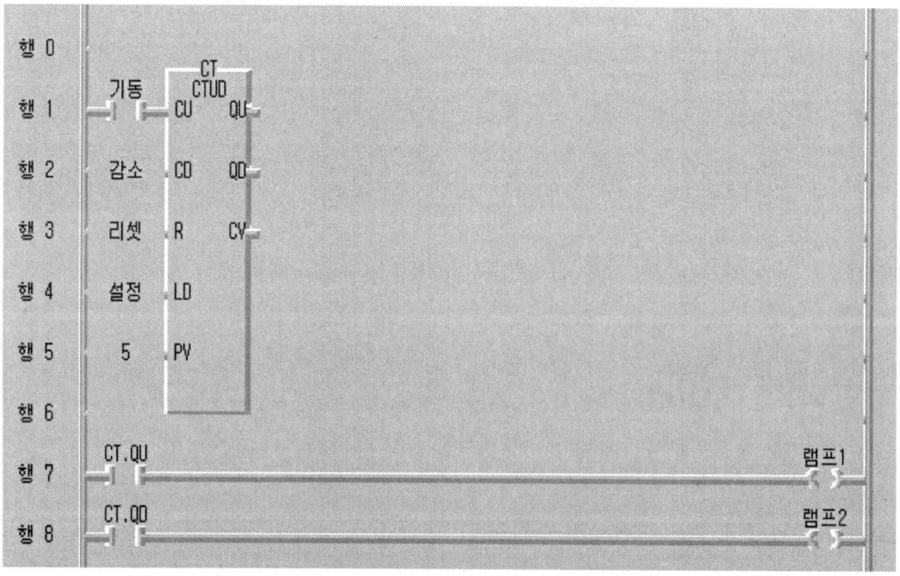

[그림EXP 1.3.24] 프로그램

(7) Flicker 회로

① 기 능

- 임의의 시간간격으로 임의의 폭을 펄스 출력으로 내보낼 수 있는 회로이다.
- '기동'이 ON되었다가 OFF될 때 T1이 3초 후 ON되어 '램프'를 ON한다.
- '램프'가 ON된 후 T2가 3초 후 ON되어 T1을 OFF시킨다.
- T1이 OFF되면 T2가 OFF로 되고, T2가 OFF로 되면서 T1이 다시 ON으로 바뀐다.
- 이와 같이 램프는 3초가 ON되고 3초간 OFF되는 것을 계속 반복하게 된다.

② 지역변수 목록

	변수 명	데이터 타입	메모리 할당	초기 값	변수 종류	사용 여부	설명문
1	기동	BOOL	%IX0.0.1		VAR	*	
2	정지	BOOL	%IX0.0.2		VAR	*	
3	램프	BOOL	%QX0.4.1		VAR	*	
4	M1	BOOL	<자동>		VAR	*	
5	T1	FB Instance	<자동>		VAR	*	
6	T2	FB Instance	<자동>		VAR	*	

[그림EXP 1.3.25] 지역변수 목록

③ 프로그램

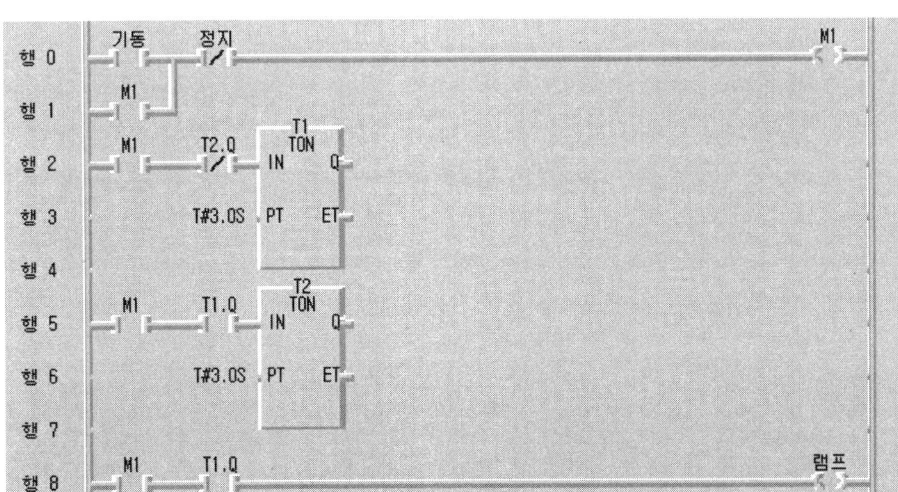

[그림EXP 1.3.26] 프로그램

(8) 연속동작 회로

① 기 능

- '기동'이 ON되면 3초 후에 램프1이 ON된다.
- 램프1이 ON된 후 3초 후에 램프2가 ON된다.
- 램프2가 ON된 후 3초 후에 램프1, 램프2가 모두 OFF된다.
- 초기에 '기동'이 ON된 후 바로 OFF되면 위의 과정을 1번만 동작한다.
- '기동'이 계속 ON되어 있으면 위의 과정을 계속 반복한다.

② 지역변수 목록

	변수 명	데이터 타입	메모리 할당	초기 값	변수 종류	사용 여부	설명문
1	기동	BOOL	%IX0.0.1		VAR	*	
2	램프1	BOOL	%QX0.4.1		VAR	*	
3	램프2	BOOL	%QX0.4.2		VAR	*	
4	M1	BOOL	<자동>		VAR	*	
5	M2	BOOL	<자동>		VAR	*	
6	M3	BOOL	<자동>		VAR	*	
7	T1	FB Instance	<자동>		VAR	*	
8	T2	FB Instance	<자동>		VAR	*	
9	T3	FB Instance	<자동>		VAR	*	

[그림EXP 1.3.27] 지역변수 목록

③ 프로그램

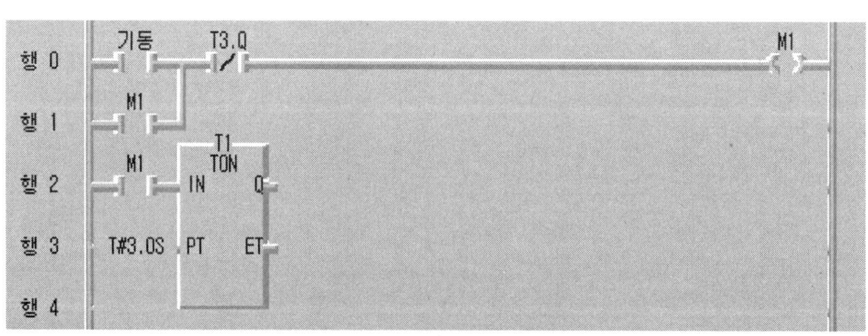

[그림EXP 1.3.28] 프로그램(1)

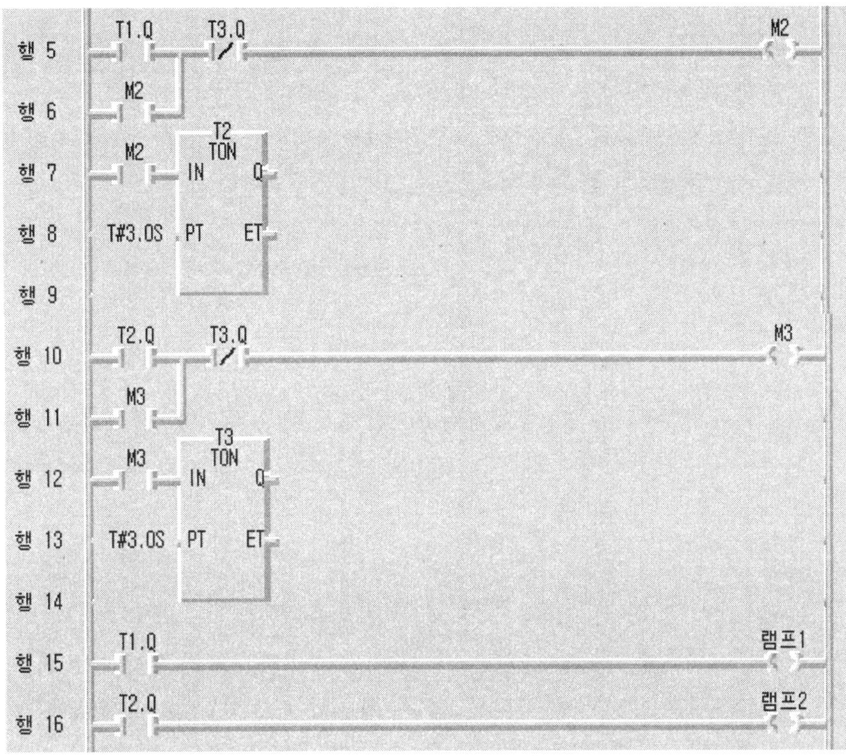

[그림EXP 1.3.28] 프로그램(2)

1.3.4 실습결과

(1) TON

[그림EXP 1.3.14]를 프로그램한 후 각 램프의 상태를 확인하여 〈표EXP 1.3.1〉에 타이밍도를 그린다.

〈표EXP 1.3.1〉

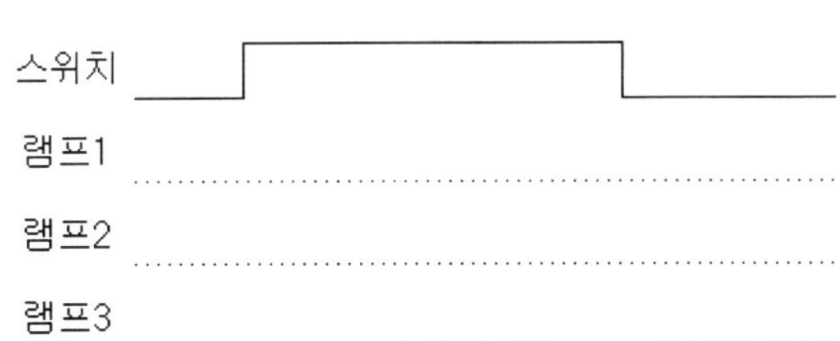

(2) TOF

[그림EXP 1.3.16]을 프로그램한 후 각 램프의 상태를 확인하여 〈표EXP 1.3.2〉에 타이밍도를 그린다.

〈표EXP 1.3.2〉

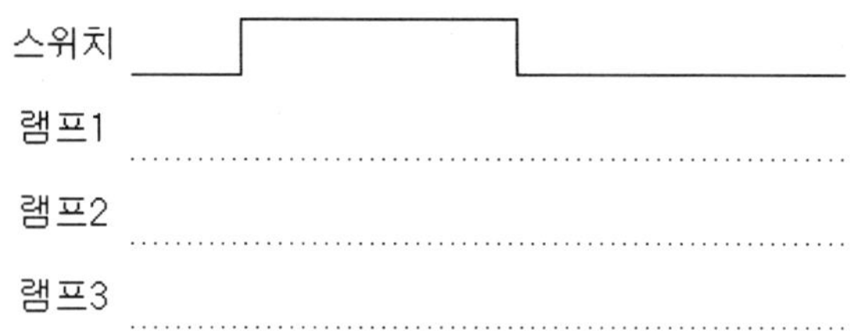

(3) TP

[그림EXP 1.3.18]을 프로그램한 후 각 램프의 상태를 확인하여 〈표EXP 1.3.3〉에 타이밍도를 그린다.

〈표EXP 1.3.3〉

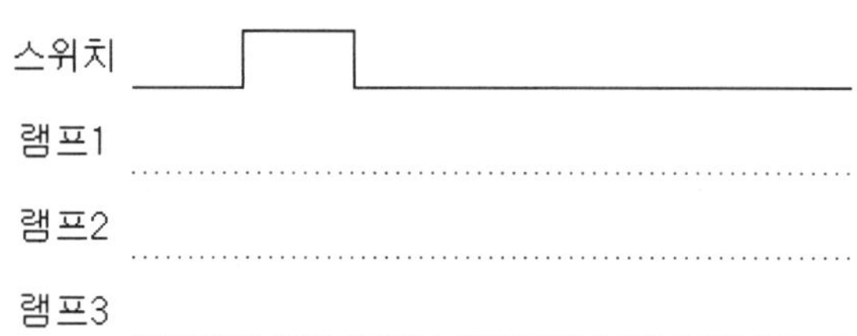

(4) CTU

[그림EXP 1.3.20]을 프로그램한 후 각 램프의 상태를 확인하여 〈표EXP 1.3.4〉에 타이밍도를 그린다.

〈표EXP 1.3.4〉

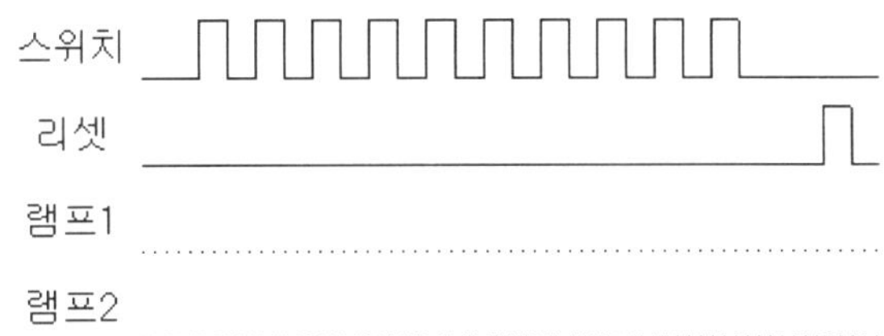

(5) CTD

[그림EXP 1.3.2]를 프로그램한 후 램프의 상태를 확인하여 〈표EXP 1.3.5〉에 타이밍도를 그린다.

〈표EXP 1.3.5〉

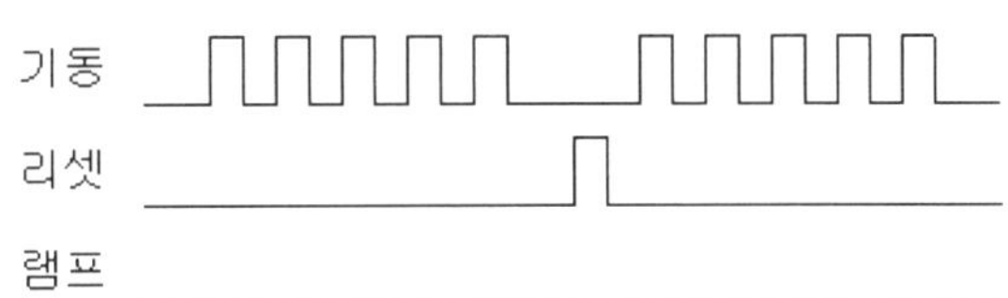

(6) CTUD

[그림EXP 1.3.24]를 프로그램한 후 각 램프의 상태를 확인하여 〈표EXP 1.3.6〉에 타이밍도를 그린다.

〈표EXP 1.3.6〉

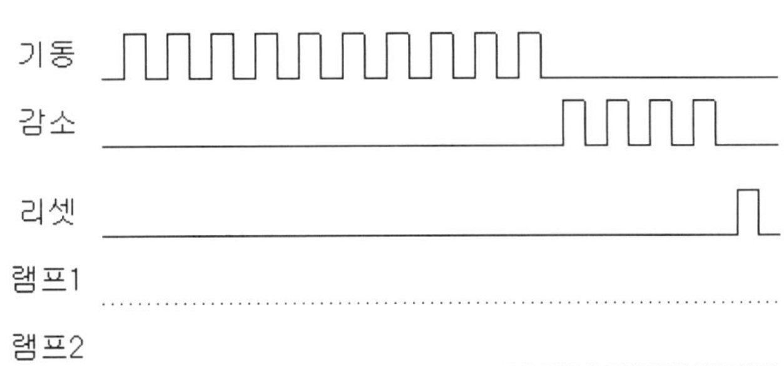

(7) Flicker 회로

[그림EXP 1.3.26]을 프로그램한 후 램프의 상태를 확인하여 〈표EXP 1.3.7〉에 타이밍도를 그린다.

〈표EXP 1.3.7〉

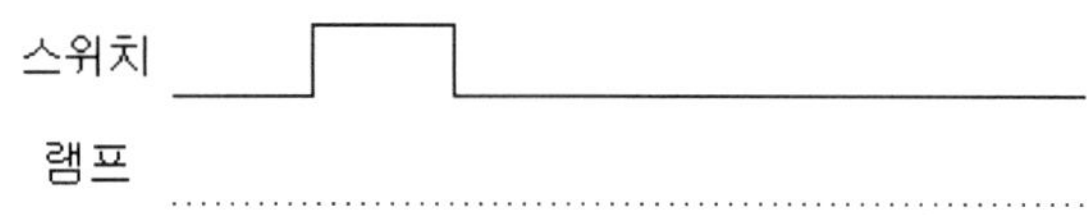

(8) 연속동작 회로

[그림EXP 1.3.28]을 프로그램한 후 각 램프의 상태를 확인하여 〈표EXP 1.3.8〉에 타이밍도를 그린다.

〈표EXP 1.3.8〉

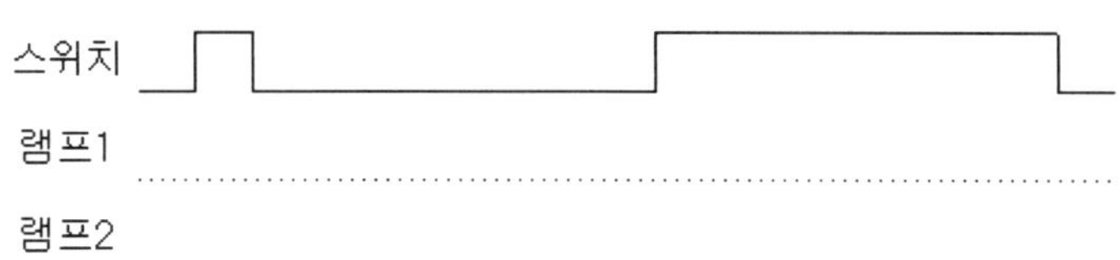

1.4 수치연산 펑션

1.4.1 실습의 목적

① 산술연산의 동작 및 프로그램 방법을 이해한다.
② 논리연산의 동작 및 프로그램 방법을 이해한다.
③ 비교연산의 동작 및 프로그램 방법을 이해한다.

1.4.2 관련지식

(1) 산술연산

① ADD

• IN1, IN2, …, IN8을 더해서 OUT으로 출력시킨다.
• OUT = IN1 + IN2 + … + IN8

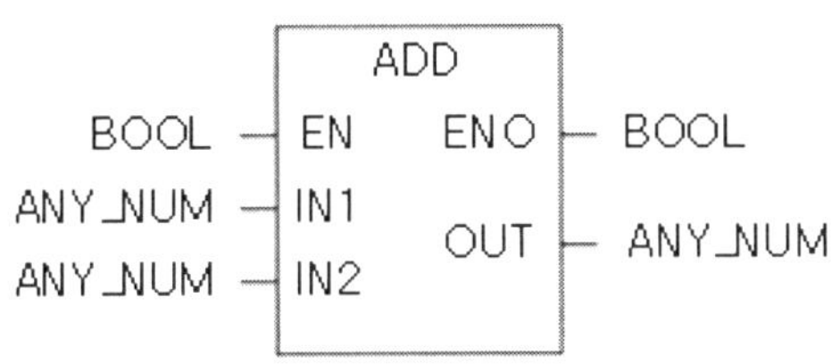

입력 EN : 1일 때 펑션 실행
IN1 : 더해질 값
IN2 : 더할 값
입력은 8개까지 확장 가능

출력 ENO : 에러없이 실행되면 1을 출력
OUT : 더한 결과값
IN1, IN2, ... OUT에 연결되는 변수는 모두 같은 데이터 타입이어야 함.

[그림EXP 1.4.1] ADD 명령

② SUB

• IN1에서 IN2를 빼서 OUT으로 출력시킨다.
• OUT = IN1 − IN2

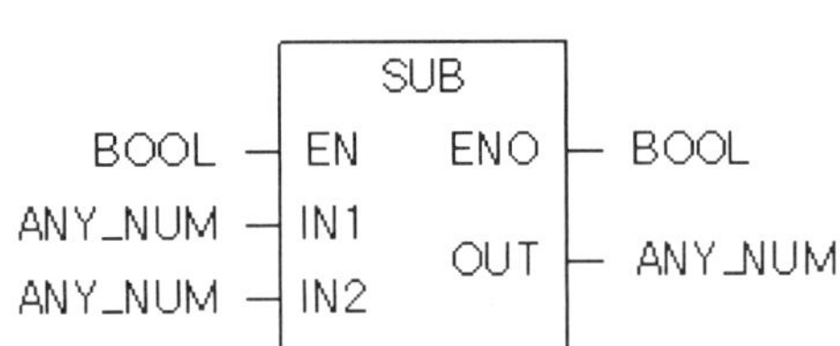

입력 EN : 1일 때 펑션 실행
IN1 : 빼어질 값
IN2 : 뺄 값

출력 ENO : 에러없이 실행되면 1을 출력
OUT : 뺀 결과값

*IN1, IN2, OUT에 연결되는 변수는 모두 같은 데이터 타입이어야 함.

[그림EXP 1.4.2] SUB 명령

③ MUL

- IN1, IN2, …, IN8을 곱해서 OUT으로 출력시킨다.
- OUT = IN1 × IN2 × … × IN8

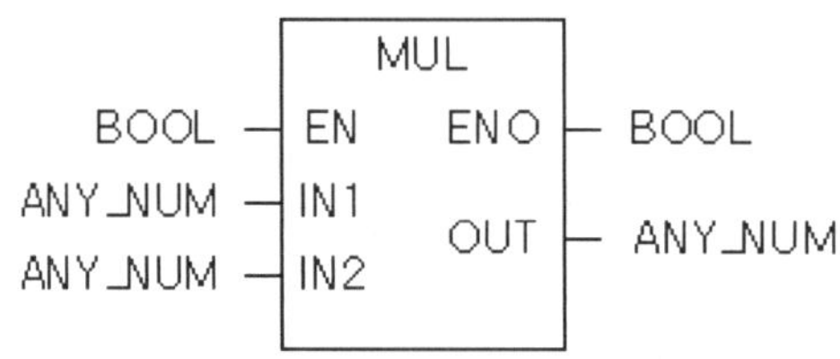

입력 EN : 1일 때 펑션 실행　　출력 ENO : 에러없이 실행되면 1을 출력
IN1 : 곱해질 값 (피승수)　　OUT : 곱한 결과값
IN2 : 곱할 값 (승수)
*IN1, IN2, ...OUT에 연결되는 변수는 모두 같은 데이터 타입이어야 함.
*입력은 8개까지 확장 가능

[그림EXP 1.4.3] MUL 명령

④ DIV

- IN1을 IN2로 나누어서 그 몫을 OUT으로 출력시킨다.
- OUT = IN1 / IN2
- 결과값의 소수점 이하는 버림

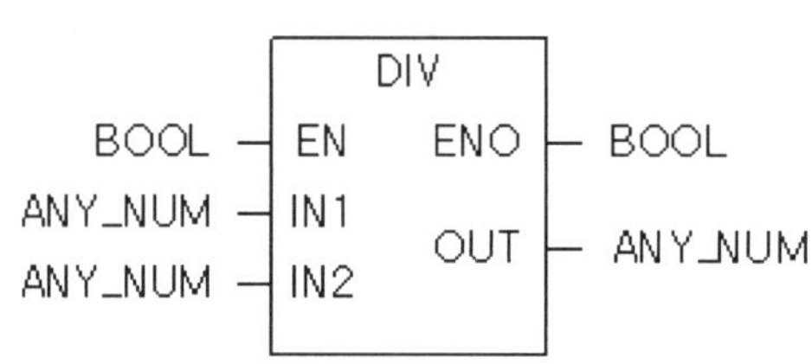

입력 EN : 1일 때 펑션 실행　　출력 ENO : 에러없이 실행되면 1을 출력
IN1 : 나누어질 값 (피제수)　　OUT : 나눈 결과값 (몫)
IN2 : 나할 값 (제수)
*IN1, IN2, OUT에 연결되는 변수는 모두 같은 데이터 타입이어야 함.

[그림EXP 1.4.4] DIV 명령

⑤ MOD

- IN1을 IN2로 나누어서 그 나머지를 OUT으로 출력시킨다.
- OUT = IN1 − (IN1/IN2) × IN2
- IN2 = 0이면 OUT = 0

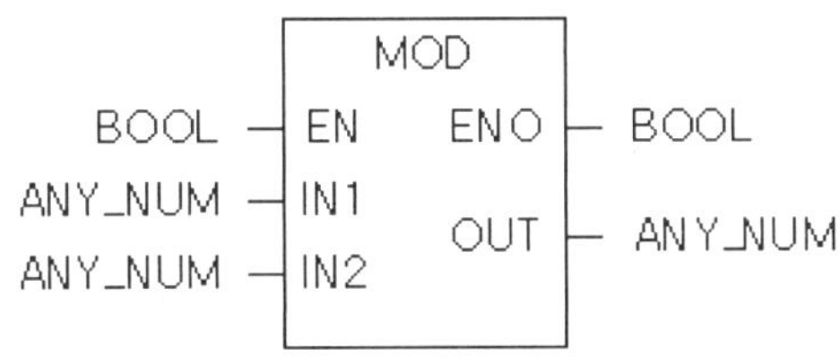

입력 EN : 1일 때 펑션 실행　　출력 ENO : EN값이 그대로 출력
IN1 : 나누어질 값 (피제수)　　OUT : 나눈 결과값 (나머지)
IN2 : 나할 값 (제수)
*IN1, IN2, OUT에 연결되는 변수는 모두 같은 데이터 타입이어야 함.

[그림EXP 1.4.5] MOD 명령

⑥ ABS

- IN의 값을 절대값을 취하여 OUT으로 출력시킨다.
- OUT = | IN |

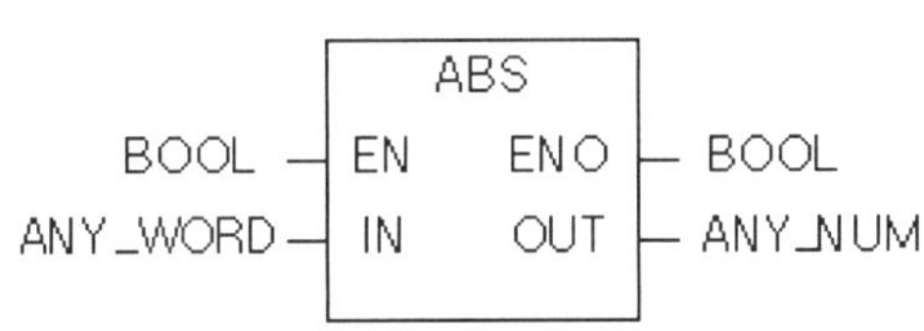

입력 EN : 1일 때 펑션 실행　　출력 ENO : '1'을 출력
IN : 절대값 연산의 입력값　　OUT : 절대값
*IN, OUT은 같은 데이터 타입이어야 함.

[그림EXP 1.4.6] ABS 명령

(2) 논리연산

① AND

- IN1, IN2, …, IN8을 비트별로 AND해서 OUT으로 출력시킨다.
- OUT = IN1 · IN2 · … · IN8

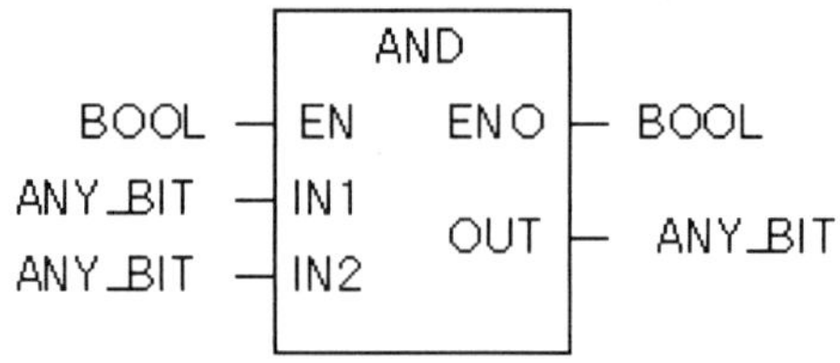

입력 EN : 1일 때 펑션 실행　　출력 ENO : EN값이 그대로 출력
IN1 : AND 될 값　　　　　　OUT : AND 된 값
IN2 : AND 할 값
*IN1, IN2, OUT에 연결되는 변수는 모두 같은 데이터 타입이어야 함.
*입력이 8개까지 확장 가능

[그림EXP 1.4.7] AND 명령

② OR

- IN1, IN2, …, IN8을 비트별로 OR해서 OUT으로 출력시킨다.
- OUT = IN1 + IN2 + … + IN8

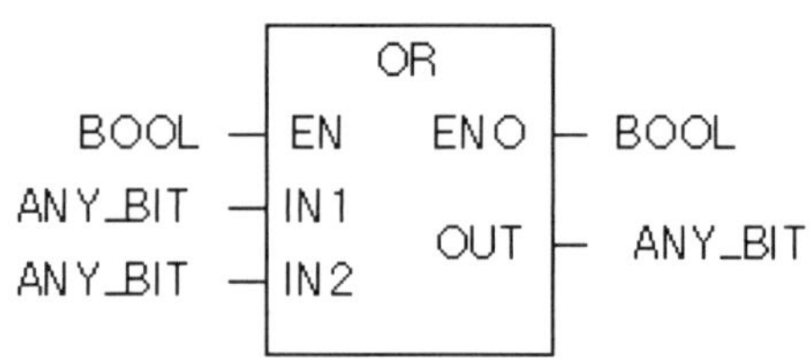

입력 EN : 1일 때 펑션 실행　　출력 ENO : EN값이 그대로 출력
IN1 : OR 될 값　　　　　　OUT : OR 된 값
IN2 : OR 할 값
*IN1, IN2, OUT에 연결되는 변수는 모두 같은 데이터 타입이어야 함.
*입력이 8개까지 확장 가능

[그림EXP 1.4.8] OR 명령

③ XOR

- IN1, IN2, …, IN8을 비트별로 XOR해서 OUT으로 출력시킨다.
- OUT = IN1 ⊗ IN2 ⊗ … ⊗ IN8

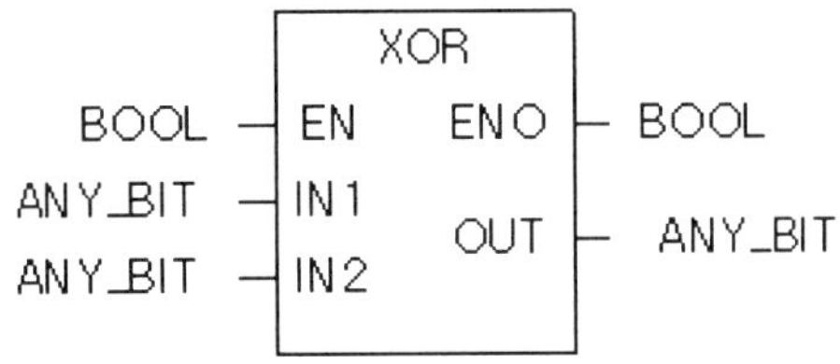

입력 EN : 1일 때 펑션 실행　　출력 ENO : EN값이 그대로 출력
IN1 : XOR 될 값　　　　　　OUT : XOR 된 값
IN2 : XOR 할 값
*IN1, IN2, OUT에 연결되는 변수는 모두 같은 데이터 타입이어야 함.
*입력이 8개까지 확장 가능

[그림EXP 1.4.9]　XOR 명령

④ NOT

- IN을 비트별로 NOT해서 OUT으로 출력시킨다.
- OUT $= \overline{\text{IN}}$

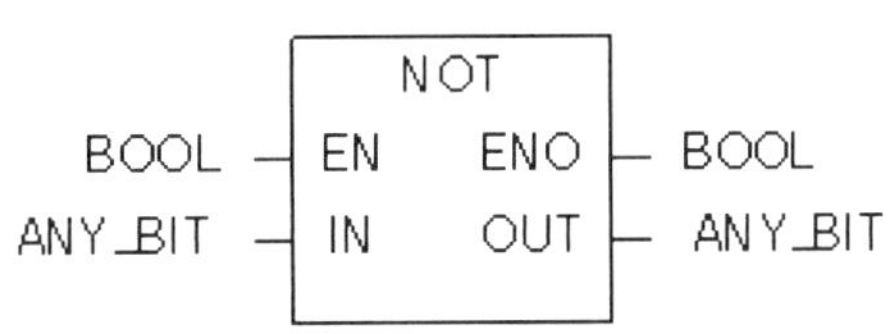

입력 EN : 1일 때 펑션 실행　　출력 ENO : '1'을 출력
IN : NOT 될 값　　　　　　OUT : NOT 된 값
*IN, OUT은 같은 데이터 타입이어야 함.

[그림EXP 1.4.10]　NOT 명령

(3) 비교연산

① GT

- IN1 > IN2 > IN3 > … >IN8이면 OUT에 '1'이 출력된다.

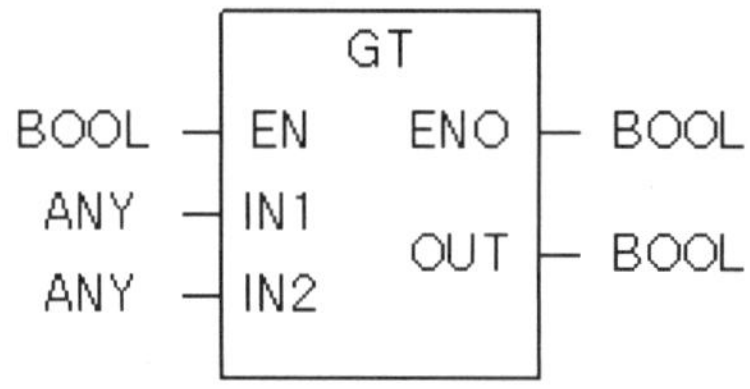

입력 EN : 1일 때 펑션 실행　　출력 ENO : EN값이 그대로 출력
IN1 : 비교될 값　　OUT : 비교결과 값
IN2 : 비교할 값
* IN1, IN2, OUT에 연결되는 변수는 모두 같은 데이터 타입이어야 함.
* 입력이 8개까지 확장 가능

[그림EXP 1.4.11] GT 명령

② GE

• IN1 ≥ IN2 ≥ IN3 ≥ … ≥ IN8이면 OUT에 '1'이 출력된다.

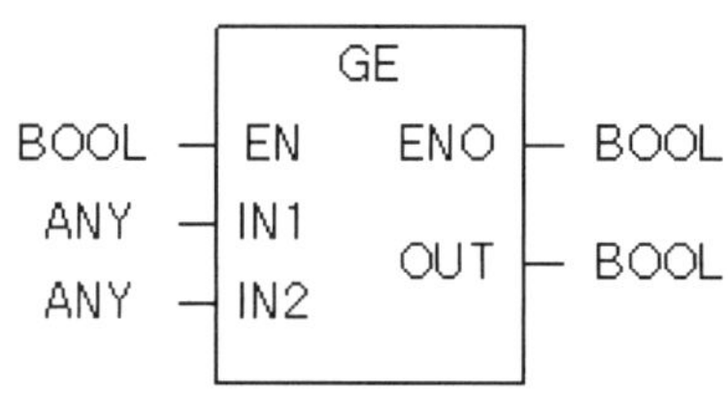

입력 EN : 1일 때 펑션 실행　　출력 ENO : EN값이 그대로 출력
IN1 : 비교될 값　　OUT : 비교결과 값
IN2 : 비교할 값
* IN1, IN2, OUT에 연결되는 변수는 모두 같은 데이터 타입이어야 함.
* 입력이 8개까지 확장 가능

[그림EXP 1.4.12] GE 명령

③ EQ

• IN1 = IN2 = IN3 = … =IN8이면 OUT에 '1'이 출력된다.

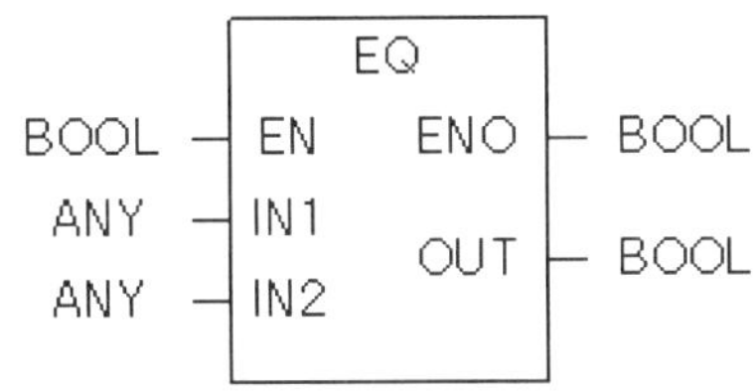

입력 EN : 1일 때 펑션 실행 　　출력 ENO : EN값이 그대로 출력
IN1 : 비교될 값 　　OUT : 비교결과 값
IN2 : 비교할 값
*IN1, IN2, OUT에 연결되는 변수는 모두 같은 데이터 타입이어야 함.
*입력이 8개까지 확장 가능

[그림EXP 1.4.13] EQ 명령

④ LE

• IN1 ≤ IN2 ≤ IN3 ≤ … ≤ IN8이면 OUT에 '1'이 출력된다.

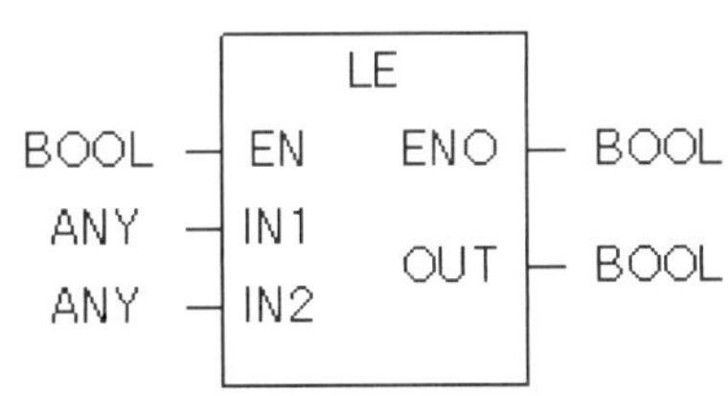

입력 EN : 1일 때 펑션 실행 　　출력 ENO : EN값이 그대로 출력
IN1 : 비교될 값 　　OUT : 비교결과 값
IN2 : 비교할 값
* IN1, IN2, OUT에 연결되는 변수는 모두 같은 데이터 타입이어야 함.
* 입력이 8개까지 확장 가능

[그림EXP 1.4.14] LE 명령

⑤ LT

• IN1 < IN2 < IN3 < … < IN8이면 OUT에 '1'이 출력된다.

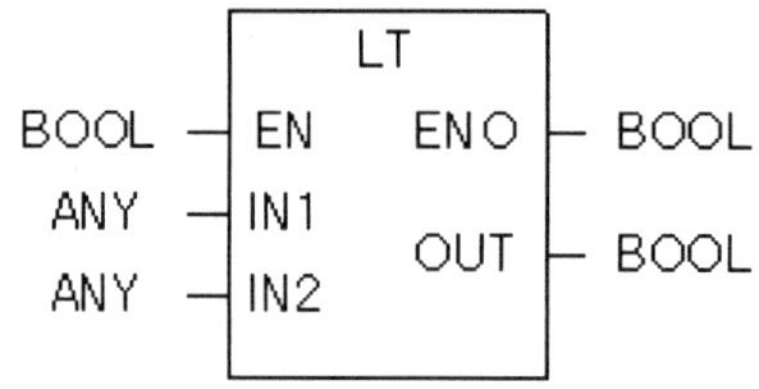

입력 EN : 1일 때 펑션 실행　　출력 ENO : EN값이 그대로 출력
IN1 : 비교될 값　　OUT : 비교결과 값
IN2 : 비교할 값
*IN1, IN2, OUT에 연결되는 변수는 모두 같은 데이터 타입이어야 함.
*입력이 8개까지 확장 가능

[그림EXP 1.4.15] LT 명령

⑥ NE

• IN1 $\neq$ IN2이면 OUT에 '1'이 출력된다.

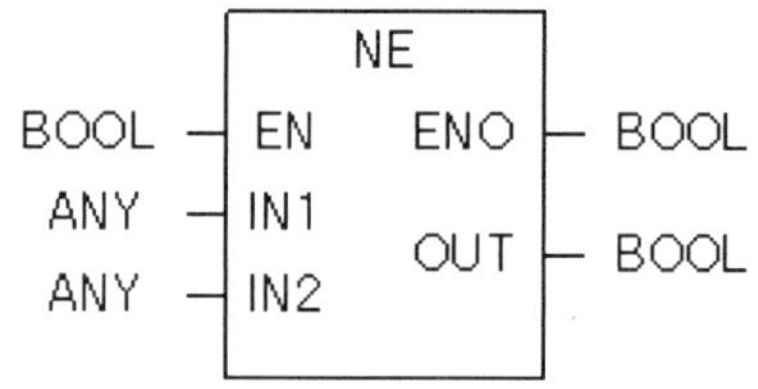

입력 EN : 1일 때 펑션 실행　　출력 ENO : EN값이 그대로 출력
IN1 : 비교될 값　　OUT : 비교 결과 값
IN2 : 비교할 값
* IN1, IN2, OUT에 연결되는 변수는 모두 같은 데이터 타입이어야 함.

[그림EXP 1.4.16] NE 명령

1.4.3 실 습

(1) 산술연산 명령 I

① 기 능

• '시작' 스위치를 ON하면 세 수를 더하여 결과를 표시한다.
• 세 수의 결과에서 다시 한 수를 감하여 결과를 표시한다.
• 계산이 완료되면 계산완료를 표시한다.

② 지역변수 목록

	변수 명	데이터 타입	메모리 할당	초기 값	변수 종류	사용 여부	설명문
1	시작	BOOL	%IX0.0.1		VAR	*	
2	OUTVAL1	INT	<자동>		VAR	*	
3	OUTVAL2	INT	<자동>		VAR	*	
4	VAL1	INT	<자동>	100	VAR	*	
5	VAL2	INT	<자동>	200	VAR	*	
6	VAL3	INT	<자동>	300	VAR	*	
7	VAL4	INT	<자동>	100	VAR	*	

[그림EXP 1.4.17] 지역변수 목록

③ 프로그램

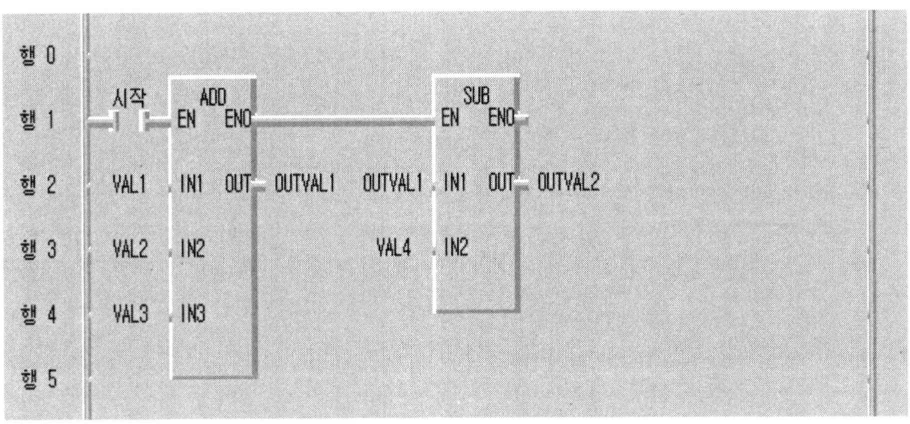

[그림EXP 1.4.18] 프로그램

(2) 산술연산 명령 Ⅱ

① 기 능

- '시작' 스위치를 ON하면 세 수를 곱하여 결과를 표시한다.
- 세 수의 결과에서 다시 한 수로 나누어 몫을 표시한다.
- 또한 나머지도 표시한다.

② 지역변수 목록

	변수 명	데이터 타입	메모리 할당	초기 값	변수 종류	사용 여부	설명문
1	나머지	INT	<자동>		VAR	*	
2	몫	INT	<자동>		VAR	*	
3	시작	BOOL	%IX0.0.1		VAR	*	
4	OUTVAL	INT	<자동>	0	VAR	*	
5	VAL1	INT	<자동>	100	VAR	*	
6	VAL2	INT	<자동>	2	VAR	*	
7	VAL3	INT	<자동>	3	VAR	*	
8	VAL4	INT	<자동>	2	VAR	*	

[그림EXP 1.4.19] 지역변수 목록

③ 프로그램

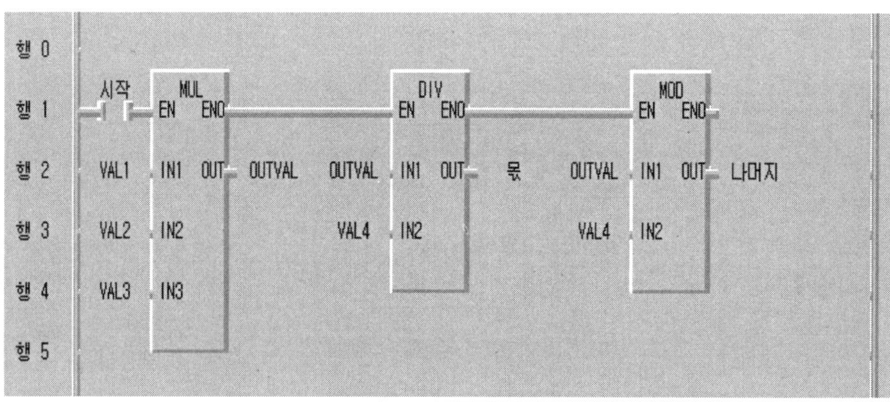

[그림EXP 1.4.20] 프로그램

(3) 논리연산 명령

① 기 능

- '시작' 스위치를 ON하면 두 수를 AND하여 결과를 표시한다.
- 그 결과값과 다시 또 다른 수와 OR하여 결과를 표시한다.
- 그 결과값과 다시 또 다른 수와 XOR하여 결과를 표시한다.

② 지역변수 목록

	변수 명	데이터 타입	메모리 할당	초기 값	변수 종류	사용 여부	설명문
1	시작	BOOL	%IX0.0.1		VAR	*	
2	OUTVAL1	BYTE	<자동>		VAR	*	
3	OUTVAL2	BYTE	<자동>		VAR	*	
4	OUTVAL3	BYTE	<자동>		VAR	*	
5	VAL1	BYTE	<자동>	16#CC	VAR	*	
6	VAL2	BYTE	<자동>	16#AB	VAR	*	
7	VAL3	BYTE	<자동>	16#77	VAR	*	
8	VAL4	BYTE	<자동>	16#55	VAR	*	

[그림EXP 1.4.21] 지역변수 목록

③ 프로그램

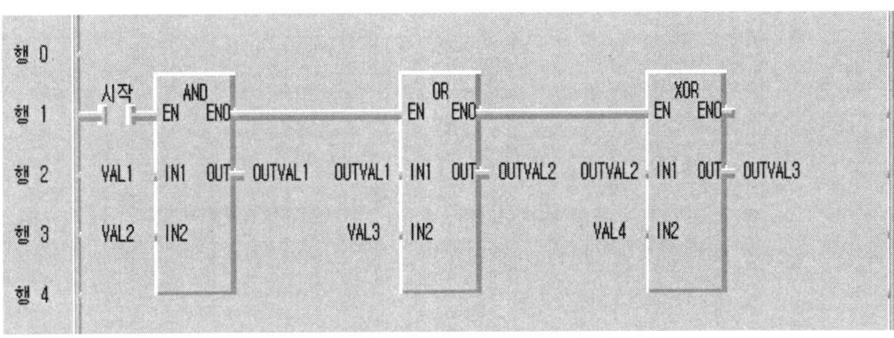

[그림EXP 1.4.22] 프로그램

(4) 비교연산 명령 I

① 기 능

- '시작' 스위치를 ON하면 두 수를 비교하여 결과를 표시한다.
- 첫 번째는 'VAL1'과 'VAL2'의 값을 비교하여 'VAL1'의 값이 클 때 출력을 '1'로 표시한다.
- 두 번째는 'VAL3'과 'VAL4'의 값을 비교하여 'VAL3'의 값이 크거나 같을 때 출력을 '1'로 표시한다.
- 세 번째는 'VAL5'와 'VAL6'의 값을 비교하여 두 값이 같을 때 출력을 '1'로 표시한다.

② 지역변수 목록

	변수 명	데이터 타입	메모리 할당	초기 값	변수 종류	사용 여부	설명문
1	시작	BOOL	%IX0.0.1		VAR	*	
2	OUTVAL1	BOOL	%QX0.5.1		VAR	*	
3	OUTVAL2	BOOL	%QX0.5.2		VAR	*	
4	OUTVAL3	BOOL	%QX0.5.3		VAR	*	
5	VAL1	INT	<자동>	200	VAR	*	
6	VAL2	INT	<자동>	300	VAR	*	
7	VAL3	INT	<자동>	200	VAR	*	
8	VAL4	INT	<자동>	200	VAR	*	
9	VAL5	INT	<자동>	200	VAR	*	
10	VAL6	INT	<자동>	200	VAR	*	

[그림EXP 1.4.23] 지역변수 목록

③ 프로그램

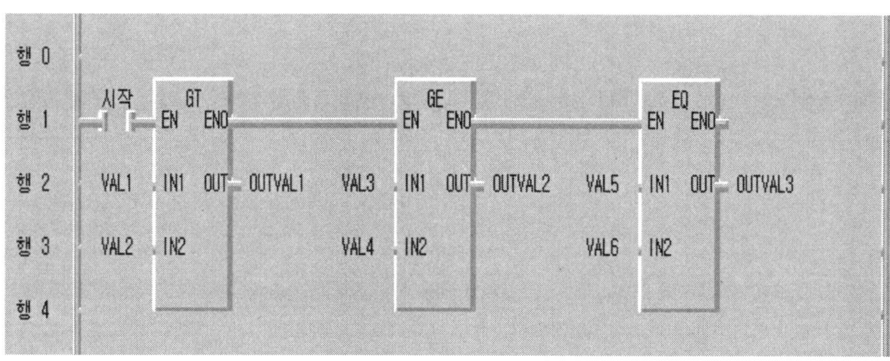

[그림EXP 1.4.24] 프로그램

(5) 비교연산 명령 Ⅱ

① 기 능

- '시작' 스위치를 ON하면 두 수를 비교하여 결과를 표시한다.
- 첫 번째는 'VAL1'과 'VAL2'의 값을 비교하여 'VAL1'의 값이 작을 때 출력을 '1'로 표시한다.
- 두 번째는 'VAL3'과 'VAL4'의 값을 비교하여 'VAL3'의 값이 작거나 같을 때 출력을 '1'로 표시한다.

- 세 번째는 'VAL5'와 'VAL6'의 값을 비교하여 두 값이 같지 않을 때 출력을 '1'로 표시한다.

② 지역변수 목록

	변수 명	데이터 타입	메모리 할당	초기 값	변수 종류	사용 여부	설명문
1	시작	BOOL	%IX0.0.1		VAR	*	
2	OUTVAL1	BOOL	%QX0.5.1		VAR	*	
3	OUTVAL2	BOOL	%QX0.5.2		VAR	*	
4	OUTVAL3	BOOL	%QX0.5.3		VAR	*	
5	VAL1	INT	<자동>	200	VAR	*	
6	VAL2	INT	<자동>	300	VAR	*	
7	VAL3	INT	<자동>	200	VAR	*	
8	VAL4	INT	<자동>	200	VAR	*	
9	VAL5	INT	<자동>	200	VAR	*	
10	VAL6	INT	<자동>	300	VAR	*	

[그림EXP 1.4.25] 지역변수 목록

③ 프로그램

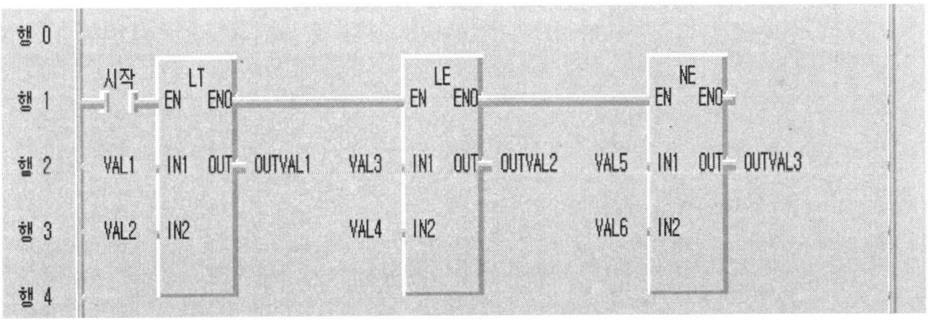

[그림EXP 1.4.26] 프로그램

1.4.4 실습결과

(1) 산술연산 명령 I

[그림EXP 1.4.18]을 프로그램한 후 〈표EXP 1.4.1〉에서 VAL1, VAL2, VAL3, VAL4의 값에 따라 결과를 확인하여 OUTVAL1, OUTVAL2의 값을 기록한다.

〈표EXP 1.4.1〉

	VAL1	VAL2	VAL3	VAL4	OUTVAL1	OUTVAL2
1	100	200	300	100		
2	32767	1	1	1		
3	−32766	−1	−1	1		

(2) 산술연산 명령 Ⅱ

[그림EXP 1.4.20]을 프로그램한 후 〈표EXP 1.4.2〉에서 VAL1, VAL2, VAL3, VAL4의 값에 따라 결과를 확인하여 OUTVAL, 몫, 나머지의 값을 기록한다.

〈표EXP 1.4.2〉

	VAL1	VAL2	VAL3	VAL4	OUTVAL1	몫	나머지
1	100	2	3	2			
2	32767	2	1	3			
3	16#11	16#2	1	3			

(3) 논리연산 명령

[그림EXP 1.4.22]를 프로그램 한 후 〈표EXP 1.4.3〉에서 VAL1, VAL2, VAL3, VAL4의 값에 따라 결과를 확인하여 OUTVAL, 몫, 나머지의 값을 기록한다.

〈표EXP 1.4.3〉

	VAL1	VAL2	VAL3	VAL4	OUTVAL1	OUTVAL2	OUTVAL3
1	16#CC	16#AB	16#77	16#55			
2	16	21	33	44			
3	100	150	200	250			

(4) 비교연산 명령 Ⅰ

[그림EXP 1.4.24]를 프로그램한 후 〈표EXP 1.4.4〉에서 VAL1, VAL2, VAL3, VAL4, VAL5, VAL6의 값에 따라 결과를 확인하여 OUTVAL1, OUTVAL2, OUTVAL3의 상태를 기록한다.

〈표EXP 1.4.4〉

	VAL1	VAL2	VAL3	VAL4	VAL5	VAL6	OUTVAL1	OUTVAL2	OUTVAL3
1	250	240	300	280	500	500			
2	16#CC	16#AB	8#17	16#13	19	8#23			
3	50	16#35	25	8#25	64	16#64			

(5) 비교연산 명령 Ⅱ

[그림EXP 1.4.26]을 프로그램한 후 〈표EXP 1.4.5〉에서 VAL1, VAL2, VAL3, VAL4, VAL5, VAL6의 값에 따라 결과를 확인하여 OUTVAL1, OUTVAL2, OUTVAL3 의 상태를 기록한다.

〈표EXP 1.4.5〉

	VAL1	VAL2	VAL3	VAL4	VAL5	VAL6	OUTVAL1	OUTVAL2	OUTVAL3
1	250	240	300	280	500	500			
2	16#CC	16#AB	8#17	16#13	19	8#23			
3	50	16#35	25	8#25	64	16#64			

1.5 데이터 이동 펑션

1.5.1 실습의 목적

① 데이터 이동명령의 동작 및 프로그램 방법을 이해한다.
② BIT 이동명령의 동작 및 프로그램 방법을 이해한다.
③ BIT 회전명령의 동작 및 프로그램 방법을 이해한다.

1.5.2 관련지식

(1) MOVE

- IN의 값을 OUT으로 옮긴다.

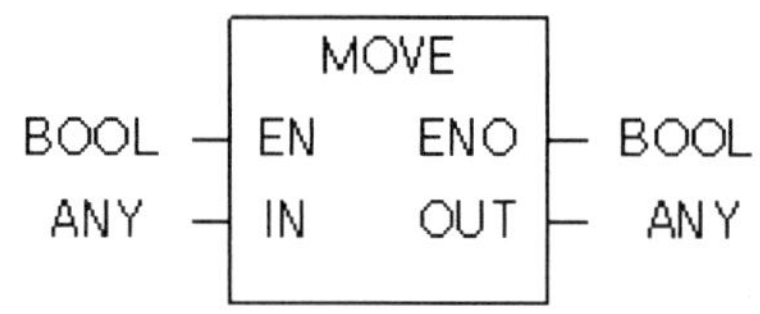

입력 EN : 1일 때 펑션 실행　　출력 ENO : EN값이 그대로 출력
IN : MOVE할 값　　OUT : MOVE된 값

* IN, OUT에 연결되는 변수는 모두 같은 데이터 타입이어야 함.

[그림EXP 1.5.1] MOVE 명령

(2) SHL

- 입력 IN을 N 비트 수만큼 왼쪽으로 이동한다.
- 입력 IN의 맨 오른쪽에 있는 N개 비트는 0으로 채워진다.

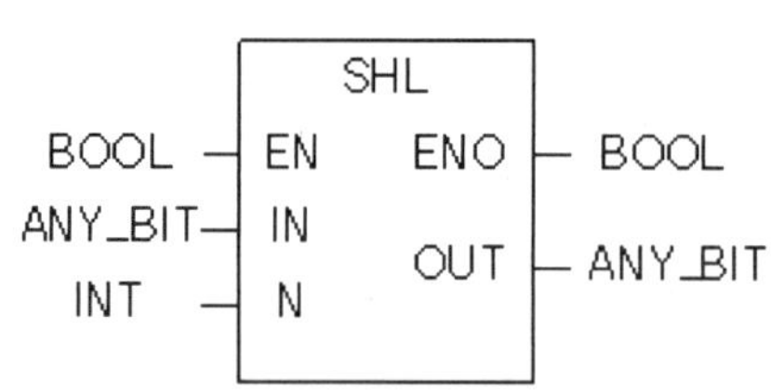

입력 EN : 1일 때 펑션 실행　　출력 ENO : EN값이 그대로 출력
IN : 이동될 비트열　　OUT : 이동된 값
N : 이동할 비트수

[그림EXP 1.5.2] SHL 명령

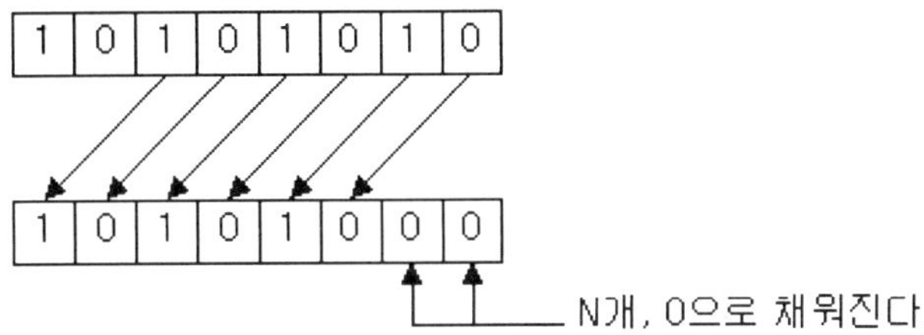

[그림EXP 1.5.3] SHL 동작

(3) SHR

- 입력 IN을 N 비트 수만큼 오른쪽으로 이동한다.
- 입력 IN의 맨 왼쪽에 있는 N개 비트는 0으로 채워진다.

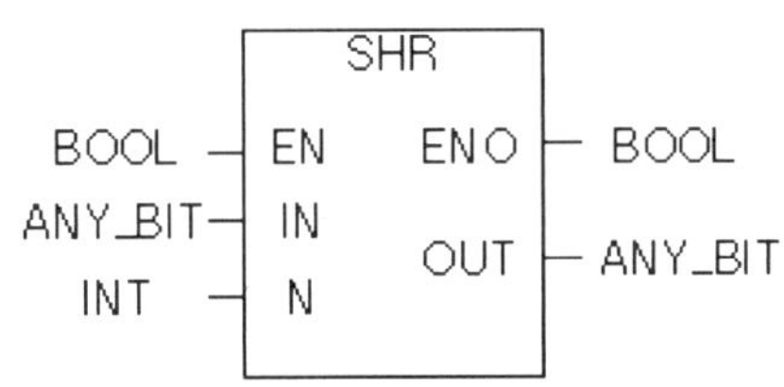

입력 EN : 1일 때 펑션 실행 출력 ENO : EN값이 그대로 출력
IN : 이동될 비트열 OUT : 이동된 값
N : 이동할 비트수

[그림EXP 1.5.4] SHR 명령

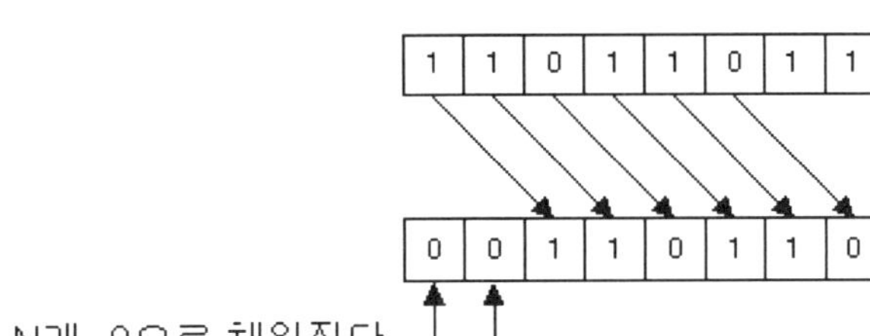

[그림EXP 1.5.5] SHR 동작

(4) ROL

• 입력 IN을 N 비트 수만큼 왼쪽으로 회전시킨다.

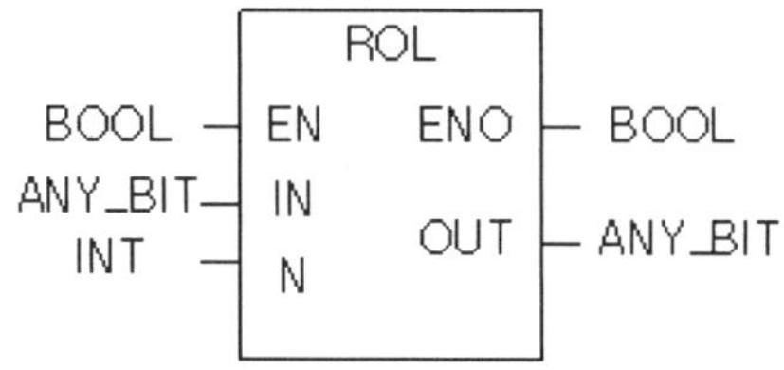

입력 EN : 1일 때 펑션 실행 출력 ENO : EN값이 그대로 출력
IN : 회전될 값 OUT : 회전된 값
N : 회전할 비트수

[그림EXP 1.5.6] ROL 명령

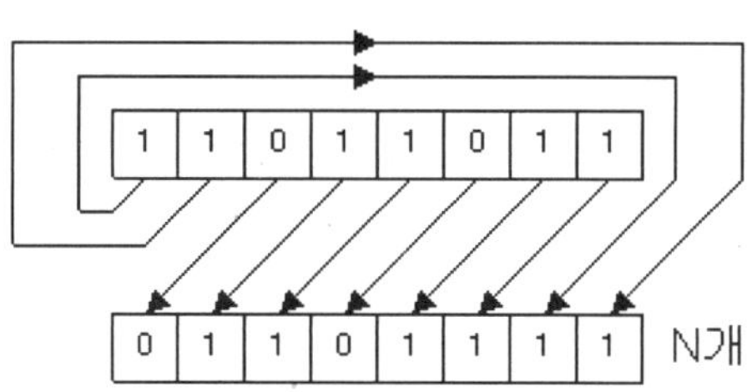

[그림EXP 1.5.7] ROL 동작

(5) ROR

• 입력 IN을 N 비트 수만큼 오른쪽으로 회전시킨다.

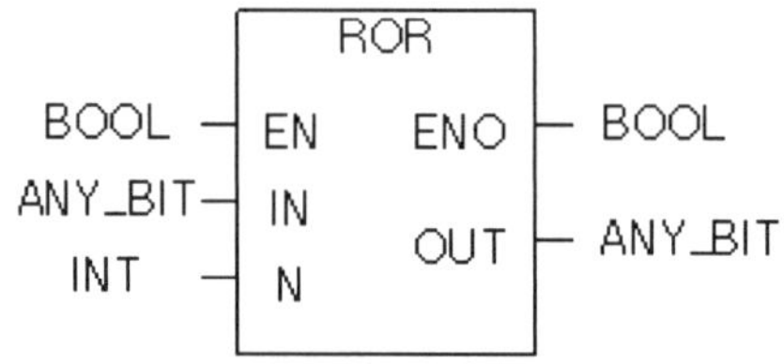

입력 EN : 1일 때 펑션 실행 출력 ENO : EN값이 그대로 출력
IN : 회전될 값 OUT : 회전된 값
N : 회전할 비트수

[그림EXP 1.5.8] ROR 명령

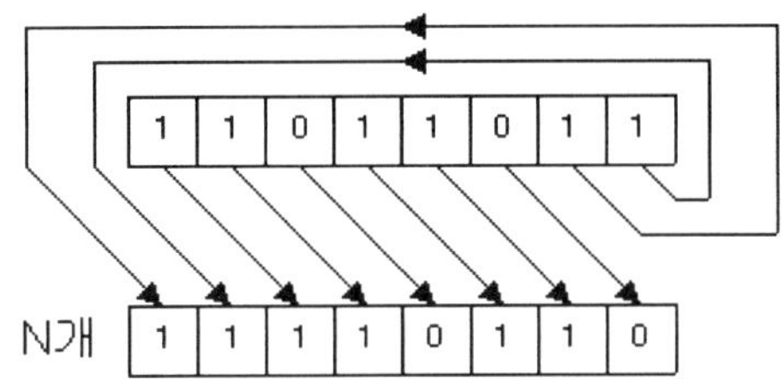

[그림EXP 1.5.9] ROR 동작

1.5.3 실 습

(1) MOVE

① 기 능

- '시작' 스위치를 ON하면 1번 유니트의 16비트 값을 D에 저장한다.
- D의 값을 반전(NOT)시킨 후 E에 저장한다.
- E의 값을 4번 유니트로 출력한다.

② 지역변수 목록

	변수 명	데이터 타입	메모리 할당	초기 값	변수 종류	사용 여부	설명문
1	시작	BOOL	%IX0.0.1		VAR	*	
2	입력	WORD	%IW0.1.0		VAR	*	
3	출력	WORD	%QW0.4.0		VAR	*	
4	D	WORD	<자동>		VAR	*	
5	E	WORD	<자동>		VAR	*	

[그림EXP 1.5.10] 지역변수 목록

③ 프로그램

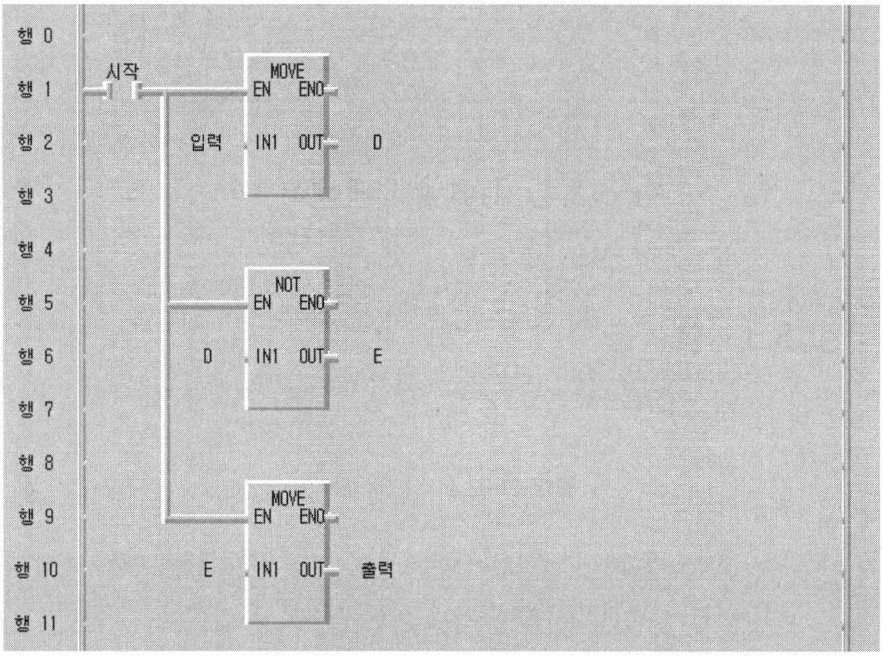

[그림EXP 1.5.11] 프로그램

(2) SHL

① 기 능

- '시작' 스위치를 ON하면 1번 유니트의 16비트 값을 2비트 좌로 이동시켜 D에 저장한다.
- D의 값을 반전(NOT)시킨 후 4번 유니트로 출력한다.

② 지역변수 목록

	변수 명	데이터 타입	메모리 할당	초기 값	변수 종류	사용 여부	설명문
1	시작	BOOL	%IX0.0.1		VAR	*	
2	입력	WORD	%IW0.1.0		VAR	*	
3	출력	WORD	%QW0.4.0		VAR	*	
4	D	WORD	<자동>		VAR	*	

[그림EXP 1.5.12] 지역변수 목록

③ 프로그램

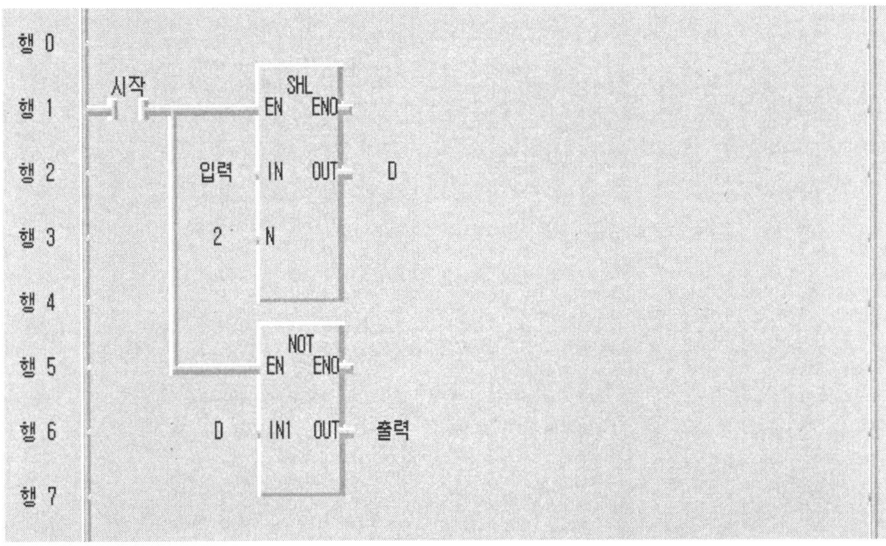

[그림EXP 1.5.13] 프로그램

(3) SHR

① 기 능

- '시작' 스위치를 ON하면 1번 유니트의 16비트 값을 2비트 우로 이동시켜 D에 저장한다.
- D의 값을 반전(NOT)시킨 후 4번 유니트로 출력한다.

② 지역변수 목록

	변수 명	데이터 타입	메모리 할당	초기 값	변수 종류	사용 여부	설명문
1	시작	BOOL	%IX0.0.1		VAR	*	
2	입력	WORD	%IW0.1.0		VAR	*	
3	출력	WORD	%QW0.4.0		VAR	*	
4	D	WORD	<자동>		VAR	*	

[그림EXP 1.5.14] 지역변수 목록

③ 프로그램

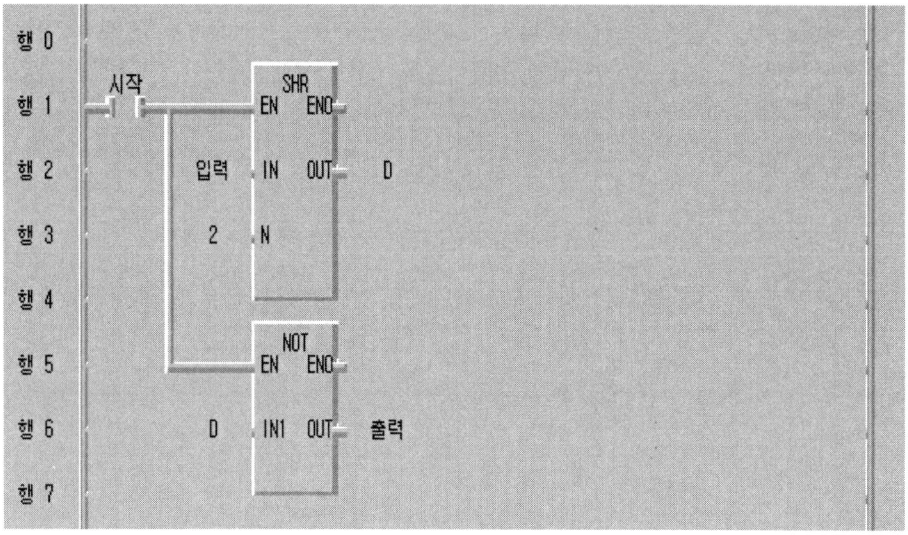

[그림EXP 1.5.15] 프로그램

(4) ROL

① 기 능

- '시작' 스위치를 ON하면 1번 유니트의 16비트 값을 2비트 좌로 회전시켜 D에 저장한다.
- D의 값을 반전(NOT)시킨 후 4번 유니트로 출력한다.

② 지역변수 목록

	변수 명	데이터 타입	메모리 할당	초기 값	변수 종류	사용 여부	설명문
1	시작	BOOL	%IX0.0.1		VAR	*	
2	입력	WORD	%IW0.1.0		VAR	*	
3	출력	WORD	%QW0.4.0		VAR	*	
4	D	WORD	<자동>		VAR	*	

[그림EXP 1.5.16] 지역변수 목록

③ 프로그램

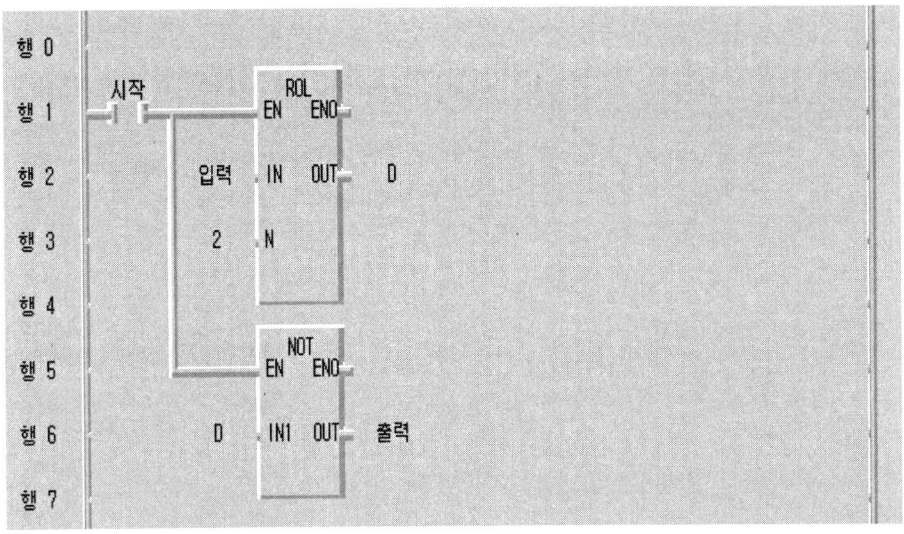

[그림EXP 1.5.17] 프로그램

(5) ROR

① 기 능

- '시작' 스위치를 ON하면 1번 유니트의 16비트 값을 2비트 우로 회전시켜 D에 저장한다.
- D의 값을 반전(NOT)시킨 후 4번 유니트로 출력한다.

② 지역변수 목록

	변수 명	데이터 타입	메모리 할당	초기 값	변수 종류	사용 여부	설명문
1	시작	BOOL	%IX0.0.1		VAR	*	
2	입력	WORD	%IW0.1.0		VAR	*	
3	출력	WORD	%QW0.4.0		VAR	*	
4	D	WORD	<자동>		VAR	*	

[그림EXP 1.5.18] 지역변수 목록

③ 프로그램

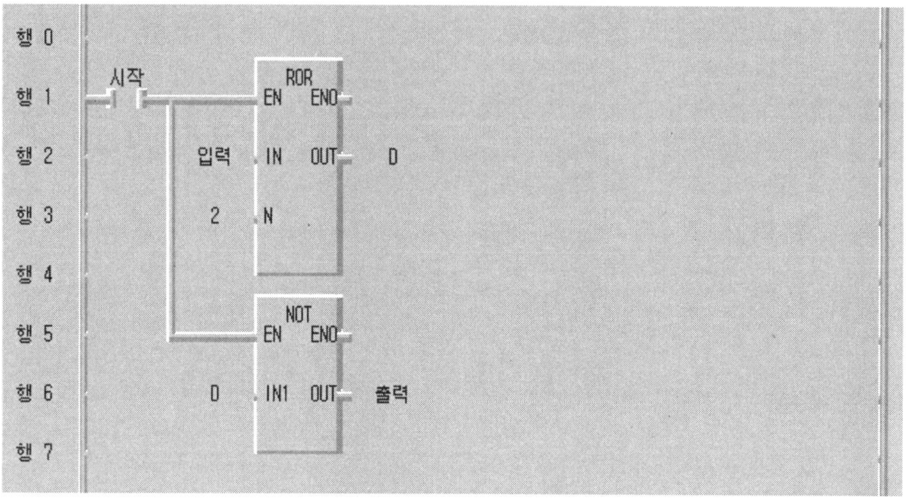

[그림EXP 1.5.19] 프로그램

1.5.4 실습결과

(1) MOVE

[그림EXP 1.5.11]을 프로그램한 후 〈표EXP 1.5.1〉에서 입력의 값에 따라 결과를 확인하여 값을 기록한다.

〈표EXP 1.5.1〉

	입 력	출 력
1	16#AAAA	
2	16#0505	
3	16#FEFE	

(2) SHL

[그림EXP 1.5.13]을 프로그램한 후 〈표EXP 1.5.2〉에서 입력의 값에 따라 결과를 확인하여 D의 값과 출력값을 기록한다.

〈표EXP 1.5.2〉

	입 력	D	출 력
1	16#AAAA		
2	16#0707		
3	16#3333		

(3) SHR

[그림EXP 1.5.15]를 프로그램한 후 〈표EXP 1.5.3〉에서 입력의 값에 따라 결과를 확인하여 D의 값과 출력값을 기록한다.

〈표EXP 1.5.3〉

	입 력	D	출 력
1	16#AAAA		
2	16#8888		
3	16#CCCC		

(4) ROL

[그림EXP 1.5.17]을 프로그램한 후 〈표EXP 1.5.3〉에서 입력의 값에 따라 결과를 확인하여 D의 값과 출력값을 기록한다.

〈표EXP 1.5.4〉

	입 력	D	출 력
1	16#AAAA		
2	16#8888		
3	16#CCCC		

(5) ROR

[그림EXP 1.5.19]를 프로그램한 후 〈표EXP 1.5.3〉에서 입력의 값에 따라 결과를 확인하여 D의 값과 출력값을 기록한다.

〈표EXP 1.5.5〉

	입 력	D	출 력
1	16#AAAA		
2	16#8888		
3	16#CCCC		

제 2 장
SFC 프로그래밍

2.1 직렬연결

2.1.1 실습의 목적

① SFC 프로그램의 기초를 이해한다.
② 직렬연결 된 SFC의 동작 및 방법을 이해한다.
③ 액션의 구성, 동작 및 방법을 이해한다.
④ 트랜지션의 구성, 동작 및 방법을 이해한다.

2.1.2 관련지식

직렬연결은 초기 스텝부터 마지막 스텝까지 직렬연결 되어 있는 시퀀스로 [그림EXP 2.1.1]과 같다.

전개규칙은 다음과 같다.

① 2개의 스텝은 직접 연결되지 않고 항상 트랜지션에 의해 분리된다.
② 2개의 트랜지션은 직접 연결되지 않고 항상 스텝에 의해 분리된다.

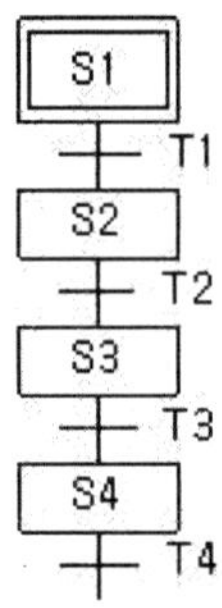

[그림EXP 2.1.1] 직렬연결

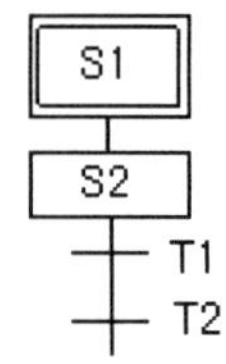

[그림EXP 2.1.2] 잘못된 예

③ 스텝과 스텝과의 이행은 상위 스텝이 활성화된 상태에서 다음에 연결된 트랜지션의 이행조건이 1로 되면 하위 스텝이 활성화 상태가 된다.

[그림EXP 2.1.2]는 잘못 연결된 예를 보여준다. [그림EXP 2.1.2]는 스텝이 연속으로 연결되어 잘못되었고, 트랜지션이 연속으로 되어 잘못되었다.

2.1.3 실 습

(1) Motor ON/OFF 제어

① 구 성

- 직류 모터가 1개로 구성된다.
- 스위치는 '시동 스위치', '정지 스위치'로 구성된다.

② 기 능

- '시동 스위치'를 누르면 Motor가 회전을 한다.
- '정지 스위치'를 누르면 Motor가 정지한다.

③ 지역변수 목록

	변수 명	데이터 타입	메모리 할당	초기 값	변수 종류	사용 여부	설명문
1	GOTO_S1	BOOL	<자동>		<SFC Go To Initial Step>	*	
2	TRANS	BOOL	<자동>		<SFC transition>	*	
3	시동	BOOL	%IX0.0.1		VAR	*	
4	정지	BOOL	%IX0.0.2		VAR	*	
5	모터회전	BOOL	%QX0.5.1		VAR	*	

[그림EXP 2.1.3] 지역변수 목록

④ 프로그램

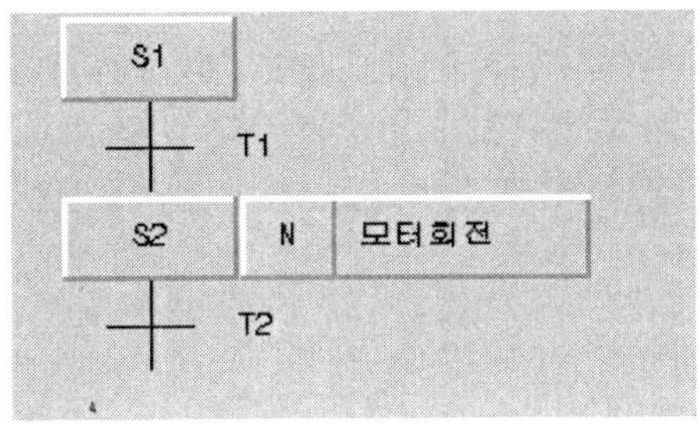

[그림EXP 2.1.4] 프로그램

(a) T1의 내용

(b) S2의 내용

(c) T2의 내용

[그림EXP 2.1.5] 스텝과 트랜지션 내용

(2) 천 공 기

① 구 성

- 천공기의 모터는 상승 및 하강 모터 1개로 구성된다.
- 스위치는 '시동 스위치', '정지 스위치' 2개로 구성된다.
- 센서는 '상위치 센서', '하위치 센서' 2개로 구성된다.

② 기 능

- 초기에 천공기의 위치는 상위치에 있다.
- '시동 스위치'를 누르면 천공기가 하강한다.
- '하위치 센서'가 ON이 되면 천공기가 상승한다.
- '상위치 센서'가 ON이 되면 천공기가 정지한다.

③ 지역변수 목록

	변수 명	데이터 타입	메모리 할당	초기 값	변수 종류	사용 여부	설명문
1	GOTO_S1	BOOL	<자동>		<SFC Go To Initial Step>	*	
2	TRANS	BOOL	<자동>		<SFC transition>	*	
3	시동	BOOL	%IX0.0.1		VAR	*	
4	상위치	BOOL	%IX0.0.2		VAR	*	
5	하위치	BOOL	%IX0.0.3		VAR	*	
6	하강	BOOL	%QX0.5.1		VAR	*	
7	상승	BOOL	%QX0.5.2		VAR	*	

[그림EXP 2.1.6] 지역변수 목록

④ 프로그램

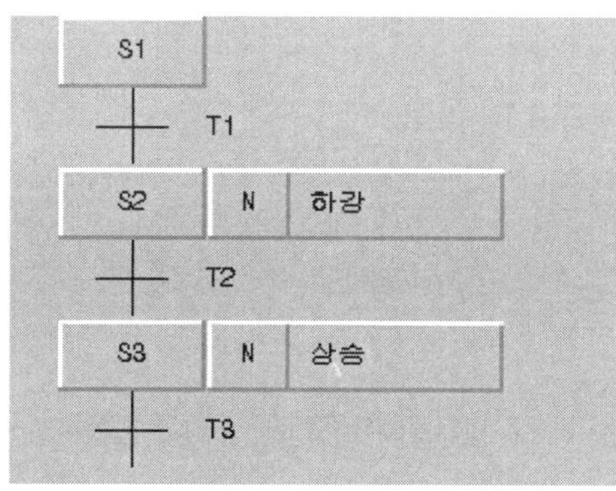

[그림EXP 2.1.7] 프로그램

(a) T1의 내용

(b) S2의 내용

(c) T2의 내용

(d) S3의 내용

(e) T3의 내용

[그림EXP 2.1.8] 스텝과 트랜지션 내용

(3) 드 릴 링

① 구 성

- 드릴링의 모터는 회전 모터와 상승 및 하강 모터 2개로 구성된다.
- 스위치는 '시동 스위치', '정지 스위치' 2개로 구성된다.
- 센서는 '상위치 센서', '하위치 센서'로 구성된다.

② 기 능

- 초기에 드릴의 위치는 상위치에 있다.
- '시동 스위치'를 누르면 드릴이 회전한다.
- 2초 후에 드릴이 회전하면서 하강한다.
- '하위치 센서'가 ON이 되면 드릴이 상승한다.
- '상위치 센서'가 ON이 되면 드릴이 정지한다.

③ 지역변수 목록

	변수 명	데이터 타입	메모리 할당	초기 값	변수 종류	사용 여부	설명문
1	TRANS	BOOL	<자동>		<SFC transitio		
2	TON	FB Instance	<자동>		VAR		
3	INSTO	FB Instance	<자동>		VAR		
4	GOTO_S1	BOOL	<자동>		<SFC Go To Ini		
5	M2	BOOL	%QX0.2.6		VAR		
6	상승	BOOL	%QX0.2.5		VAR		
7	하강	BOOL	%QX0.2.4		VAR		
8	M3	BOOL	%QX0.2.3		VAR		
9	M1	BOOL	%QX0.2.2		VAR		
10	드릴회전	BOOL	%QX0.2.1		VAR		
11	SW	BOOL	%IX0.0.4		VAR		
12	상위치	BOOL	%IX0.0.3		VAR		
13	하위치	BOOL	%IX0.0.2		VAR		
14	시동	BOOL	%IX0.0.1		VAR		

[그림EXP 2.1.9] 지역변수 목록

④ 프로그램

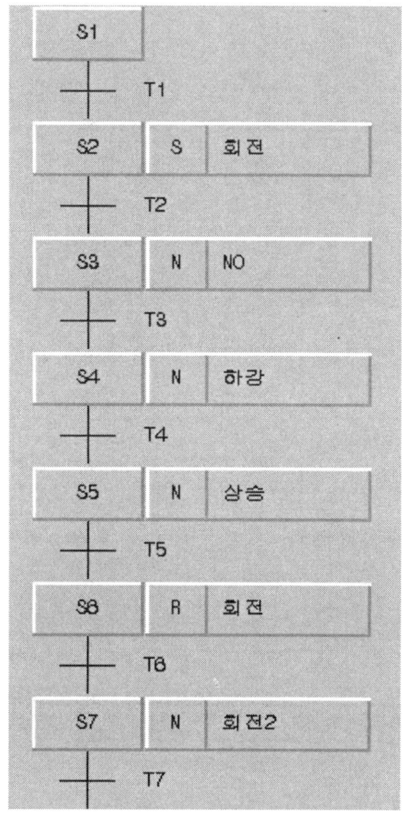

[그림EXP 2.1.10] 프로그램

(a) T1의 내용

(b) S2의 내용

(c) T2의 내용

(d) S3의 내용

[그림EXP 2.1.11] 스텝과 트랜지션 내용(1)

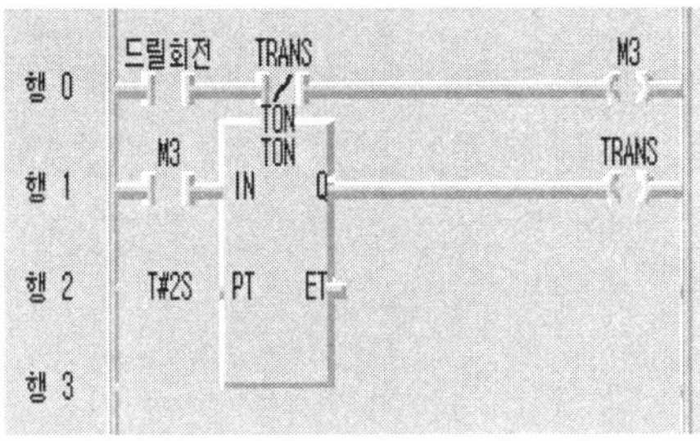

(e) T3의 내용

(f) S4의 내용

(g) T4의 내용

(h) S5의 내용

(i) T5의 내용

(j) S6의 내용

(k) T6의 내용

(l) S7의 내용

(m) T7의 내용

[그림EXP 2.1.11] 스텝과 트랜지션 내용(2)

2.1.4 실습순서

(1) Motor ON/OFF 제어

① [그림EXP 2.1.4] 프로그램에서 순서를 기록한다.
(예 : S1 → T1 → S2 → …)

〈표EXP 2.1.1〉

순서	1	2	3	4	비고

② 스텝 S2의 제한자를 'S'로 했을 때 프로그램을 수정한다.

(2) 천 공 기

① [그림EXP 2.1.7] 프로그램에서 순서를 기록한다.

〈표EXP 2.1.2〉

순서	1	2	3	4	5	6	비고

② 스텝 S2와 스텝 S3의 제한자를 'S'로 했을 때 프로그램을 수정한다.

(3) 드 릴 링

① [그림EXP 2.1.10] 프로그램에서 순서를 기록한다.

〈표EXP 2.1.3〉

순서	1	2	3	4	5	6	7	8	비고

② 스텝 S2, 스텝 S3, 스텝 S4의 제한자를 'S'로 했을 때 프로그램을 수정한다.

2.2 선택분기

2.2.1 실습의 목적

① 선택분기 SFC의 동작 및 방법을 이해한다.
② 액션의 구성, 동작 및 방법을 이해한다.
③ 트랜지션의 구성, 동작 및 방법을 이해한다.

2.2.2 관련지식

선택분기는 [그림EXP 2.2.1]과 같다.

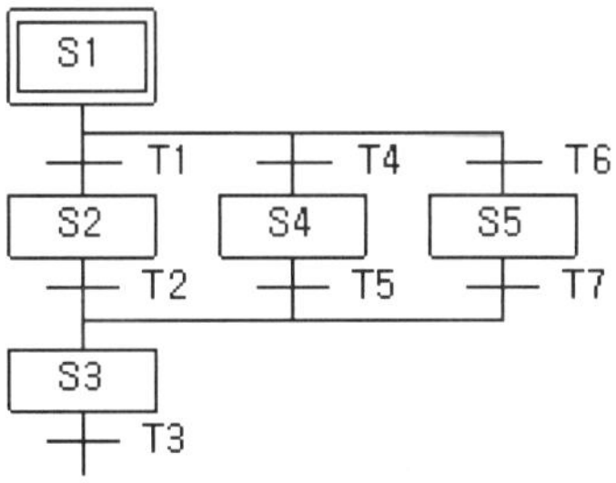

[그림EXP 2.2.1] 선택분기

[그림EXP 2.2.1]에서 S1 스텝이 활성화되고, T1, T4, T6 조건에 따라 S2, S4, S5 스텝이 활성화 상태가 되는 분기를 말한다.

선택 시퀀스의 전개규칙은 다음과 같다.

① 선택분기로 연결되어 있으면 상위 스텝이 활성화된 상태에서 다음에 연결된 2개 이상의 트랜지션 중 이행조건이 1로 된 곳의 다음 스텝이 활성화된다.

② 선택분기는 여러 트랜지션 중 먼저 1로 된 곳의 해당 액션만 실행되고 나머지 액션은 실행되지 않는다.

③ JUMP의 삽입은 선택분기의 끝에만 가능하다.

[그림EXP 2.2.1]에서 실행되는 순서는 다음과 같다.

- T1의 이행조건이 '1'일 때 [S1 → S2 → S3]의 순으로 스텝이 활성화된다.
- T4의 이행조건이 '1'일 때 [S1 → S4 → S3]의 순으로 스텝이 활성화된다.
- T6의 이행조건이 '1'일 때 [S1 → S5 → S3]의 순으로 스텝이 활성화된다.

그러나 이행조건이 동시에 '1'이 되었을 경우에는 가장 왼쪽에 있는 트랜지션 쪽으로 전개된다.

- T1과 T4의 이행조건이 동시에 '1'이 되었을 때 [S1 → S2 → S3]의 순으로 스텝이 활성화된다.
- T4와 T5의 이행조건이 동시에 '1'이 되었을 때 [S1 → S4 → S3]의 순으로 스텝이 활성화된다.

2.2.3 실 습

(1) 선택 기능

① 기 능

- 초기에 '스위치1'을 누르면 모터가 회전한다.
- 초기에 '스위치3'을 누르면 램프가 점등한다.
- '스위치2' 또는 '스위치4'를 누르면 도어가 하강한다.
- '스위치5'를 누르면 도어가 상승한다.
- '스위치6'을 누르면 모든 상태가 초기상태로 돌아간다.

② 지역변수 목록

	변수 명	데이터 타입	메모리 할당	초기 값	변수 종류	사용 여부	설명문
1	GOTO_S1	BOOL	<자동>		<SFC Go To Initial Step>	*	
2	TRANS	BOOL	<자동>		<SFC transition>	*	
3	스위치1	BOOL	%IX0.0.1		VAR	*	
4	스위치2	BOOL	%IX0.0.2		VAR	*	
5	스위치3	BOOL	%IX0.0.3		VAR	*	
6	스위치4	BOOL	%IX0.0.4		VAR	*	
7	스위치5	BOOL	%IX0.0.5		VAR	*	
8	스위치6	BOOL	%IX0.0.6		VAR	*	
9	램프점등	BOOL	%QX0.5.1		VAR	*	
10	모터회전	BOOL	%QX0.5.2		VAR	*	
11	도어하강	BOOL	%QX0.5.3		VAR	*	
12	도어상승	BOOL	%QX0.5.4		VAR	*	

[그림EXP 2.2.2] 지역변수 목록

③ 프로그램

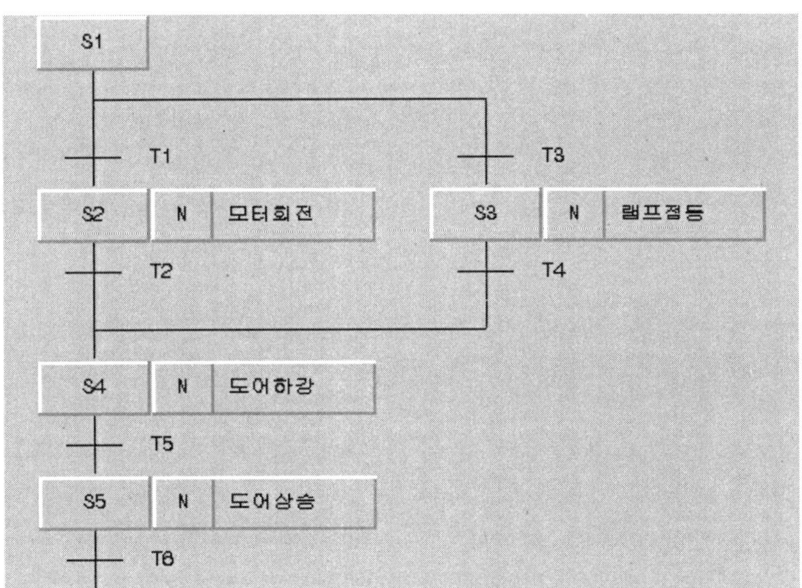

[그림EXP 2.2.3] 프로그램

(a) T1의 내용

(b) S2의 내용

(c) T2의 내용

(d) T3의 내용

(e) S3의 내용

(f) T4의 내용

(g) S4의 내용

(h) T5의 내용

(i) S5의 내용

(j) T6의 내용

[그림EXP 2.2.4] 스텝과 트랜지션 내용

(2) Motor의 회전수 선택 제어

① 기 능

- 초기에 '스위치 1'이 ON이면, 컨베이어를 1스텝 이동한다.
- '센서 1'과 '센서 2'가 동시에 ON이면 물품 받침대를 45도 회전한다.
- 45도 회전은 카운트 펄스가 5개 입력되면 된다.
- '센서 1'과 '센서 2' 중 하나만 ON이면 물품 받침대를 90도 회전한다.
- 90도 회전은 카운트 펄스가 10개 입력되면 된다.
- 회전이 완료되면 컨베이어를 1스텝 이동한다.
- 물품대기 센서가 ON이 되면 초기로 돌아간다.

② 지역변수 목록

	변수 명	데이터 타입	메모리 할당	초기 값	변수 종류	사용 여부	설명문
1	GOTO_S1	BOOL	<자동>		<SFC Go To Initial Step>	*	
2	TRANS	BOOL	<자동>		<SFC transition>	*	
3	열회전	FB Instance	<자동>		VAR	*	
4	오회전	FB Instance	<자동>		VAR	*	
5	스위치1	BOOL	%IX0.0.1		VAR	*	
6	감지센서1	BOOL	%IX0.0.2		VAR	*	
7	감지센서2	BOOL	%IX0.0.3		VAR	*	
8	대기센서	BOOL	%IX0.0.4		VAR	*	
9	회전수	BOOL	%IX0.0.5		VAR	*	
10	컨베이어이동	BOOL	%QX0.5.1		VAR	*	
11	모터회전	BOOL	%QX0.5.2		VAR	*	

[그림EXP 2.2.5] 지역변수 목록

③ 프로그램

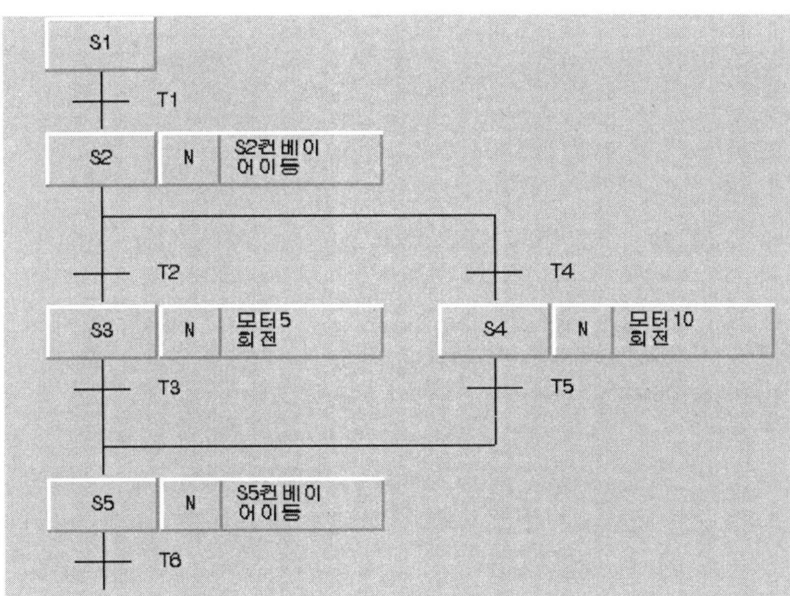

[그림EXP 2.2.6] 프로그램

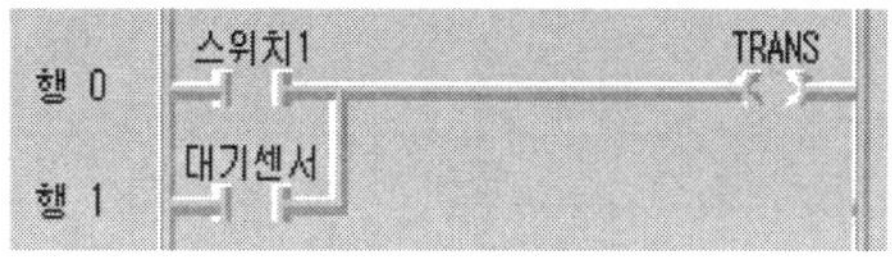

(a) T1의 내용

(b) S2의 내용

(c) T2의 내용

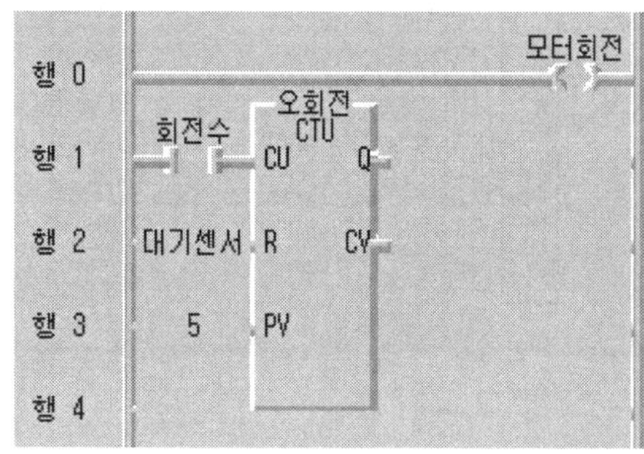

(d) S3의 내용

(e) T3의 내용

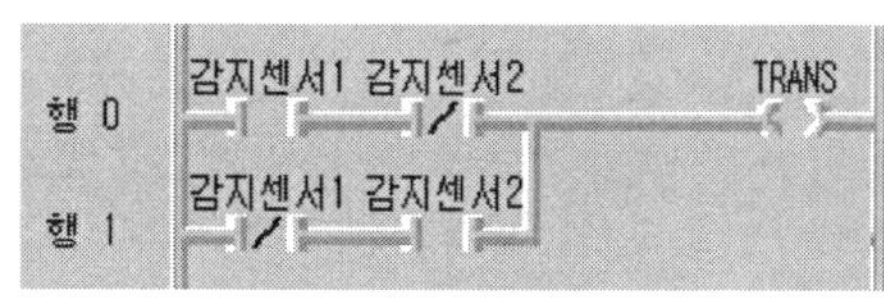

(f) T4의 내용

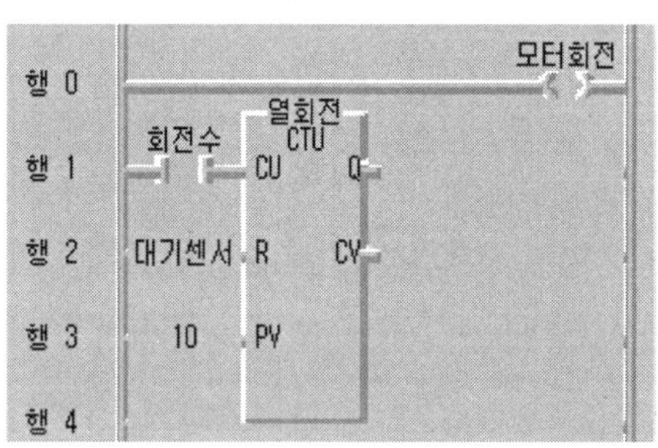

(g) S4의 내용

(h) T5의 내용

(i) S5의 내용

(j) T6의 내용

[그림EXP 2.2.7] 스텝과 트랜지션 내용

2.2.4 실습순서

(1) 선택 기능

① [그림EXP 2.2.3] 프로그램에서 순서를 기록한다.

〈표EXP 2.2.1〉

순서 / 조건	1	2	3	4	5	6	7	8	비고
스위치1 ON									
스위치3 ON									

② [그림EXP 2.2.3] 프로그램을 선택분기로 하지 않고 직렬연결로 프로그램을 변경한다.

(2) Motor의 회전수 선택 제어

① [그림EXP 2.2.6] 프로그램에서 순서를 기록한다.

〈표EXP 2.2.2〉

순 서 / 조 건	1	2	3	4	5	6	7	8	비고
감지센서1,2가 동시 ON									
감지센서1,2가 둘 중 하나만 ON									

② [그림EXP 2.2.3] 프로그램을 선택분기로 하지 않고 직렬연결로 프로그램을 변경한다.

2.3 병렬분기

2.3.1 실습의 목적

① 병렬분기 SFC의 동작 및 방법을 이해한다.
② 액션의 구성, 동작 및 방법을 이해한다.
③ 트랜지션의 구성, 동작 및 방법을 이해한다.

2.3.2 관련지식

병렬분기는 [그림EXP 2.3.1]과 같다.

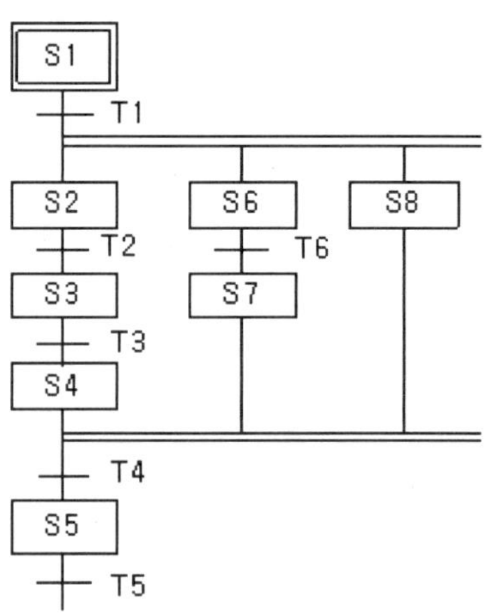

[그림EXP 2.3.1] 병렬분기

[그림EXP 2.3.1]에서 T1 트랜지션이 조건을 만족하게 되면 스텝 S2, S6, S8이 동시에 활성화되는 스텝을 말한다. 병렬분기의 전개규칙은 다음과 같다.

① 병렬분기로 연결되어 있으면, 상위 스텝이 활성화 상태에서 다음에 연결되어 있는 트랜지션의 이행조건이 1로 될 때 이 트랜지션 밑에 연결된 모

든 스텝이 활성화 상태로 된다. 이때 활성화 상태인 스텝은 분기의 수만큼 존재하게 된다.

② 병렬분기에서 합쳐질 경우는 각 분기의 마지막 스텝이 모두 활성화 상태에서 트랜지션의 이행조건이 1로 되면 다음에 연결된 스텝이 활성화 상태로 된다.

③ 병렬분기는 두 가지 동작을 동시에 실행한다.

2.3.3 실 습

(1) 제품이송 시스템

① 기 능

- [그림EXP 2.3.2]의 제품이송 시스템이 있다.
- 피스톤1과 피스톤2가 초기에 후진위치에 있다.
- '제품센서(PS)'가 ON이면 피스톤1이 전진한다.
- 피스톤1이 전진한 후 피스톤2가 전진함과 동시에 피스톤1이 후진한다.
- 피스톤1은 대기상태에 있고, 피스톤2가 후진한다.
- 피스톤2가 대기상태가 되면서 초기상태로 돌아간다.

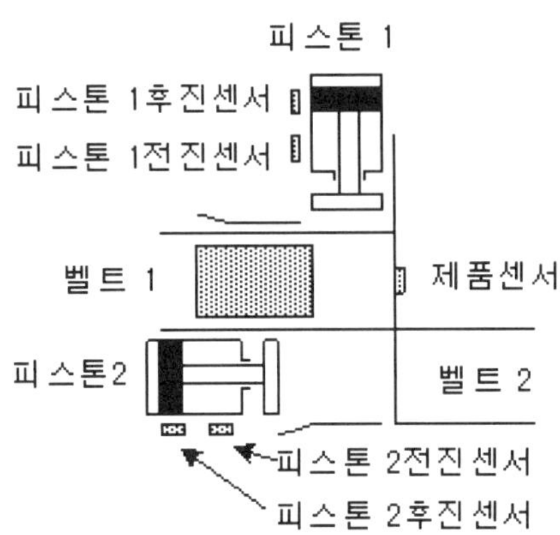

[그림EXP 2.3.2] 제품이송 시스템

② 지역변수 목록

	변수 명	데이터 타입	메모리 할당	초기 값	변수 종류	사용 여부	설명문
1	GOTO_S1	BOOL	<자동>		<SFC Go To Initial Step>	*	
2	TRANS	BOOL	<자동>		<SFC transition>	*	
3	제품센서	BOOL	%IX0.0.1		VAR	*	
4	P1후진센서	BOOL	%IX0.0.2		VAR	*	
5	P1전진센서	BOOL	%IX0.0.3		VAR	*	
6	P2후진센서	BOOL	%IX0.0.4		VAR	*	
7	P2전진센서	BOOL	%IX0.0.5		VAR	*	
8	P1전진	BOOL	%QX0.5.1		VAR	*	
9	P1후진	BOOL	%QX0.5.2		VAR	*	
10	P2전진	BOOL	%QX0.5.3		VAR	*	
11	P2후진	BOOL	%QX0.5.4		VAR	*	
12	대기1	BOOL	%QX0.5.5		VAR	*	
13	대기2	BOOL	%QX0.5.6		VAR	*	

[그림EXP 2.3.3] 지역변수 목록

③ 프로그램

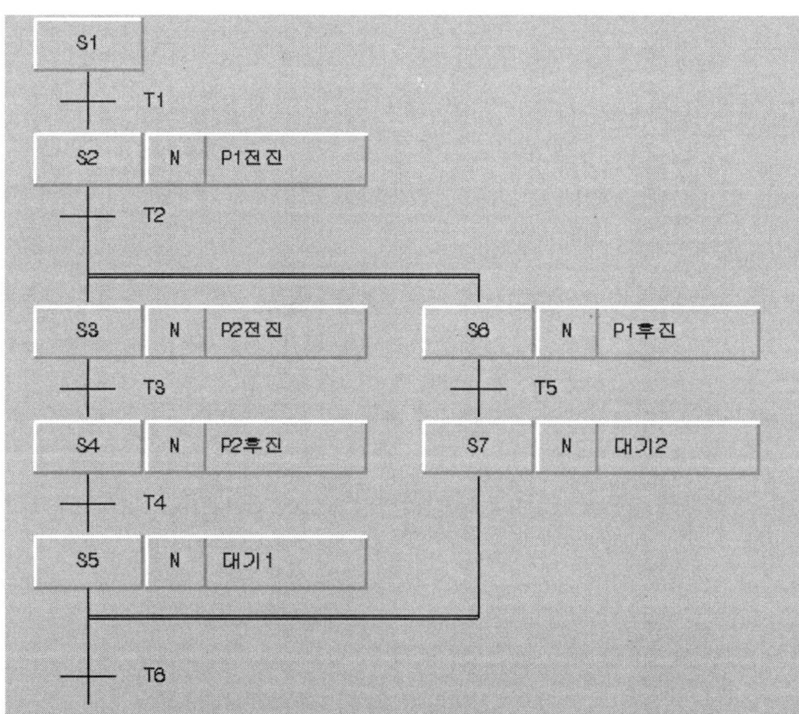

[그림EXP 2.3.4] 프로그램

(a) T1의 내용

(b) S2의 내용

(c) T2의 내용

(d) S3의 내용

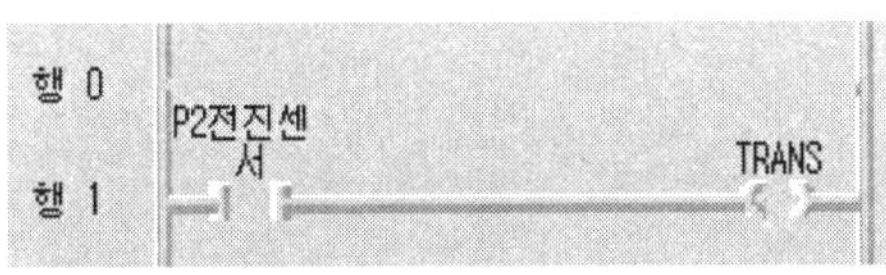

(e) T3의 내용

(f) S4의 내용

(g) T4의 내용

(h) S5의 내용

(i) S6의 내용

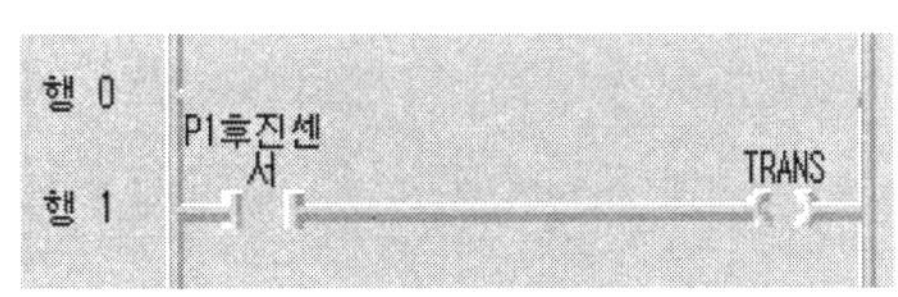

(j) T5의 내용

(k) S7의 내용

(l) T6의 내용

[그림EXP 2.3.5] 스텝과 트랜지션 내용

(2) 모터 순차 제어 시스템

① 기 능

- [그림EXP 2.3.6]의 모터 순차 제어 시스템이 있다.
- '기동' 스위치를 누르면 '컨베이어 1', '컨베이어 2', '컨베이어 3'이 동시에 동작한다.
- '정지' 스위치를 누르면 '컨베이어 3'이 정지한다.
- '컨베이어 3'이 정지하고 1초 후에 '컨베이어 2'가 정지한다.
- '컨베이어 2'가 정지하고 1초 후에 '컨베이어 1'이 정지한다.

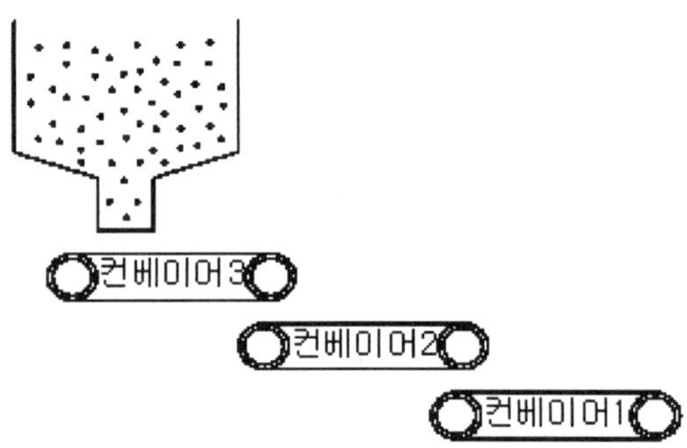

[그림EXP 2.3.6] 제품이송 시스템

② 지역변수 목록

	변수 명	데이터 타입	메모리 할당	초기 값	변수 종류	사용 여부	설명문
1	GOTO_S1	BOOL	<자동>		<SFC Go To Initial Step>	*	
2	TRANS	BOOL	<자동>		<SFC transition>	*	
3	시동	BOOL	%IX0.0.1		VAR	*	
4	정지	BOOL	%IX0.0.2		VAR	*	
5	컨1회전	BOOL	%QX0.5.1		VAR	*	
6	컨2회전	BOOL	%QX0.5.2		VAR	*	
7	컨3회전	BOOL	%QX0.5.3		VAR	*	
8	T1	FB Instance	<자동>		VAR	*	
9	T2	FB Instance	<자동>		VAR	*	
10	컨1정지	BOOL	<자동>		VAR	*	
11	컨2정지	BOOL	<자동>		VAR	*	
12	컨3정지	BOOL	<자동>		VAR	*	

[그림EXP 2.3.7] 지역변수 목록

③ 프로그램

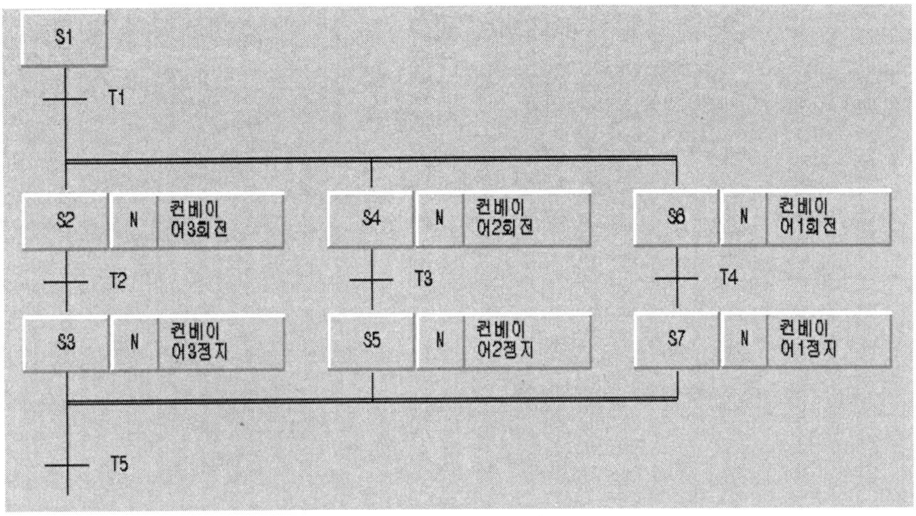

[그림EXP 2.3.8] 프로그램

(a) T1의 내용

(b) S2의 내용

(c) T2의 내용

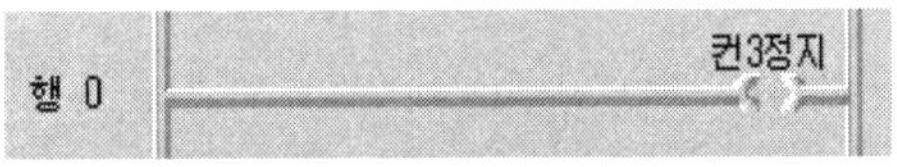

(d) S3의 내용

(e) S4의 내용

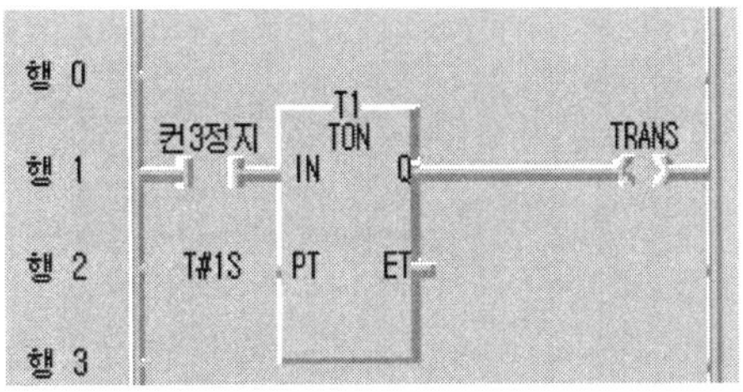

(f) T3의 내용

[그림EXP 2.3.9] 스텝과 트랜지션 내용(1)

(g) S5의 내용

(h) S6의 내용

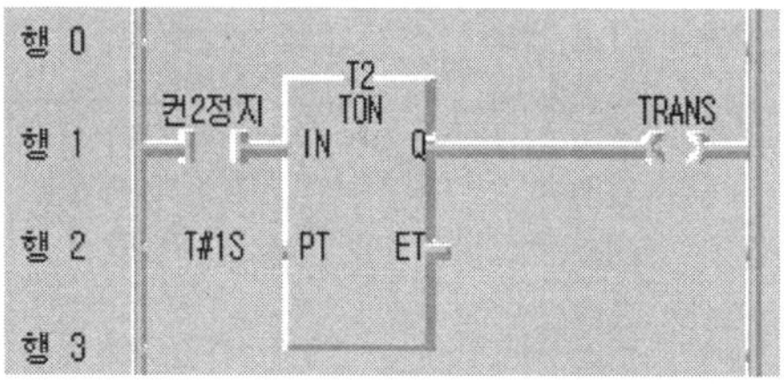

(i) T4의 내용

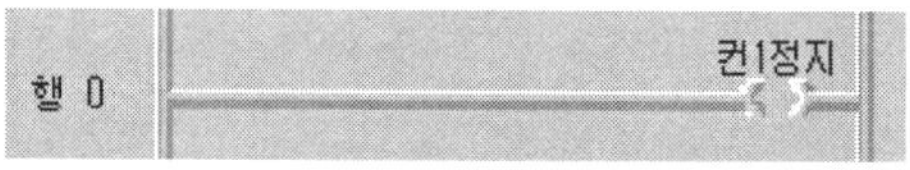

(j) S7의 내용

(k) T5의 내용

[그림EXP 2.3.9] 스텝과 트랜지션 내용(2)

2.3.4 실습순서

(1) 제품이송 시스템

① [그림EXP 2.3.4] 프로그램에서 순서를 기록한다.

〈표EXP 2.3.1〉

순서	1	2	3	4	5	6	7	8	9	10	비고

(2) Motor 순차 제어 시스템

① [그림EXP 2.3.8] 프로그램에서 순서를 기록한다.

〈표EXP 2.3.2〉

순서	1	2	3	4	5	6	비고

제 3 장
응용 프로그래밍

3.1 벤딩머신

3.1.1 구 성

- [그림EXP 3.1.1]과 같이 구성된다.
- '실린더 1'은 판재를 고정시키기 위한 것이다.
- '실린더 2'는 1차 벤딩을 위한 것이다.
- '실린더 3'은 2차 벤딩을 위한 것이다.
- 각 피스톤은 전진감지용 마그네틱 스위치와 후진감지용 마그네틱 스위치를 가지고 있다.

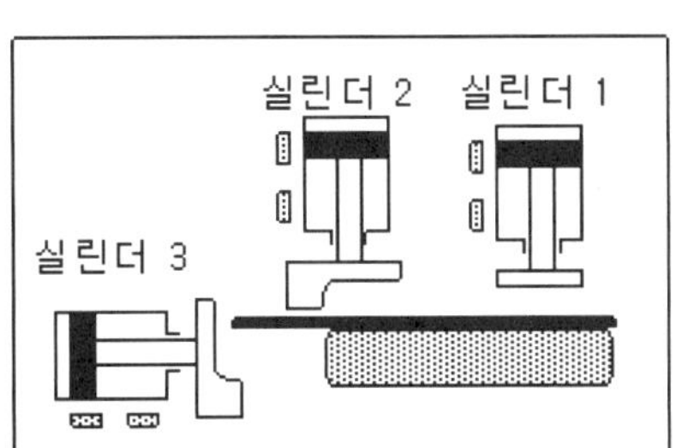

[그림EXP 3.1.1] 벤딩머신

3.1.2 제어사양

- 판재를 수동으로 설치한다.
- '시동' 스위치를 누르면 '실린더 1'이 전진하여 판재를 고정한다.
- 판재가 고정되면 '실린더 2'가 전진하여 1차 벤딩하고, '실린더 2'가 후진한다.
- '실린더 3'이 전진하여 2차 벤딩하고, '실린더 3'이 후진한다.
- '실린더 1'이 후진하여 작업을 완료한다.

3.1.3 타임차트

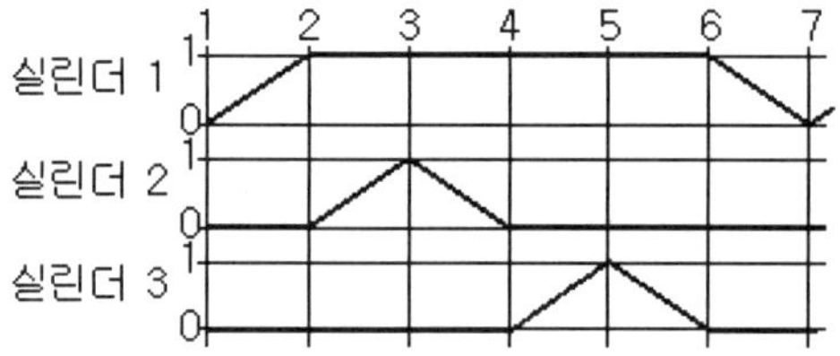

[그림EXP 3.1.2] 타임차트

3.1.4 LD 프로그램

(1) 지역변수 목록

	변수 명	데이터 타입	메모리 할당	초기 값	변수 종류	사용 여부	설명문
1	시동	BOOL	%IX0.0.1		VAR	*	
2	C1전센서	BOOL	%IX0.0.2		VAR	*	
3	C1후센서	BOOL	%IX0.0.3		VAR	*	
4	C2전센서	BOOL	%IX0.0.4		VAR	*	
5	C2후센서	BOOL	%IX0.0.5		VAR	*	
6	C3전센서	BOOL	%IX0.0.6		VAR	*	
7	C3후센서	BOOL	%IX0.0.7		VAR	*	
8	C1전진	BOOL	%QX0.5.1		VAR	*	
9	C1후진	BOOL	%QX0.5.2		VAR	*	
10	C2전진	BOOL	%QX0.5.3		VAR	*	
11	C2후진	BOOL	%QX0.5.4		VAR	*	
12	C3전진	BOOL	%QX0.5.5		VAR	*	
13	C3후진	BOOL	%QX0.5.6		VAR	*	

[그림EXP 3.1.3] 지역변수 목록

(2) 프로그램

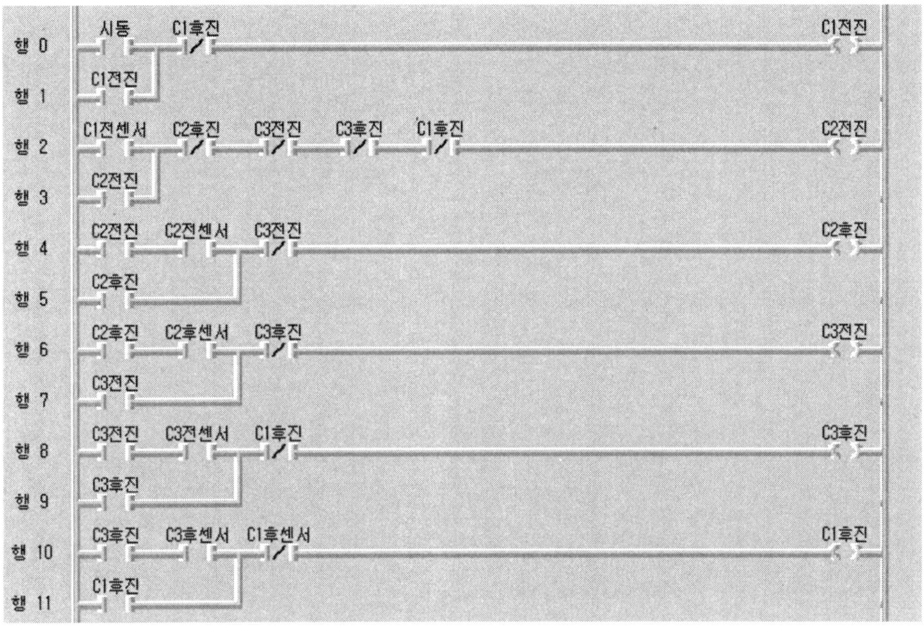

[그림EXP 3.1.4] 프로그램

3.1.5 SFC 프로그램

(1) 지역변수 목록

	변수 명	데이터 타입	메모리 할당	초기 값	변수 종류	사용 여부	설명문
1	GOTO_S1	BOOL	<자동>		<SFC Go To Initial Step>	*	
2	TRANS	BOOL	<자동>		<SFC transition>	*	
3	시동	BOOL	%IX0.0.1		VAR	*	
4	C1전센서	BOOL	%IX0.0.2		VAR	*	
5	C1후센서	BOOL	%IX0.0.3		VAR	*	
6	C2전센서	BOOL	%IX0.0.4		VAR	*	
7	C2후센서	BOOL	%IX0.0.5		VAR	*	
8	C3전센서	BOOL	%IX0.0.6		VAR	*	
9	C3후센서	BOOL	%IX0.0.7		VAR	*	
10	CY1전진	BOOL	%QX0.5.1		VAR	*	
11	CY1후진	BOOL	%QX0.5.2		VAR	*	
12	CY2전진	BOOL	%QX0.5.3		VAR	*	
13	CY2후진	BOOL	%QX0.5.4		VAR	*	
14	CY3전진	BOOL	%QX0.5.5		VAR	*	
15	CY3후진	BOOL	%QX0.5.6		VAR	*	

[그림EXP 3.1.5] 지역변수 목록

(2) 프로그램

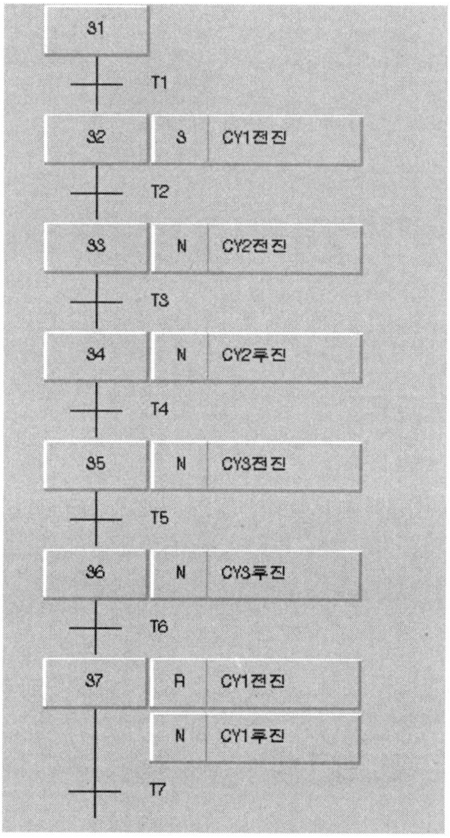

[그림EXP 3.1.6] 프로그램

(a) T1

(b) S2

(c) T2

(d) S3

[그림EXP 3.1.7] 스텝과 트랜지션 내용(1)

(e) T3

(f) S4

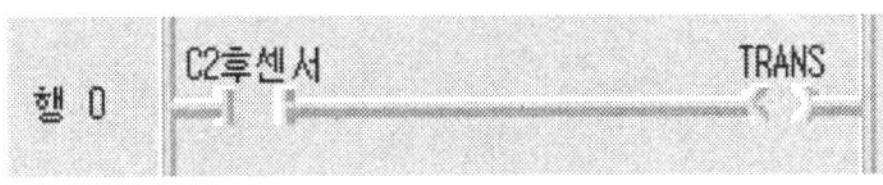

(g) T4

(h) S5

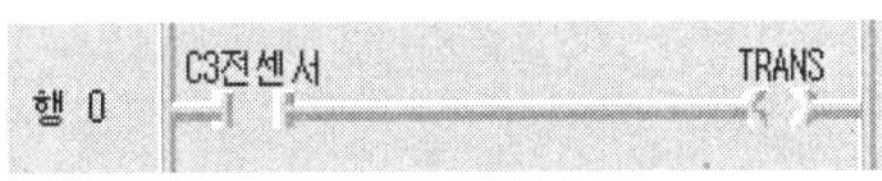

(i) T5

(j) S6

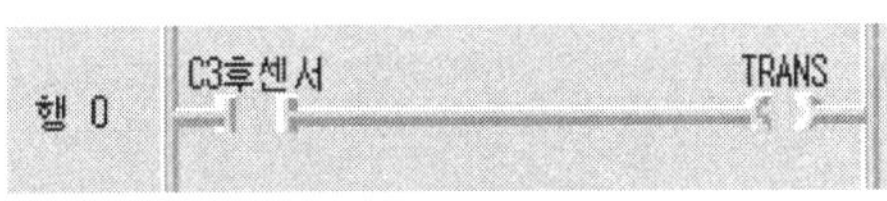

(k) T6

(l) S7

(m) T7

[그림EXP 3.1.7] 스텝과 트랜지션 내용(2)

3.1.6 실습순서

① [그림EXP 3.1.4]의 프로그램을 작성하고 실행한다.

② [그림EXP 3.1.4]의 프로그램 실행결과 출력의 순서를 기록한다.

〈표EXP 3.1.1〉

순서	1	2	3	4	5	6	비고
	C1전진						

③ [그림EXP 3.1.4]의 프로그램에서 'C3전진', 'C3후진', 'C1후진'의 b접점을 삭제하고 프로그램한다. 그러면 어떠한 현상이 발생하는가 설명하라.

④ [그림EXP 3.1.6]의 SFC 프로그램을 작성하고 실행한다.

⑤ 스텝 S2의 액션제한자를 S에서 N으로 변경하였을 때 프로그램을 변경하여 실행해 본다.

⑥ [그림EXP 3.1.6]의 SFC 프로그램을 병렬분기 프로그램으로 변경하여 실행해 본다.

3.2 부품조립공정

3.2.1 구 성

- [그림EXP 3.2.1]과 같이 구성된다.
- '실린더 1'은 부품 1을 삽입하기 위한 것이다.
- '실린더 2'는 핀을 결합하기 위한 것이다.
- 각 피스톤은 전진감지용 마그네틱 스위치와 후진감지용 마그네틱 스위치를 가지고 있다.

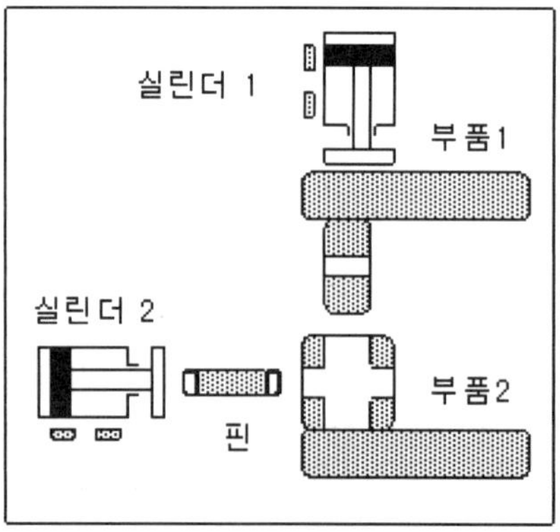

[그림EXP 3.2.1] 부품조립공정

3.2.2 제어사양

- '부품 1'을 수동으로 설치한다.
- '시동' 스위치를 누르면 '실린더 1'이 전진하여 '부품 1'을 '부품 2'에 삽입한다.
- '실린더 2'가 전진하여 부품 결합을 완료한다.
- 부품 결합이 완료되면 '실린더 2'가 후진한다.
- '실린더 1'이 후진하여 작업을 완료한다.

3.2.3 타임차트

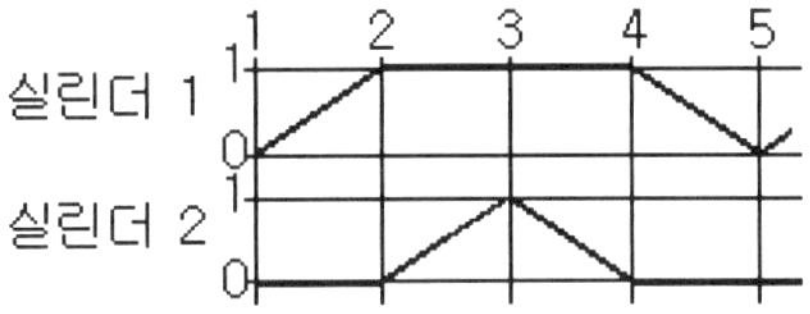

[그림EXP 3.2.2] 타임차트

3.2.4 LD 프로그램

(1) 지역변수 목록

	변수 명	데이터 타입	메모리 할당	초기 값	변수 종류	사용 여부	설명문
1	시동	BOOL	%IX0.0.1		VAR	*	
2	C1전센서	BOOL	%IX0.0.2		VAR	*	
3	C1후센서	BOOL	%IX0.0.3		VAR	*	
4	C2전센서	BOOL	%IX0.0.4		VAR	*	
5	C2후센서	BOOL	%IX0.0.5		VAR	*	
6	CY1전진	BOOL	%QX0.5.1		VAR	*	
7	CY1후진	BOOL	%QX0.5.2		VAR	*	
8	CY2전진	BOOL	%QX0.5.3		VAR	*	
9	CY2후진	BOOL	%QX0.5.4		VAR	*	

[그림EXP 3.2.3] 지역변수 목록

(2) 프로그램

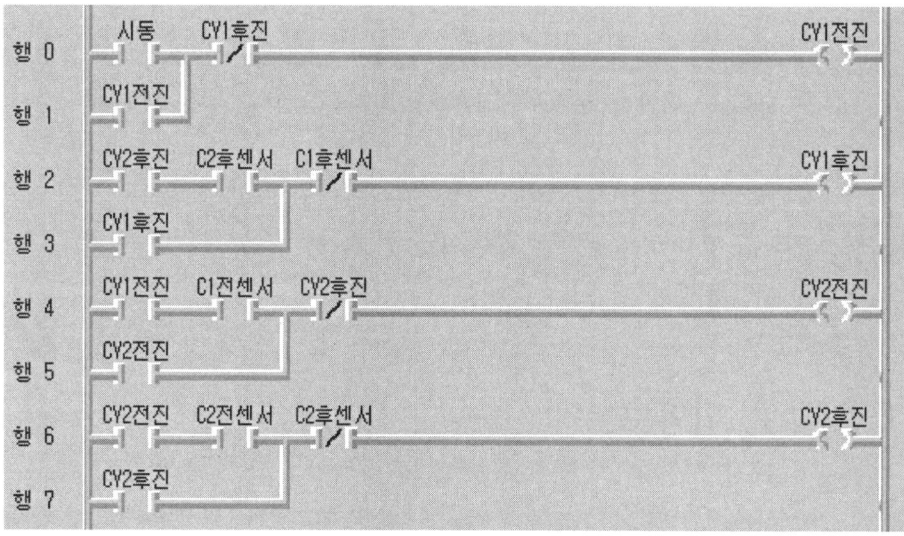

[그림EXP 3.2.4] 프로그램

3.2.5 SFC 프로그램

(1) 지역변수 목록

	변수 명	데이터 타입	메모리 할당	초기 값	변수 종류	사용 여부	설명문
1	GOTO_S1	BOOL	<자동>		<SFC Go To Initial Step>	*	
2	TRANS	BOOL	<자동>		<SFC transition>	*	
3	시동	BOOL	%IX0.0.1		VAR	*	
4	C1전센서	BOOL	%IX0.0.2		VAR	*	
5	C1후센서	BOOL	%IX0.0.3		VAR	*	
6	C2전센서	BOOL	%IX0.0.4		VAR	*	
7	C2후센서	BOOL	%IX0.0.5		VAR		
8	CY1전진	BOOL	%QX0.5.1		VAR	*	
9	CY1후진	BOOL	%QX0.5.2		VAR	*	
10	CY2전진	BOOL	%QX0.5.3		VAR	*	
11	CY2후진	BOOL	%QX0.5.4		VAR	*	

[그림EXP 3.2.5] 지역변수 목록

(2) 프로그램

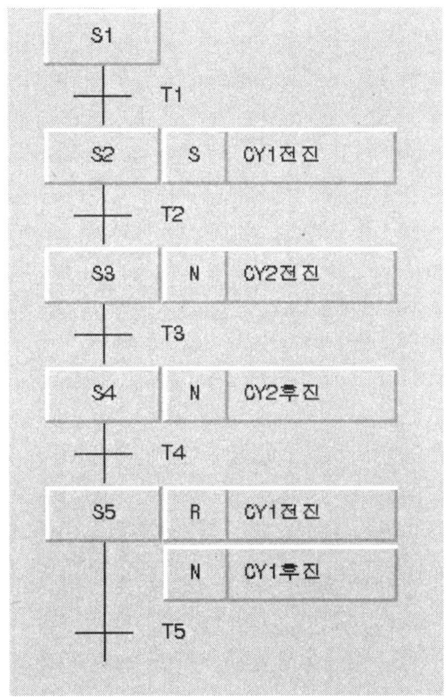

[그림EXP 3.2.6] 프로그램

(a) T1

(b) S2

(c) T2

(d) S3

(e) T3

(f) S4

[그림EXP 3.2.7] 스텝과 트랜지션 내용(1)

(g) T4

(h) S5

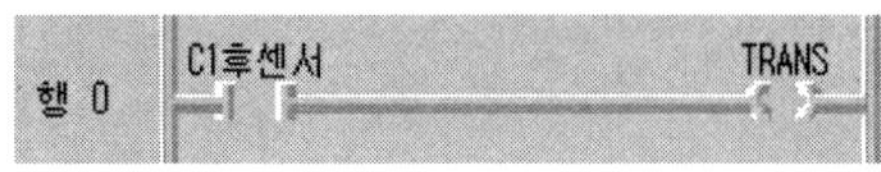

(i) T5

[그림EXP 3.2.7] 스텝과 트랜지션 내용(2)

3.2.6 실습순서

① [그림EXP 3.2.4]의 프로그램을 작성하고 실행한다.

② [그림EXP 3.2.4]의 프로그램에서 C1전센서, C1후센서, C2전센서, C2후센서를 조작하면서 C1, C2의 전진 및 후진이 [그림EXP 3.2.2]의 타임차트에 맞게 동작이 되는지 확인한다.

③ [그림EXP 3.2.4]의 프로그램에서 2행의 CY2후진 a접점, 4행의 CY1전진 a접점, 6행 CY2전진 a접점을 삭제했을 때 어떠한 현상이 발생하는지 확인한다. 그리고 이들의 역할에 대해 설명하라.

④ [그림EXP 3.2.6]의 SFC 프로그램을 작성하고 실행한다.

⑤ 스텝 S2의 액션제한자를 S에서 N으로 변경하였을 때 프로그램을 변경하여 실행해 본다.

3.3 탈지세척공정

3.3.1 구 성

• [그림EXP 3.3.1]과 같이 구성된다.

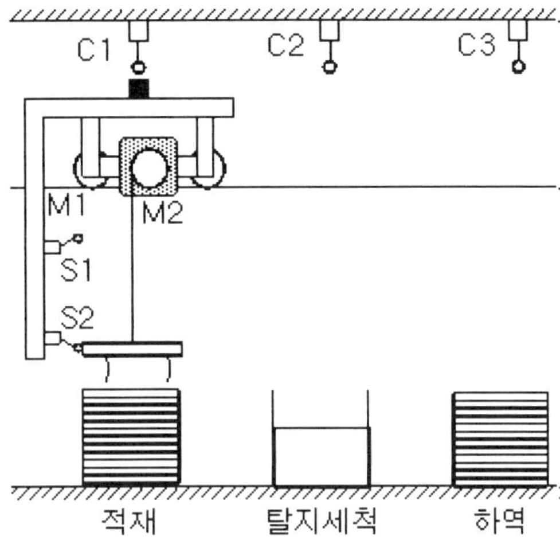

[그림EXP 3.3.1] 탈지세척공정

- 'M1'은 활차를 좌우로 이동하기 위한 좌우이동 모터이다.
- 'M2'는 적재, 탈지세척, 하역을 하기 위한 상하이동 모터이다.
- 'C1', 'C2', 'C3'는 적재, 탈지세척, 하역위치 센서이다.
- 'S1'은 활차를 좌우로 이동하기 위한 상위치 센서이다.
- 'S2'는 적재, 탈지세척, 하역을 위한 하위치 센서이다.
- '조작 1' 스위치는 'M2' 모터 하강 시 사용한다.
- '조작 2' 스위치는 'M2' 모터 상승 시 사용한다.

3.3.2 제어사양

- 초기에 활차는 'C1' 위치에 있다.
- 활차가 'C1' 위치에 있으면 적재를 위해 'S2' 위치까지 하강한다.
- 작업자가 적재 후 '조작' 버튼으로 'S1' 위치까지 상승시킨다.
- 'S1' 위치까지 상승하면 활차는 'C2' 위치까지 이동한다.
- 'C2' 위치에서 정지하여 'S2' 위치까지 하강한다.
- 'S2' 위치에서 10초 동안 세척한다.
- 세척 완료 후 'S1' 위치까지 상승한다.
- 'S1' 위치까지 상승하면 활차는 'C3' 위치까지 이동한다.

- 'C3' 위치에서 정지하여 'S2' 위치까지 하강한다.
- 작업자가 하역하고 '조작' 버튼을 누르면 'S1' 위치까지 상승한다.
- 'S1' 위치까지 상승하면 활차는 'C1' 위치로 원위치 한다.
- 'C1' 위치에서 'S2' 위치로 하강한다.

3.3.3 LD 프로그램

(1) 지역변수 목록

	변수 명	데이터 타입	메모리 할당	초기 값	변수 종류	사용 여부	설명문
1	조작1	BOOL	%IX0.0.1		VAR	*	
2	조작2	BOOL	%IX0.0.2		VAR	*	
3	C1	BOOL	%IX0.0.3		VAR	*	
4	C2	BOOL	%IX0.0.4		VAR	*	
5	C3	BOOL	%IX0.0.5		VAR	*	
6	S1	BOOL	%IX0.0.6		VAR	*	
7	S2	BOOL	%IX0.0.7		VAR	*	
8	M1우행	BOOL	%QX0.5.1		VAR	*	
9	M1좌행	BOOL	%QX0.5.2		VAR	*	
10	M2하강	BOOL	%QX0.5.3		VAR	*	
11	M2상승	BOOL	%QX0.5.4		VAR	*	
12	탈지	FB Instance	<자동>		VAR	*	
13	탈지10	BOOL	<자동>		VAR	*	
14	C12이동	BOOL	<자동>		VAR	*	
15	C1상승	BOOL	<자동>		VAR	*	
16	C1하강	BOOL	<자동>		VAR	*	
17	C23이동	BOOL	<자동>		VAR	*	
18	C2상승	BOOL	<자동>		VAR	*	
19	C2하강	BOOL	<자동>		VAR	*	
20	C31이동	BOOL	<자동>		VAR	*	
21	C3상승	BOOL	<자동>		VAR	*	
22	C3하강	BOOL	<자동>		VAR	*	

[그림EXP 3.3.2] 지역변수 목록

(2) 프로그램

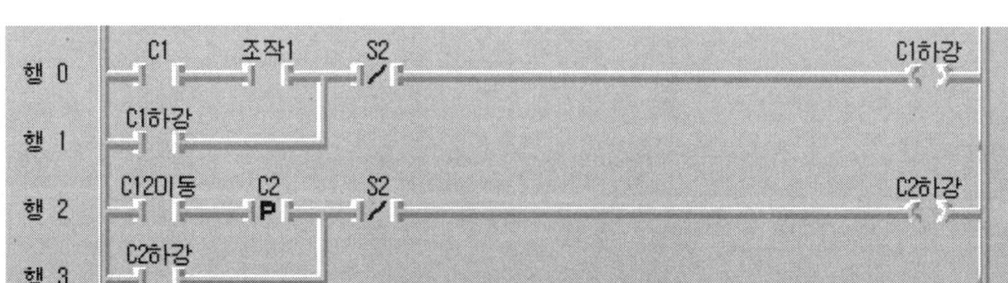

[그림EXP 3.3.3] 프로그램(1)

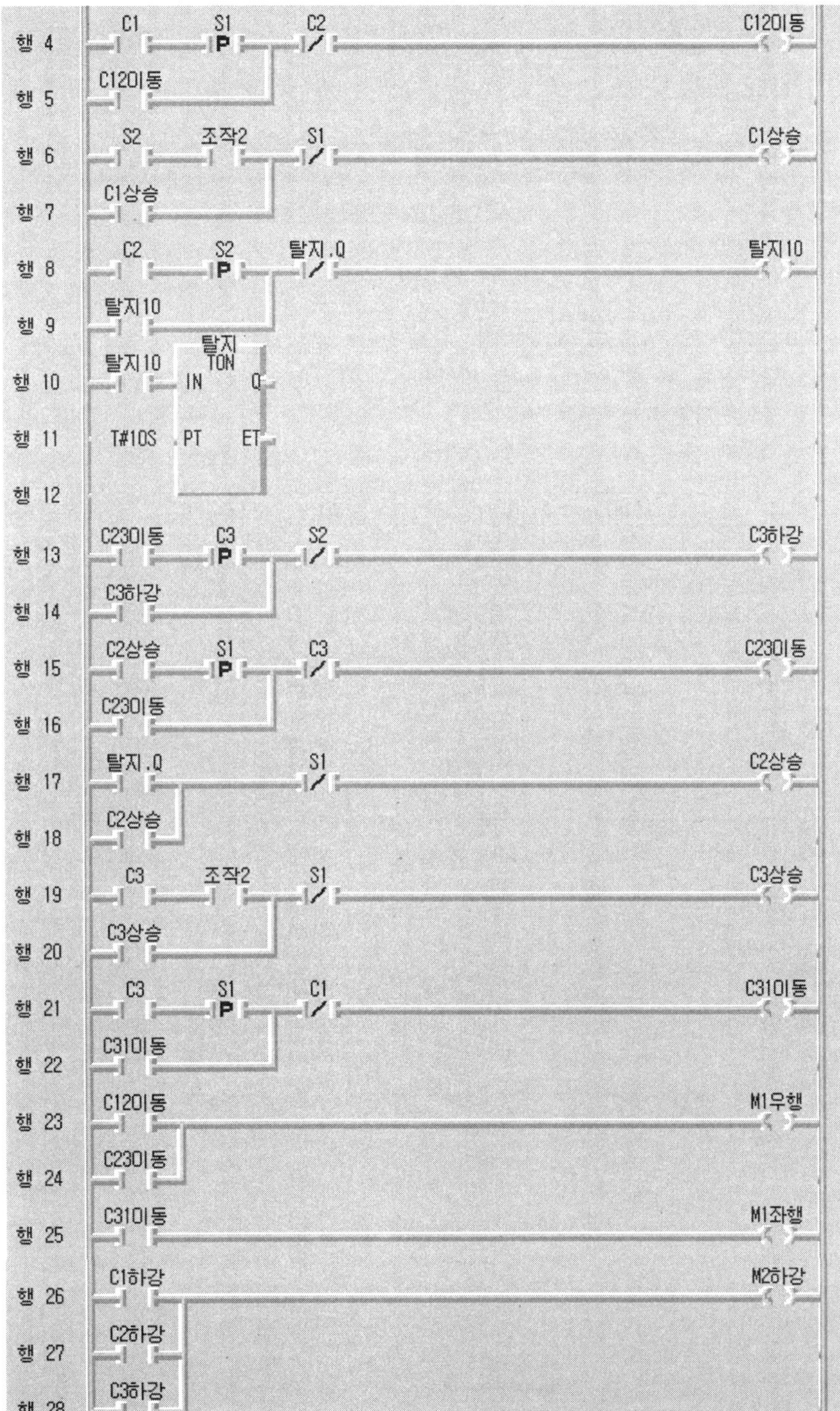

[그림EXP 3.3.3] 프로그램(2)

[그림EXP 3.3.3] 프로그램(3)

3.3.4 SFC 프로그램

(1) 지역변수 목록

	변수 명	데이터 타입	메모리 할당	초기 값	변수 종류	사용 여부	설명문
1	GOTO_S1	BOOL	<자동>		<SFC Go To Initial Step>	*	
2	TRANS	BOOL	<자동>		<SFC transition>	*	
3	조작1	BOOL	%IX0.0.1		VAR	*	
4	조작2	BOOL	%IX0.0.2		VAR	*	
5	C1	BOOL	%IX0.0.3		VAR	*	
6	C2	BOOL	%IX0.0.4		VAR	*	
7	C3	BOOL	%IX0.0.5		VAR	*	
8	S1	BOOL	%IX0.0.6		VAR	*	
9	S2	BOOL	%IX0.0.7		VAR	*	
10	M1우행	BOOL	%QX0.5.1		VAR	*	
11	M1좌행	BOOL	%QX0.5.2		VAR	*	
12	M2상승	BOOL	%QX0.5.3		VAR	*	
13	M2하강	BOOL	%QX0.5.3		VAR	*	
14	탈지	FB Instance	<자동>		VAR	*	
15	GOTO_S12	BOOL	<자동>		VAR	*	
16	GOTO_S4	BOOL	<자동>		VAR	*	

[그림EXP 3.3.4] 지역변수 목록

(2) 프로그램

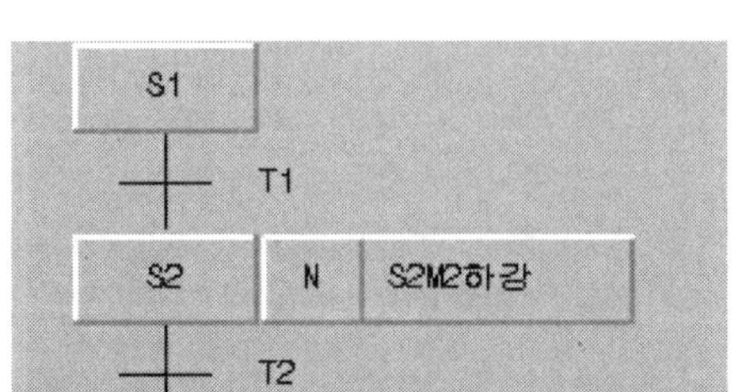

[그림EXP 3.3.5] 프로그램(1)

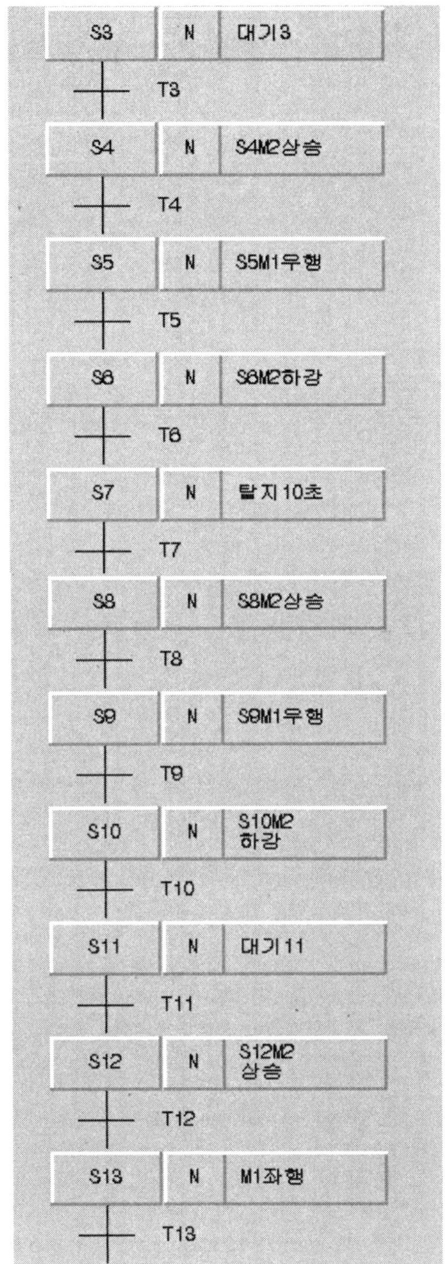

[그림EXP 3.3.5] 프로그램(2)

(a) T1의 내용

(b) S2의 내용

(c) T2의 내용

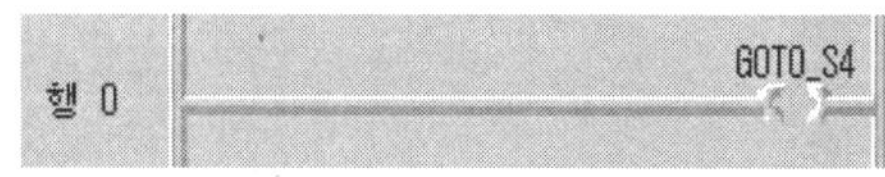

(d) S3의 내용

(e) T3의 내용

(f) S4의 내용

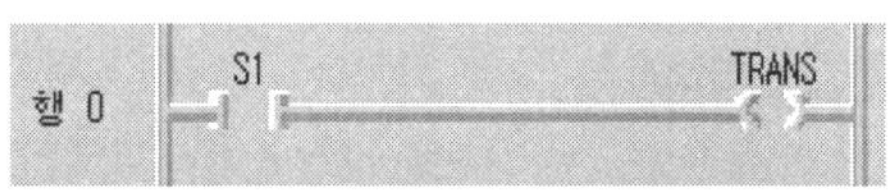

(g) T4의 내용

(h) S5의 내용

(i) T5의 내용

(j) S6의 내용

(k) T6의 내용

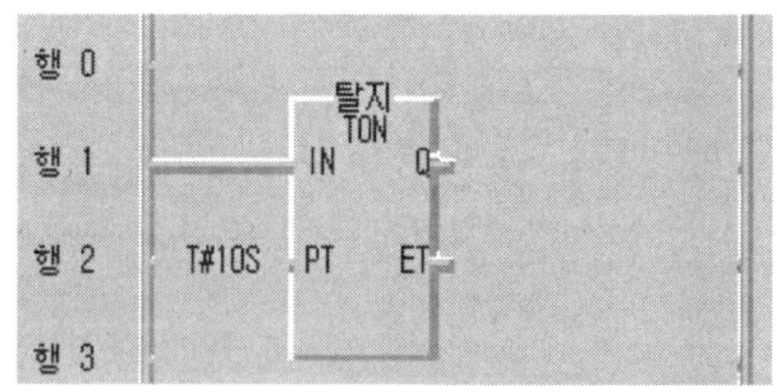

(l) S7의 내용

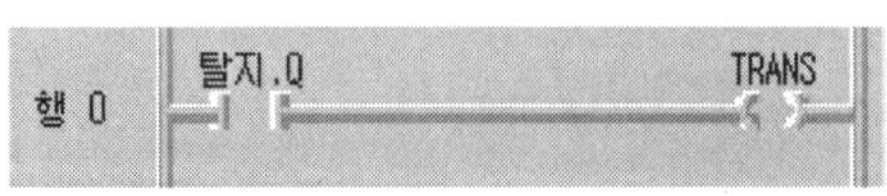

(m) T7의 내용

(n) S8의 내용

[그림EXP 3.3.6] 스텝과 트랜지션 내용(1)

(o) T8의 내용

(p) S9의 내용

(q) T9의 내용

(r) S10의 내용

(s) T10의 내용

(t) S11의 내용

(u) T11의 내용

(v) S12의 내용

(w) T12의 내용

(x) S13의 내용

(y) T13의 내용

[그림EXP 3.3.6] 스텝과 트랜지션 내용(1)

3.3.5 실습순서

① [그림EXP 3.3.3]의 프로그램을 작성하고 실행한다. 각 입력 센서의 상태를 조작하면서 출력의 상태를 확인한다.

② [그림EXP 3.3.3]의 프로그램에서 2행의 C2 a(P)접점, 4행의 S1 a(P)접점, 8행의 S2 a(P)접점, 13행의 C3 a(P)접점, 15행의 S1 a(P)접점, 21행의 a(P)접점을 상승 에지 접점으로 사용하지 않고 단순히 a접점으로

사용했을 때 어떠한 현상이 발생하는지 확인한다. 이들 접점을 상승 에지 접점으로 한 이유를 설명하라.

③ [그림EXP 3.3.5]의 SFC 프로그램을 작성하고 실행한다.

④ [그림EXP 3.3.5]의 SFC 프로그램에서 S3의 '대기3'과 S11의 '대기11'의 역할에 대해 설명하라.

3.4 제품적재공정

3.4.1 구 성

- [그림EXP 3.4.1]과 같이 구성된다.
- 컨베이어는 2개로 구성된다.
- '컨베이어 1'은 생산 라인이다.
- '컨베이어 2'는 포장 박스를 이동시키기 위한 것이다.
- '실린더 A'는 180도 회전할 수 있는 실린더이다.
- '실린더 B'는 제품을 잡기 위한 것으로 '그립'이 달려 있다.
- 'LS 1'은 물체를 검지하는 센서이다.
- 'LS 2'는 '실린더 B' 후진위치를 검지하는 센서이다.
- 'LS 3'는 '실린더 B' 전진위치를 검지하는 센서이다.
- 'LS 4'는 '실린더 A'가 좌측위치에 있음을 검지하는 센서이다.

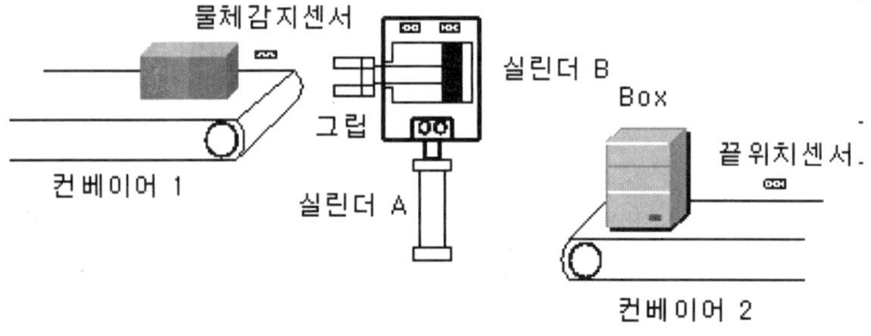

[그림EXP 3.4.1] 제품적재공정

- 'LS 5'는 '실린더 A'가 우측위치에 있음을 검지하는 센서이다.
- 'LS 6'는 포장 박스가 컨베이어 끝에 있음을 검지하는 센서이다.

3.4.2 제어사양

- 제품이 '컨베이어 1'에서 이동되어 오면 '물체감지 센서'가 동작한다.
- '물체감지 센서'가 작동하면 '실린더 B'가 전진하여 '그립'으로 제품을 잡는다.
- 2초 후에 '실린더 A'가 180도 회전한다.
- '실린더 A'가 180도 회전을 끝내면 1초 후에 '그립'을 해제하여 '컨베이어 2' 위의 Box에 제품을 넣는다.
- 제품이 3개가 넣어지면 '컨베이어 2'가 작동하여 Box를 끝 위치까지 이동시킨다.
- Box는 수작업으로 올리고 내린다.

3.4.3 LD 프로그램

(1) 지역변수 목록

	변수 명	데이터 타입	메모리 할당	초기 값	변수 종류	사용 여부	설명문
1	그립1S	FB Instance	<자동>		VAR	*	
2	다섯개	FB Instance	<자동>		VAR	*	
3	해제	FB Instance	<자동>		VAR	*	
4	물체센서	BOOL	%IX0.0.1		VAR	*	
5	B전센서	BOOL	%IX0.0.2		VAR	*	
6	B후센서	BOOL	%IX0.0.3		VAR	*	
7	A전센서	BOOL	%IX0.0.4		VAR	*	
8	A후센서	BOOL	%IX0.0.5		VAR	*	
9	끝위치	BOOL	%IX0.0.6		VAR	*	
10	컨1회전	BOOL	%QX0.5.1		VAR	*	
11	컨2회전	BOOL	%QX0.5.2		VAR	*	
12	CYA정회전	BOOL	%QX0.5.3		VAR	*	
13	CYA역회전	BOOL	%QX0.5.4		VAR	*	
14	CYB전진	BOOL	%QX0.5.5		VAR	*	
15	CYB후진	BOOL	%QX0.5.6		VAR	*	
16	그립작동	BOOL	%QX0.5.7		VAR	*	
17	그립해제	BOOL	%QX0.5.8		VAR	*	

[그림EXP 3.4.2] 지역변수 목록

(2) 프로그램

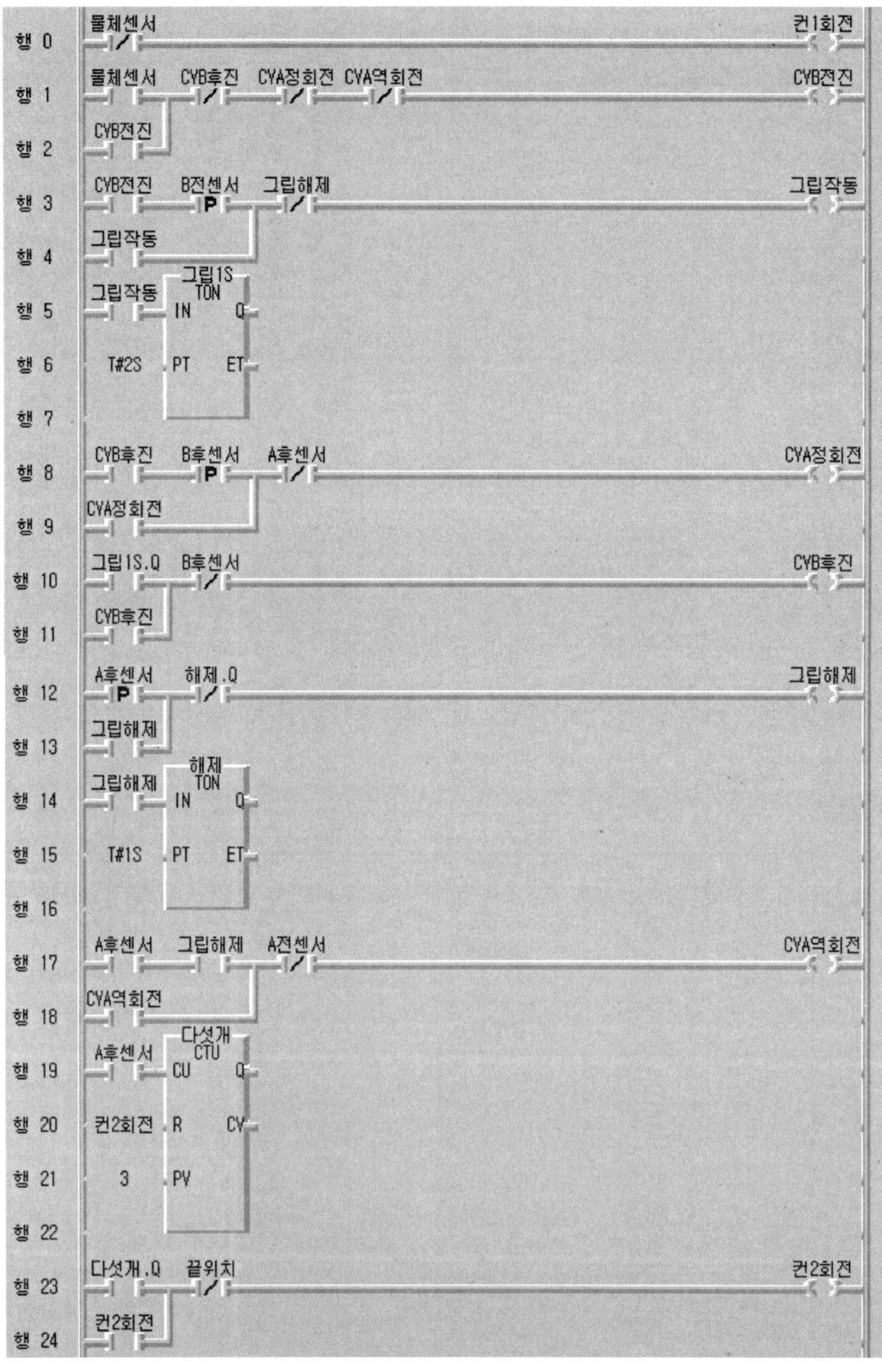

[그림EXP 3.4.3] 프로그램

3.4.4 SFC 프로그램

(1) 지역변수 목록

	변수 명	데이터 타입	메모리 할당	초기 값	변수 종류	사용 여부	설명문
1	GOTO_S1	BOOL	<자동>		<SFC Go To Initial Step>	*	
2	TRANS	BOOL	<자동>		<SFC transition>	*	
3	카운트3	FB Instance	<자동>		VAR	*	
4	그립2초	FB Instance	<자동>		VAR	*	
5	그립1초	FB Instance	<자동>		VAR	*	
6	물체센서	BOOL	%IX0.0.1		VAR	*	
7	B전센서	BOOL	%IX0.0.2		VAR	*	
8	B후센서	BOOL	%IX0.0.3		VAR	*	
9	A전센서	BOOL	%IX0.0.4		VAR	*	
10	A후센서	BOOL	%IX0.0.5		VAR	*	
11	끝위치	BOOL	%IX0.0.6		VAR	*	
12	컨1회전	BOOL	%QX0.5.1		VAR	*	
13	컨2회전	BOOL	%QX0.5.2		VAR	*	
14	CYA정회전	BOOL	%QX0.5.3		VAR	*	
15	CYA역회전	BOOL	%QX0.5.4		VAR	*	
16	CYB전진	BOOL	%QX0.5.5		VAR	*	
17	CYB후진	BOOL	%QX0.5.6		VAR	*	
18	그립작동	BOOL	%QX0.5.7		VAR	*	
19	패스	BOOL	<자동>		VAR	*	

[그림EXP 3.4.4] 지역변수 목록

(2) 프로그램

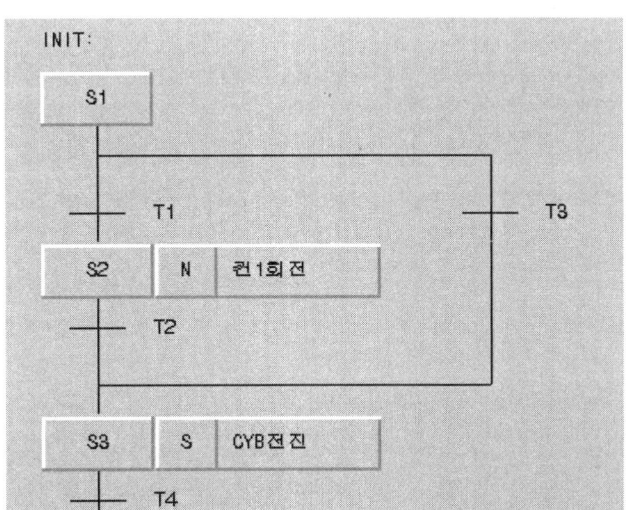

[그림EXP 3.4.5] 프로그램(1)

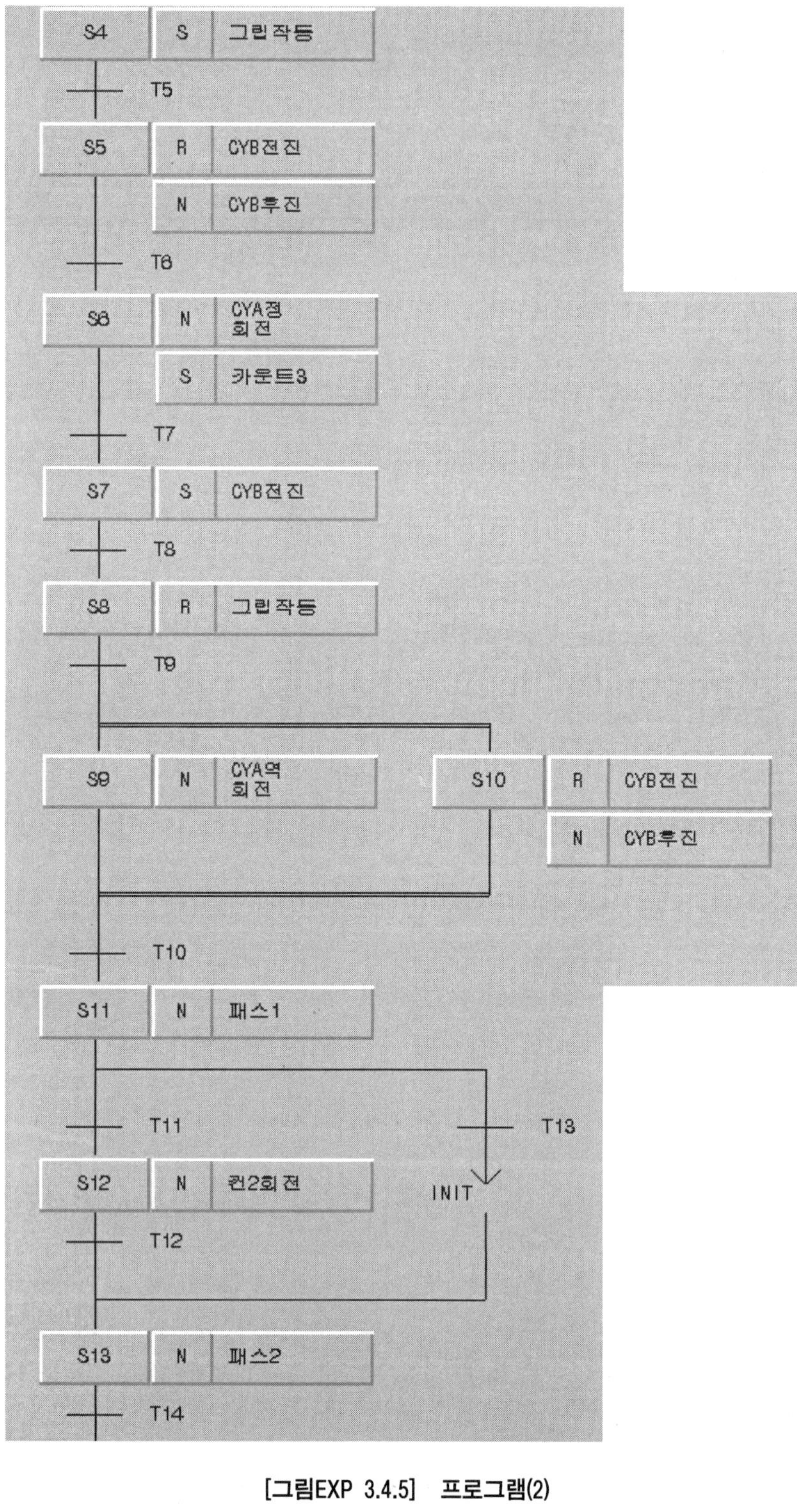

[그림EXP 3.4.5] 프로그램(2)

(a) T1의 내용

(b) S2의 내용

(c) T2의 내용

(d) T3의 내용

(e) S3의 내용

(f) T4의 내용

(g) S4의 내용

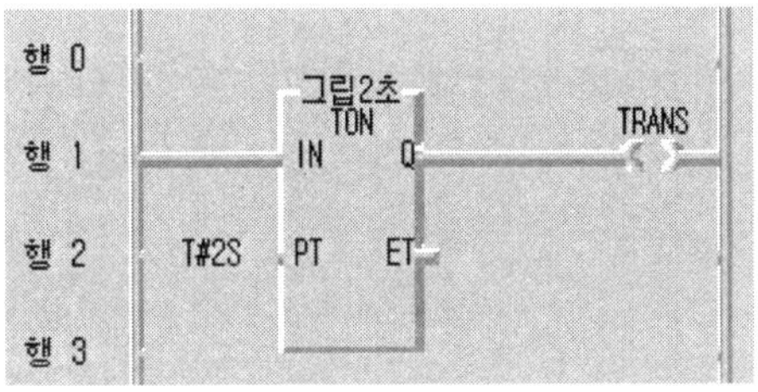

(h) T5의 내용

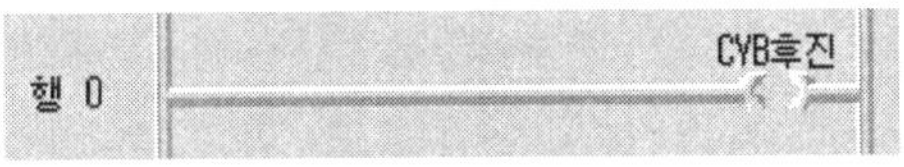

(i) S5의 내용

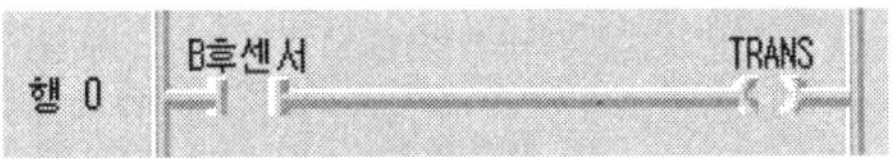

(j) T6의 내용

ⓐ CYA 정회전

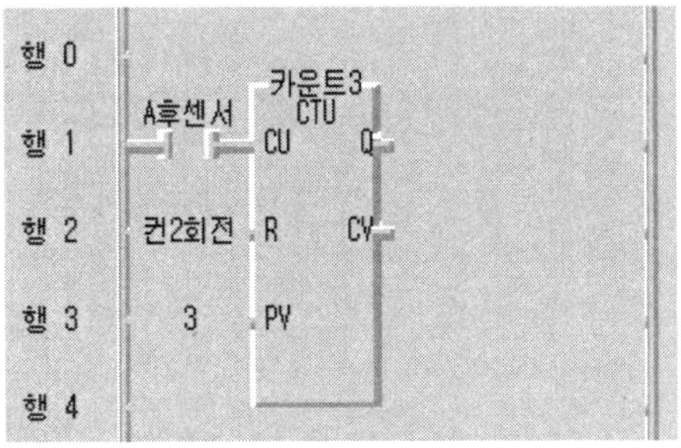

ⓑ 카운트3

(k) S6의 내용

[그림EXP 3.4.6] 스텝과 트랜지션 내용(1)

(l) T7의 내용

(m) T8의 내용

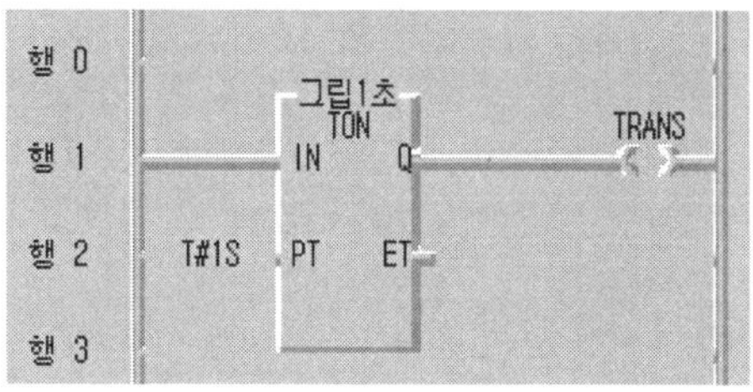

(n) T9의 내용

(o) S9의 내용

(p) T10의 내용

(q) S11의 내용

(r) T11의 내용

(s) S12의 내용

(t) T12의 내용

(u) T13의 내용

(v) S13의 내용

(w) T14의 내용

[그림EXP 3.4.6] 스텝과 트랜지션 내용(2)

3.4.5 실습순서

① [그림EXP 3.4.3]의 프로그램을 작성하고 실행한다. 각 입력 센서의 상태를 조작하면서 출력의 상태를 확인한다.

② [그림EXP 3.4.3]의 프로그램에서 5행의 TON을 TOF로 바꾸었을 때 프로그램을 수정하여라.

③ [그림EXP 3.4.5]의 SFC 프로그램을 작성하고 실행한다.

④ [그림EXP 3.4.5]의 SFC 프로그램에서 스텝 S13의 '패스2'의 역할을 설명하라.

⑤ [그림EXP 3.4.5]의 SFC 프로그램에서 스텝 S3과 스텝 S4를 병렬 시퀀스로 프로그램을 수정하여라.

제 III 편

부 록

부록 A
예약변수

- 예약변수는 시스템에서 미리 선언한 변수들이다. 이 변수들은 특수한 용도로 사용하며, 사용자가 이 변수이름으로 변수선언을 할 수는 없다.
- 이 예약변수를 사용할 때에는 변수선언 없이 사용한다.

A.1 사용자 플래그

예약변수	데이터 타입	내 용
__ERR	BOOL	연산 에러 접점
__LER	BOOL	연산 에러 래치 접점
__T20MS	BOOL	20ms 클록 접점
__T100MS	BOOL	100ms 클록 접점
__T200MS	BOOL	200ms 클록 접점
__T1S	BOOL	1초 클록 접점
__T2S	BOOL	2초 클록 접점
__T10S	BOOL	10초 클록 접점
__T20S	BOOL	20초 클록 접점

예약변수	데이터 타입	내 용
_T60S	BOOL	60초 클록 접점
_ON	BOOL	항시 On 접점
_OFF	BOOL	항시 Off 접점
_1ON	BOOL	1스캔 On 접점
_1OFF	BOOL	1스캔 Off 접점
_STOG	BOOL	스캔마다 반전
_INIT_DONE	BOOL	초기화 프로그램 완료
_RTC_DATE	DATE	RTC의 현재 날짜
_RTC_TOD	TOD	RTC의 현재 시간
_RTC_WEEK	UINT	RTC의 현재 요일

A.2 시스템 에러 대표 플래그

예약변수	데이터 타입	내 용
_CNF_ER	WORD	시스템의 에러(중고장)
_CPU_ER	BOOL	CPU 구성 에러
_IO_TYER	BOOL	모듈 타입 불일치 에러
_IO_DEER	BOOL	모듈 착탈 에러
_FUSE_ER	BOOL	FUSE 단선 에러
_IO_RWER	BOOL	입출력 모듈 읽기/쓰기 에러(고장)
_SP_IFER	BOOL	특수/통신 모듈 인터페이스 에러(고장)
_ANNUN_ER	BOOL	외부기기의 중고장 검출 에러
_WD_ER	BOOL	Scan Watch-Dog 에러
_CODE_ER	BOOL	프로그램 코드 에러
_STACK_ER	BOOL	Stack Overflow 에러
_P_BCK_ER	BOOL	프로그램 에러

A.3 시스템 에러 해제 플래그

예약변수	데이터 타입	내 용
_CNF_ER_M	BYTE	시스템의 에러(중고장) 해제
_IO_DEER_M	BOOL	모듈 착탈 에러 해제
_FUSE_ER_M	BOOL	퓨즈 단선 에러 해제
_IO_RWER_M	BOOL	입출력 모듈 읽기/쓰기 에러 해제
_SP_IFER_M	BOOL	특수/통신 모듈 인터페이스 에러 해제
_ANNUN_ER_M	BOOL	외부기기의 중고장 검출 에러 해제

A.4 시스템 경고 대표 플래그

예약변수	데이터 타입	내 용
_CNF_WAR	WORD	시스템의 경고(경고장)
_RTC_ERR	BOOL	RTC 데이터 이상
_D_BCK_ER	BOOL	데이터 백업 에러
_H_BCK_ER	BOOL	핫 리스타트 수행 불가 에러
_AB_SD_ER	BOOL	비정상 전원차단(Abnormal Shutdown)
_TASK_ERR	BOOL	태스크(Task) 충돌(정주기, 외부 태스크)
_BAT_ERR	BOOL	배터리 이상
_ANNUN_WR	BOOL	외부기기의 경고장 검출
_HSPMT1_ER	BOOL	고속 링크 파라미터 1 이상
_HSPMT2_ER	BOOL	고속 링크 파라미터 2 이상
_HSPMT3_ER	BOOL	고속 링크 파라미터 3 이상
_HSPMT4_ER	BOOL	고속 링크 파라미터 4 이상

A.5 시스템 에러 상세 플래그

예약변수	데이터 타입	내 용
__IO__TYER__N	UINT	모듈 타입 불일치 슬롯 넘버
__IO__TYERR	ARRAY OF BYTE	모듈 타입 불일치 위치
__IO__DEER__N	UINT	모듈 착탈 슬롯 넘버
__IO__DEERR	ARRAY OF BYTE	모듈 착탈 위치
__FUSE__ER__N	UINT	Fuse 단선 슬롯 넘버
__FUSE__ERR	ARRAY OF BYTE	Fuse 단선 슬롯 위치
__IO__RWER__N	UINT	입출력 모듈 읽기/쓰기 에러 슬롯 넘버
__IO__RWERR	ARRAY OF BYTE	입출력 모듈 읽기/쓰기 에러 슬롯 위치
__IP__IFER__N	UINT	특수/링크 모듈 인터페이스 에러 슬롯 넘버
__IP__IFERR	ARRAY OF BYTE	특수/링크 모듈 인터페이스 에러 슬롯 위치
__ANC__ERR	ARRAY OF UINT	외부기기의 중고장 검출
__ANC__WAR	ARRAY OF UINT	외부기기의 경고장 검출
__ANC__WB	ARRAY OF BIT	외부기기의 경고장 검출 비트 Map
__TC__BMAP	ARRAY OF BYTE	태스크 충돌 표시
__TC__CNT	UINT	태스크 충돌 카운터
__BAT__ER__TM	DT	배터리 전압 저하 시각
__AC__F__CNT	UINT	전원차단 카운터
__AC__F__TM	ARRAY OF DT	순시정전 이력

A.6 시스템 운전상태 정보 플래그

예약변수	데이터 타입	내 용
__CPU__TYPE	UINT	시스템의 형태
__VER__NUM	UINT	PLC O/S 버전 보호
__MEM__TYPE	UINT	메모리 모듈의 타입
__SYS__STATE	WORD	PLC 모드 및 상태
__GMWIN__CNF	BYTE	PADT 연결상태
__RST__TY	BYTE	리스타트 모드 정보
__INIT__RUN	BIT	초기화 수행 중
__SCAN__MAX	UINT	최장 스캔 시간(ms)
__SCAN__MIN	UINT	최단 스캔 시간(ms)
__SCAN__CUR	UINT	현재 스캔 시간(ms)
__STSK__NUM	UINT	실행시간 확인을 요하는 태스크 넘버
__STSK__MAX	UINT	최장 태스크 실행 시간(ms)
__STSK__MIN	UINT	최단 태스크 실행 시간(ms)
__STSK__CUR	UINT	현재 태스크 실행 시간(ms)
__RTC__TIME	ARRAY OF BYTE	현재 시각
__SYS__ERR	UINT	이상 종류

A.7 통신 모듈 정보 플래그

[n은 통신 모듈이 장착되어 있는 슬롯 번호에 해당(n=0-7)]

예약변수	데이터 타입	내 용
__CnVERNO	UINT	통신 모듈의 버전 No.
__CnSTNOH __CnSTNOL	UINT	통신 모듈의 국번
__CnTXECNT	UINT	통신 프레임 전송 에러

예약변수	데이터 타입	내 용
__CnRXECNT	UINT	통신 프레임 수신 에러
__CnSVCFCNT	UINT	통신 서비스 처리 에러
__CnSCANMX	UINT	통신 스캔 타임 최대(1ms 단위)
__CnSCANAV	UINT	통신 스캔 타임 평균(1ms 단위)
__CnSCANMN	UINT	통신 스캔 타임 최소(1ms 단위)
__CnLINF	UINT	통신 모듈 시스템 정보
__CnCRDER	BOOL	통신 모듈의 시스템 에러(에러=1)
__CnSVBSY	BOOL	공용 RAM 자원 부족(부족=1)
__CnIFERR	BOOL	인터페이스 에러(에러=1)
__CnINRING	BOOL	통신 참여(IN__RING=1)

A.8 리모트 I/O 제어 플래그

[m은 통신 모듈이 장착되어 있는 슬롯 번호에 해당(m=0-7)]

예약변수	데이터 타입	내 용
__FSMm__reset	BOOL(Write 가능)	리모트 I/O국 리셋 제어(리셋=1)
__FSMm__io__reset	BOOL(Write 가능)	리모트 I/O국의 출력 접점 리셋 제어 (리셋=1)
__FSMm__st__no	USINT(Write 가능)	해당 리모트 I/O국의 국번호

A.9 고속 링크 정보 상세 플래그

[m은 고속 링크 파라미터의 번호(m=1,2,3,4)에 해당]

예약변수	데이터 타입	내 용
__HSmRLINK	BIT	고속 링크의 RUN__LINK 정보
__HSmLTRBL	BIT	고속 링크의 비정상 정보(Link Trouble)
__HSmSTATE	ARRAY OF BIT	고속 링크의 파라미터에서 k 데이터 블록의 종합적 통신상태 정보
__HSmMOD	ARRAY OF BIT	고속 링크의 파라미터에서 k 데이터 블록에 설정된 국의 모드 정보(Run=1, 이외=0)
__HSmTRX	ARRAY OF BIT	고속 링크의 파라미터에서 k 데이터 블록의 통신상태 정보(정상=1, 비정상=0)
__HSmERR	ARRAY OF BIT	고속 링크의 파라미터에서 k 데이터 블록에 설정된 국의 상태 정보(정상=0, 에러=1)

GLOFA PLC

부록 B
예 약 어

예약어는 시스템에서 사용하기 위해 미리 정의한 단어들이다. 따라서 식별자로 이 예약어를 사용할 수 없다.

예　　약　　어
ACTION...END_ACTION
ARRAY...OF
AT
CASE...OF...ELSE...END_CASE
CONFIGURATION...END_CONFIGURATION
데이터 타입 이름
DATE#, D# DATE_AND_TIME#, DT#
EXIT
FOR..TO...BY...DO...END_FOR
FUNCTION...END_FUNCTION
FUNCTION_BLOCK...END_FUNCTION_BLOCK
펑션 블록의 이름들
IF...THEN...ELSIF...ELSE...END_IF

예 약 어
OK
연산자(IL 언어) 연산자(ST 언어)
PROGRAM
PROGRAM...END_PROGRAM
REPEAT...UNTIL...END_REPEAT
RESOURCE...END_RESOURCE
RETAIN
RETURN
STEP...END_STEP
STRUCTURE...END_STRUCTURE
T#
TASK_WITH
TIME_OF_DAY#, TOD#
TRANSITION...FROM...TO...END_TRANSITION
TYPE...END_TYPE
VAR...END_VAR VAR_INPUT...END_VAR VAR_OUTPUT...END_VAR VAR_IN_OUT...END_VAR VAR_EXTERNAL...END_VAR
VAR_ACCESS...END_VAR
VAR_GLOBAL...END_VAR
WHILE...DO...END_WHILE
WITH

부록 C

펑션과 펑션 블록

C.1 펑 션

(1) 타입 변환 펑션

펑션 그룹	펑션 이름	입력 데이터 타입	출력 데이터 타입	적용기종		
				GMR ~2	GM3	GM4 ~7
ARY_ASC_TO_***	ARY_ASC_TO_BYTE	WORD(ASCII)	BYTE	○	○	○
	ARY_ASC_TO_BCD	WORD(ASCII)	BYTE(BCD)	○	○	○
ARY_BYTE_TO_***	ARY_BYTE_TO_ASC	BYTE	WORD(ASCII)	○	○	○
ARY_BCD_TO_***	ARY_BCD_TO_ASC	BYTE(BCD)	WORD(ASCII)	○	○	○
ASC_TO_***	ASC_TO_BCD	BYTE(BCD)	USINT	○	○	○
	ASC_TO_BYTE	WORD(BCD)	UINT	○	○	○
BCD_TO_***	BCD_TO_SINT	BYTE(BCD)	SINT	○	○	○
	BCD_TO_INT	WORD(BCD)	INT	○	○	○
	BCD_TO_DINT	DWORD(BCD)	DINT	○	○	○
	BCD_TO_LINT	LWORD(BCD)	LINT	○		
	BCD_TO_USINT	BYTE(BCD)	USINT	○	○	○

펑션 그룹	펑션 이름	입력 데이터 타입	출력 데이터 타입	적용기종		
				GMR ~2	GM3	GM4 ~7
BCD_TO_***	BCD_TO_UINT	WORD(BCD)	UINT	○	○	○
	BCD_TO_UDINT	DWORD(BCD)	UDINT	○	○	○
	BCD_TO_ULINT	LWORD(BCD)	ULINT	○		
	BCD_TO_ASC	BYTE(BCD)	WORD	○	○	○
TRUNC	TRUNC	REAL	DINT	○		
		LREAL	LINT	○		
REAL_TO_***	REAL_TO_SINT	REAL	SINT	○		
	REAL_TO_INT	REAL	INT	○		
	REAL_TO_DINT	REAL	DINT	○		
	REAL_TO_LINT	REAL	LINT	○		
	REAL_TO_USINT	REAL	USINT	○		
	REAL_TO_UINT	REAL	UINT	○		
	REAL_TO_UDINT	REAL	UDINT	○		
	REAL_TO_ULINT	REAL	ULINT	○		
	REAL_TO_DWORD	REAL	DWORD	○		
	REAL_TO_LREAL	REAL	LREAL	○		
LREAL_TO_***	LREAL_TO_SINT	LREAL	SINT	○		
	LREAL_TO_INT	LREAL	INT	○		
	LREAL_TO_DINT	LREAL	DINT	○		
	LREAL_TO_LINT	LREAL	LINT	○		
	LREAL_TO_USINT	LREAL	USINT	○		
	LREAL_TO_UINT	LREAL	UINT	○		
	LREAL_TO_UDINT	LREAL	UDINT	○		
	LREAL_TO_ULINT	LREAL	ULINT	○		
	LREAL_TO_LWORD	LREAL	LWORD	○		
	LREAL_TO_REAL	LREAL	REAL	○		
SINT_TO_***	SINT_TO_INT	SINT	INT	○	○	○
	SINT_TO_DINT	SINT	DINT	○	○	○
	SINT_TO_LINT	SINT	LINT	○		
	SINT_TO_USINT	SINT	USINT	○	○	○

펑션 그룹	펑션 이름	입력 데이터 타입	출력 데이터 타입	적용기종		
				GMR ~2	GM3	GM4 ~7
SINT_TO_***	SINT_TO_UINT	SINT	UINT	○	○	○
	SINT_TO_UDINT	SINT	UDINT	○	○	○
	SINT_TO_ULINT	SINT	ULINT	○		
	SINT_TO_BOOL	SINT	BOOL	○	○	○
	SINT_TO_BYTE	SINT	BYTE	○	○	○
	SINT_TO_WORD	SINT	WORD	○	○	○
	SINT_TO_DWORD	SINT	DWORD	○	○	○
	SINT_TO_LWORD	SINT	LWORD	○		
	SINT_TO_BCD	SINT	BYTE(BCD)	○	○	○
	SINT_TO_REAL	SINT	REAL	○		
	SINT_TO_LREAL	SINT	LREAL	○		
INT_TO_***	INT_TO_SINT	INT	SINT	○	○	○
	INT_TO_DINT	INT	DINT	○	○	○
	INT_TO_LINT	INT	LINT	○		
	INT_TO_USINT	INT	USINT	○	○	○
	INT_TO_UINT	INT	UINT	○	○	○
	INT_TO_UDINT	INT	UDINT	○	○	○
	INT_TO_ULINT	INT	ULINT	○		
	INT_TO_BOOL	INT	BOOL	○	○	○
	INT_TO_BYTE	INT	BYTE	○	○	○
	INT_TO_WORD	INT	WORD	○	○	○
	INT_TO_DWORD	INT	DWORD	○	○	○
	INT_TO_LWORD	INT	LWORD	○		
	INT_TO_BCD	INT	WORD(BCD)	○	○	○
	INT_TO_REAL	INT	REAL	○		
	INT_TO_LREAL	INT	LREAL	○		
DINT_TO_***	DINT_TO_SINT	DINT	SINT	○	○	○
	DINT_TO_INT	DINT	INT	○	○	○
	DINT_TO_LINT	DINT	LINT	○		

펑션 그룹	펑션 이름	입력 데이터 타입	출력 데이터 타입	적용기종		
				GMR ~2	GM3	GM4 ~7
DINT_TO_***	DINT_TO_USINT	DINT	USINT	○	○	○
	DINT_TO_UINT	DINT	UINT	○	○	○
	DINT_TO_UDINT	DINT	UDINT	○	○	○
	DINT_TO_ULINT	DINT	ULINT	○		
	DINT_TO_BOOL	DINT	BOOL	○	○	○
	DINT_TO_BYTE	DINT	BYTE	○	○	○
	DINT_TO_WORD	DINT	WORD	○	○	○
	DINT_TO_DWORD	DINT	DWORD	○	○	○
	DINT_TO_LWORD	DINT	LWORD	○		
	DINT_TO_BCD	DINT	DWORD(BCD)	○	○	○
	DINT_TO_REAL	DINT	REAL	○		
	DINT_TO_LREAL	DINT	LREAL	○		
LINT_TO_***	LINT_TO_SINT	LINT	SINT	○		
	LINT_TO_INT	LINT	INT	○		
	LINT_TO_LINT	LINT	LINT	○		
	LINT_TO_USINT	LINT	USINT	○		
	LINT_TO_UINT	LINT	UINT	○		
	LINT_TO_UDINT	LINT	UDINT	○		
	LINT_TO_ULINT	LINT	ULINT	○		
	LINT_TO_BOOL	LINT	BOOL	○		
	LINT_TO_BYTE	LINT	BYTE	○		
	LINT_TO_WORD	LINT	WORD	○		
	LINT_TO_DWORD	LINT	DWORD	○		
	LINT_TO_LWORD	LINT	LWORD	○		
	LINT_TO_BCD	LINT	LWORD(BCD)	○		
	LINT_TO_REAL	LINT	REAL	○		
	LINT_TO_LREAL	LINT	LREAL	○		
USINT_TO_***	USINT_TO_SINT	USINT	SINT	○	○	○
	USINT_TO_INT	USINT	INT	○	○	○

펑션 그룹	펑션 이름	입력 데이터 타입	출력 데이터 타입	적용기종		
				GMR ~2	GM3	GM4 ~7
USINT_TO_***	USINT_TO_LINT	USINT	LINT	○	○	○
	USINT_TO_USINT	USINT	USINT	○		
	USINT_TO_UINT	USINT	UINT	○	○	○
	USINT_TO_UDINT	USINT	UDINT	○	○	○
	USINT_TO_ULINT	LINT	ULINT	○		
	USINT_TO_BOOL	LINT	BOOL	○	○	○
	USINT_TO_BYTE	LINT	BYTE	○	○	○
	USINT_TO_WORD	LINT	WORD	○	○	○
	USINT_TO_DWORD	LINT	DWORD	○	○	○
	USINT_TO_LWORD	LINT	LWORD	○		
	USINT_TO_BCD	LINT	BYTE(BCD)	○	○	○
	USINT_TO_REAL	LINT	REAL	○		
	USINT_TO_LREAL	LINT	LREAL	○		
UINT_TO_***	UINT_TO_SINT	UINT	SINT	○	○	○
	UINT_TO_INT	UINT	INT	○	○	○
	UINT_TO_DINT	UINT	DINT	○	○	○
	UINT_TO_LINT	UINT	LINT	○		
	UINT_TO_USINT	UINT	USINT	○	○	○
	UINT_TO_UDINT	UINT	UDINT	○	○	○
	UINT_TO_ULINT	UINT	ULINT	○		
	UINT_TO_BOOL	UINT	BOOL	○	○	○
	UINT_TO_BYTE	UINT	BYTE	○	○	○
	UINT_TO_WORD	UINT	WORD	○	○	○
	UINT_TO_DWORD	UINT	DWORD	○	○	○
	UINT_TO_LWORD	UINT	LWORD	○		
	UINT_TO_BCD	UINT	WORD(BCD)	○	○	○
	UINT_TO_REAL	UINT	REAL	○		
	UINT_TO_LREAL	UINT	LREAL	○		
	UINT_TO_DATE	UINT	DATE	○	○	○

펑션 그룹	펑션 이름	입력 데이터 타입	출력 데이터 타입	적용기종		
				GMR ~2	GM3	GM4 ~7
UDINT_TO_***	UDINT_TO_SINT	UDINT	SINT	○	○	○
	UDINT_TO_INT	UDINT	INT	○	○	○
	UDINT_TO_DINT	UDINT	DINT	○	○	○
	UDINT_TO_LINT	UDINT	LINT	○		
	UDINT_TO_USINT	UDINT	USINT	○	○	○
	UDINT_TO_UDINT	UDINT	UDINT	○	○	○
	UDINT_TO_ULINT	UDINT	ULINT	○		
	UDINT_TO_BOOL	UDINT	BOOL	○	○	○
	UDINT_TO_BYTE	UDINT	BYTE	○	○	○
	UDINT_TO_WORD	UDINT	WORD	○	○	○
	UDINT_TO_DWORD	UDINT	DWORD	○	○	○
	UDINT_TO_LWORD	UDINT	LWORD	○		
	UDINT_TO_BCD	UDINT	WORD(BCD)	○	○	○
	UDINT_TO_REAL	UDINT	REAL	○		
	UDINT_TO_LREAL	UDINT	LREAL	○		
	UDINT_TO_TOD	UDINT	TOD	○	○	○
	UDINT_TO_TIME	UDINT	TIME	○	○	○
ULINT_TO_***	ULINT_TO_SINT	ULINT	SINT	○		
	ULINT_TO_INT	ULINT	INT	○		
	ULINT_TO_DINT	ULINT	DINT	○		
	ULINT_TO_LINT	ULINT	LINT	○		
	ULINT_TO_USINT	ULINT	USINT	○		
	ULINT_TO_UINT	ULINT	UINT	○		
	ULINT_TO_UDINT	ULINT	UDINT	○		
	ULINT_TO_BOOL	ULINT	BOOL	○		
	ULINT_TO_BYTE	ULINT	BYTE	○		
	ULINT_TO_WORD	ULINT	WORD	○		
	ULINT_TO_DWORD	ULINT	DWORD	○		
	ULINT_TO_LWORD	ULINT	LWORD	○		

펑션 그룹	펑션 이름	입력 데이터 타입	출력 데이터 타입	적용기종		
				GMR ~2	GM3	GM4 ~7
ULINT_TO_***	ULINT_TO_BCD	ULINT	LWORD(BCD)	○		
	ULINT_TO_REAL	ULINT	REAL	○		
	ULINT_TO_LREAL	ULINT	LREAL	○		
BOOL_TO_***	BOOL_TO_SINT	BOOL	SINT	○	○	○
	BOOL_TO_INT	BOOL	INT	○	○	○
	BOOL_TO_DINT	BOOL	DINT	○	○	○
	BOOL_TO_LINT	BOOL	LINT	○		
	BOOL_TO_USINT	BOOL	USINT	○	○	○
	BOOL_TO_UINT	BOOL	UINT	○	○	○
	BOOL_TO_UDINT	BOOL	UDINT	○	○	○
	BOOL_TO_ULINT	BOOL	ULINT	○		
	BOOL_TO_BYTE	BOOL	BYTE	○	○	○
	BOOL_TO_WORD	BOOL	WORD	○	○	○
	BOOL_TO_DWORD	BOOL	DWORD	○	○	○
	BOOL_TO_LWORD	BOOL	LWORD	○		
	BOOL_TO_STRING	BOOL	STRING	○	○	○
WORD_TO_***	WORD_TO_SINT	WORD	SINT	○	○	○
	WORD_TO_INT	WORD	INT	○	○	○
	WORD_TO_DINT	WORD	DINT	○	○	○
	WORD_TO_LINT	WORD	LINT	○		
	WORD_TO_USINT	WORD	USINT	○	○	○
	WORD_TO_UINT	WORD	UINT	○	○	○
	WORD_TO_UDINT	WORD	UDINT	○	○	○
	WORD_TO_ULINT	WORD	ULINT	○		
	WORD_TO_BOOL	WORD	BOOL	○	○	○
	WORD_TO_BYTE	WORD	BYTE	○	○	○
	WORD_TO_DWORD	WORD	DWORD	○	○	○
	WORD_TO_LWORD	WORD	LWORD	○		
	WORD_TO_DATE	WORD	DATE	○	○	○
	WORD_TO_STRING	WORD	STRING	○	○	○

펑션 그룹	펑션 이름	입력 데이터 타입	출력 데이터 타입	적용기종		
				GMR ~2	GM3	GM4 ~7
DWORD_TO_***	DWORD_TO_SINT	DWORD	SINT	○	○	○
	DWORD_TO_INT	DWORD	INT	○	○	○
	DWORD_TO_DINT	DWORD	DINT	○	○	○
	DWORD_TO_LINT	DWORD	LINT	○		
	DWORD_TO_USINT	DWORD	USINT	○	○	○
	DWORD_TO_UINT	DWORD	UINT	○	○	○
	DWORD_TO_UDINT	DWORD	UDINT	○	○	○
	DWORD_TO_ULINT	DWORD	ULINT	○		
	DWORD_TO_BOOL	DWORD	BOOL	○	○	○
	DWORD_TO_BYTE	DWORD	BYTE	○	○	○
	DWORD_TO_WORD	DWORD	WORD	○	○	○
	DWORD_TO_LWORD	DWORD	LWORD	○		
	DWORD_TO_REAL	DWORD	REAL	○		
	DWORD_TO_TIME	DWORD	TIME	○	○	○
	DWORD_TO_TOD	DWORD	TOD	○	○	○
	DWORD_TO_STRING	DWORD	STRING	○	○	○
LWORD_TO_***	LWORD_TO_SINT	LWORD	SINT	○		
	LWORD_TO_INT	LWORD	INT	○		
	LWORD_TO_DINT	LWORD	DINT	○		
	LWORD_TO_LINT	LWORD	LINT	○		
	LWORD_TO_USINT	LWORD	USINT	○		
	LWORD_TO_UINT	LWORD	UINT	○		
	LWORD_TO_UDINT	LWORD	UDINT	○		
	LWORD_TO_ULINT	LWORD	ULINT	○		
	LWORD_TO_BOOL	LWORD	BOOL	○		
	LWORD_TO_BYTE	LWORD	BYTE	○		
	LWORD_TO_WORD	LWORD	WORD	○		
	LWORD_TO_DWORD	LWORD	DWORD	○		
	LWORD_TO_LREAL	LWORD	LREAL	○		
	LWORD_TO_DT	LWORD	DT	○		
	LWORD_TO_STRING	LWORD	STRING	○		

펑션 그룹	펑션 이름	입력 데이터 타입	출력 데이터 타입	적용기종		
				GMR ~2	GM3	GM4 ~7
STRING_TO_***	STRING_TO_SINT	STRING	SINT	○	○	○
	STRING_TO_INT	STRING	INT	○	○	○
	STRING_TO_DINT	STRING	DINT	○	○	○
	STRING_TO_LINT	STRING	LINT	○		
	STRING_TO_USINT	STRING	USINT	○	○	○
	STRING_TO_UINT	STRING	UINT	○	○	○
	STRING_TO_UDINT	STRING	UDINT	○	○	○
	STRING_TO_ULINT	STRING	ULINT	○		
	STRING_TO_BOOL	STRING	BOOL	○	○	○
	STRING_TO_BYTE	STRING	BYTE	○	○	○
	STRING_TO_WORD	STRING	WORD	○	○	○
	STRING_TO_DWORD	STRING	DWORD	○	○	○
	STRING_TO_LWORD	STRING	LWORD	○		
	STRING_TO_REAL	STRING	REAL	○		
	STRING_TO_LREAL	STRING	LREAL	○		
	STRING_TO_DT	STRING	DT	○	○	○
	STRING_TO_DATE	STRING	DATE	○	○	○
	STRING_TO_TOD	STRING	TOD	○	○	○
	STRING_TO_TIME	STRING	TIME	○	○	○
NUM_TO_STRING	NUM_TO_STRING	ANY_NUM	STRING	○	○	○
TIME_TO_***	TIME_TO_UDINT	TIME	UDINT	○	○	○
	TIME_TO_DWORD	TIME	DWORD	○	○	○
	TIME_TO_STRING	TIME	STRING	○	○	○
DATE_TO_***	DATE_TO_UINT	DATE	UINT	○	○	○
	DATE_TO_WORD	DATE	WORD	○	○	○
	DATE_TO_STRING	DATE	STRING	○	○	○
TOD_TO_***	TOD_TO_UDINT	TOD	UDINT	○	○	○
	TOD_TO_DWORD	TOD	DWORD	○	○	○
	TOD_TO_STRING	TOD	STRING	○	○	○
DT_TO_***	DT_TO_LWORD	DT	LWORD	○		
	DT_TO_DATE	DT	DATE	○	○	○
	DT_TO_TOD	DT	TOD	○	○	○
	DT_TO_STRING	DT	STRING	○	○	○

(2) 수치연산 펑션

① 하나의 입력을 갖는 수치연산 펑션

	NO	펑션 이름	기 능
일반 펑션	1	ABS	절대값 연산(Absolute Value)
	2	SQRT	제곱근 연산(Square Root)
로그 펑션	3	LN	자연대수 연산(Natural Logarithm)
	4	LOG	상용대수 연산(Logarithm Base To 10)
	5	EXP	자연지수 연산(Natural Exponential)
삼각 펑션	6	SIN	사인값 연산(Sine)
	7	COS	코사인값 연산(Cosine)
	8	TAN	탄젠트값 연산(Tangent)
	9	ASIN	아크 사인값 연산(Arc Sine)
	10	ACOS	아크 코사인값 연산(Arc Cosine)
	11	ATAN	아크 탄젠트값 연산(Arc Tangent)
각도 펑션	12	RAD_REAL	각도의 단위를 (°)에서 라디안(Radian)으로 변환
	13	RAD_LREAL	
	14	DEG_REAL	라디안(Radian)값을 각도(°)로 변환
	15	DEG_LREAL	

[주] 1. GMR, GM1, GM2에서만 지원된다.
2. ABS는 GM3, GM4, GM6, GM7에서도 지원된다.

② 기본 수치연산 펑션

	NO	펑션 이름	기 능
입력개수 확장 가능 (단, n은 8까지 가능)	1	ADD	더하기(OUT=IN1+IN2+…+INn)
	2	MUL	곱하기(OUT=IN1*IN2*…*INn)
입력개수가 일정한 연산 펑션	3	SUB	빼기(OUT=IN1−IN2)
	4	DIV	나누기(OUT=IN1/IN2)
	5	MOD	나머지 구하기(OUT=IN1 Modulo IN2)
	6	EXPT	지수연산(OUT=$IN1^{IN2}$)
	7	MOVE	데이터 복사(OUT=IN)
입력 데이터 값 교환	8	XCHG_***	입력 데이터 값을 서로 교환

[주] 1. EXPT는 GMR, GM1, GM2에서만 지원된다.
2. XCHG_***는 GM3, GM4, GM6, GM7에서도 지원된다.

(3) 비트열 펑션

① 비트 시프트 펑션

NO	펑션 이름	기　능
1	SHL	입력을 N비트 왼쪽으로 이동(오른쪽은 0으로 채움)
2	SHR	입력을 N비트 오른쪽으로 이동(왼쪽은 0으로 채움)
3	SHIFT__C__***	입력을 N비트만큼 지정된 방향으로 이동(Carry 발생)
4	ROL	입력을 N비트 왼쪽으로 회전
5	ROR	입력을 N비트 오른쪽으로 회전
6	ROTATE__C__***	입력을 N비트만큼 지정된 방향으로 회전(Carry 발생)

② 비트 연산 펑션

NO	펑션 이름	기　능
1	AND	논리곱(OUT <= IN1 AND IN2 AND ... AND INn)
2	OR	논리합(OUT <= IN1 OR IN2 OR ... OR INn)
3	XOR	배타적 논리합(OUT <= IN1 XOR IN2 XOR ... XOR INn)
4	NOT	논리 반전(OUT <= NOT IN1)

(4) 선택 펑션

NO	펑션 이름	기　능
1	SEL	입력 IN0와 IN1 중에 선택하여 출력
2	MAX	입력 IN1, …, INn 중에 최대값 출력
3	MIN	입력 IN1, …, INn 중에 최소값 출력
4	LIMIT	상하한 제한값 출력
5	MUX	입력 IN0, …, INn 중 K번째 입력을 출력

(5) 데이터 교환 펑션

NO	펑션 이름	기 능
1	SWAP_BYTE	BYTE의 상·하위 Nibble을 교환하여 출력
	SWAP_WORD	WORD의 상·하위 BYTE를 교환하여 출력
	SWAP_DWORD	DWORD의 상·하위 WORD를 교환하여 출력
	SWAP_LWORD	LWORD의 상·하위 DWORD를 교환하여 출력
2	ARY_SWAP_BYTE	Array로 입력된 BYTE의 상·하위 Nibble을 교환하여 출력
	ARY_SWAP_WORD	Array로 입력된 WORD의 상·하위 BYTE를 교환하여 출력
	ARY_SWAP_DWORD	Array로 입력된 DWORD의 상·하위 WORD를 교환하여 출력
	ARY_SWAP_LWORD	Array로 입력된 LWORD의 상·하위 DWORD를 교환하여 출력

(6) 비교 펑션

NO	펑션 이름	기 능
1	GT	'크다' 비교 OUT <= (IN1>IN2) & (IN2>IN3) & … & (INn-1>INn)
2	GE	'크거나 작다' 비교 OUT <= (IN1>=IN2) & (IN2>=IN3) & … & (INn-1>=INn)
3	EQ	'같다' 비교 OUT <= (IN1=IN2) & (IN2=IN3) & … & (INn-1=INn)
4	LE	'작거나 같다' 비교 OUT <= (IN1<=IN2) & (IN2<=IN3) & … & (INn-1<= INn)
5	LT	'작다' 비교 OUT <= (IN1<IN2) & (IN2<IN3) & … & (INn-1<INn)
6	NE	'같지 않다' 비교 OUT <= (IN1<>IN2) & (IN2<>IN3) & … & (INn-1<>INn)

(7) 문자열 펑션

NO	펑션 이름	기 능
1	LEN	입력 문자열의 길이 구하기
2	LEFT	입력 문자열을 왼쪽으로부터 L만큼 출력
3	RIGHT	입력 문자열을 오른쪽으로부터 L만큼 출력
4	MID	입력 문자열의 P번째부터 L만큼 출력
5	CONCAT	입력 문자열을 붙여 출력
6	INSERT	첫 번째 입력 문자열의 P번째 문자 뒤에 두 번째 입력 문자열을 삽입하여 출력
7	DELETE	입력 문자열의 P번째 문자부터 L개 문자를 삭제하여 출력
8	REPLACE	첫 번째 입력 문자열의 P번째 문자부터 L개 문자를 두 번째 입력 문자열로 대치하여 출력
9	FIND	첫 번째 입력 문자열 중에 두 번째 입력 문자열 패턴과 동일한 부분을 찾아 시작 문자 위치를 출력

(8) 날짜 시각 펑션

NO	펑션 이름	기 능
1	ADD__TIME	시간, 시각 및 날짜 시각에 시간 더하기
2	SUB__TIME	시간, 시각 및 날짜 시각에 시간 빼기
	SUB__DATE	날짜에서 날짜를 빼서 시간 산출하기
	SUB__TOD	시각에서 시각을 빼서 시간 산출하기
	DUB__DT	날짜 시각에서 날짜 시각을 빼서 시간 산출하기
3	MUL__TIME	시간에 숫자 곱하기
4	DIV__TIME	시간에 숫자 나누기
5	CONCAT__TIME	날짜와 시각을 붙여서 날짜 시각 만들기

(9) 시스템 제어 펑션

NO	펑션 이름	기 능
1	DI	태스크 프로그램 기동 불허
2	EI	태스크 프로그램 기동 허가
3	STOP	프로그램에 의한 운전정지
4	ESTOP	프로그램에 의한 비상 운전정지
5	DIREC_IN	입력 데이터 즉시 갱신(GM1-GM7에 적용)
6	DIREC_O	출력 모듈 데이터 즉시 갱신(GM1-GM7에 적용)
7	WDT_RST	Watch_Dog 타이머 갱신
8	MCS	Master Control
9	MCSCLR	Master Control Clear

(10) 데이터 조작 명령 펑션

NO	펑션 이름	기 능
1	MEQ_***	입력값을 Masking한 후 이 값들을 비교
2	DIS_***	입력값들을 지정된 Bit 개수 단위로 출력
3	UNI_***	Array로 입력된 값을 지정된 Bit 수만큼 결합
4	BIT_BYTE	8개의 Bit들을 Byte로 모음
5	BYTE_BIT	Byte를 8개의 Bit로 나눔
6	BYTE_WORD	2개의 Byte들을 Word로 모음
7	WORD_BYTE	Word를 2개의 Byte로 나눔
8	WORD_DWORD	2개의 Word들을 Dword로 모음
9	DWORD_WORD	Dword를 2개의 Word로 나눔
10	DWORD_LWORD	2개의 Dword들을 Lword로 모음
11	LWORD_DWORD	Lword를 2개의 Dword로 나눔
12	GET_CHAR	지정된 문자열로부터 한 문자(Character)를 추출
13	PUT_CHAR	지정된 문자를 지정된 문자열에 쓰기
14	STRING_TO_ARY	지정된 문자열을 Byte Array로 변환
15	ARY_TO_STRING	Byte Array를 지정된 문자열로 변환

(11) 스택 연산 명령 펑션

NO	펑션 이름	기 능
1	FIFO_***	선입 선출 명령
2	LIFO_***	후입 선출 명령

C.2 MK(MASTER_K) 펑션

NO	펑션 이름	기 능
1	ENCO_***	ON된 비트 위치를 숫자로 출력
2	DECO_***	지정된 비트 위치를 ON
3	BSUM_***	ON된 비트 개수를 숫자로 출력
4	SEG	BCD 또는 HEX 값을 7 세그먼트 디스플레이 코드로 변환
5	BMOV_***	비트 스트링의 일부분을 복사, 이동
6	INC_***	IN 데이터를 하나 증가
7	DEC_***	IN 데이터를 하나 감소

C.3 Array 연산 명령 펑션

NO	펑션 이름	기 능
1	ARY_MOVE	Array Type의 데이터 복사(OUT <= IN)
2	ARY_CMP_***	2개의 Array로 입력된 값을 동일한 값이 있는지 비교
3	ARY_SCH_***	Array 내에서 입력된 값과 동일한 값을 찾아 출력
4	ARY_FLL_***	입력 데이터 값으로 Array 내부의 선택 영역을 채움
5	ARY_AVE_***	Array 내부의 지정된 영역에 대하여 평균값을 구함
6	ARY_SFT_C_***	Array의 Bit들을 정해진 개수만큼 지정된 방향으로 이동
7	ARY_ROT_C_***	Array의 Bit들을 정해진 개수만큼 지정된 방향으로 회전
8	SHIFT_A_***	Array 블록 중 지정된 범위의 값들을 지정된 방향으로 이동
9	ROTATE_A_***	Array 블록 중 지정된 범위의 값들을 지정된 방향으로 회전

C.4 기본 펑션 블록

(1) 바이스테이블 펑션 블록

NO	펑션 이름	기 능
1	SR	세트 우선 쌍안정 출력
2	RS	리셋 우선 쌍안정 출력
3	SEMA	시스템 자원 제어용 Semaphore

(2) 에지 검출 펑션 블록

NO	펑션 이름	기 능
1	R_TRIG	상승 에지 검출(Rising Edge Detector)
2	F_TRIG	하강 에지 검출(Falling Edge Detector)

(3) 카 운 터

NO	펑션 이름	기 능
1	CTU	가산 카운터(Up Counter)
2	CTD	감산 카운터(Down Counter)
3	CTUD	가감산 카운터(Up Down Counter)
4	CTR	링 카운터(Ring Counter)

(4) 타 이 머

NO	펑션 이름	기 능
1	TP	펄스 타이머(Pulse Timer)
2	TON	On 딜레이 타이머(On-Delay Timer)
3	TOF	Off 딜레이 타이머(Off-Delay Timer)

NO	펑션 이름	기 능
4	TMR	적산 타이머(Integrating Timer)
5	TP_RST	펄스 타이머의 출력 Off가 가능한 모노스테이블 타이머
6	TRTG	리트리거러블 타이머(Retriggerable Timer)
7	TOF_RST	동작 중 출력 Off가 가능한 Off 딜레이 타이머 (Off-Delay timer)
8	TON_UNIT	정수 설정 On 딜레이 타이머(On-Delay Timer)
9	TOF_UNIT	정수 설정 Off 딜레이 타이머(Off-Delay Timer)
10	TP_UNIT	정수 설정 펄스 타이머(Pulse Timer)
11	TMR_UNIT	정수 설정 적산 타이머(Integrating Timer)

(5) 기타 펑션 블록

NO	펑션 이름	기 능
1	SCON	순차 스텝 및 스텝 점프
2	DUTY	지정된 Scan마다 On/Off 반복

부록 D
명령어 일람표

D.1 기본접점

구분	명령어	기호	기능설명	비고
시퀀스연산자	A접점	─┤ ├─	A접점 연산	
	B접점	─┤/├─	B접점 연산	
	상승 검출 접점	─┤P├─	상승 에지에서 1Scan On 접점	
	하강 검출 접점	─┤N├─	하강 에지에서 1Scan On 접점	
	출력 코일	─( )─	연산결과 출력	
	반전 코일	─(/)─	연산결과 반전 출력	
	출력 Set	─(S)─	연산결과 Set 출력	
	출력 Reset	─(R)─	연산결과 Reset 출력	

구분	명령어	기호	기능설명	비고
시퀀스연산자	상승 검출 출력	—(P)—	상승 에지에서 1Scan On 출력	
	하강 검출 출력	—(N)—	하강 에지에서 1Scan On 출력	
	점프	—>>	레이블 위치로 점프	
	프로그램 종료	—< RETURN >—	현재 프로그램 종료	

D.2 펑 션

구 분	명 령 어	기 능 설 명	비 고
전송 펑션	MOVE	*데이터 전송 IN : 전송원(모든 형식) OUT : 전송선(모든 형식)	
변환 펑션	***_TO_***	*데이터 형식 변환 펑션 IN : 전송원 OUT : 전송선 *변환 명령 펑션의 종류 -SINT_TO_INT 외 14종 -INT_TO_SINT 외 14종 -DINT_TO_SINT 외 14종 -LINT_TO_SINT 외 14종 -USINT_TO_SINT 외 14종 -UINT_TO_SINT 외 14종 -UDINT_TO_SINT 외 14종 -ULINT_TO_SINT 외 14종 -BYTE_TO_SINT 외 14종 -WORD_TO_SINT 외 14종 -DWORD_TO_SINT 외 14종 -LWORD_TO_SINT 외 14종 -BCD_TO_SINT 외 7종 -REAL_TO_SINT 외 7종	LINT ULINT LWORD REAL LREAL 관련 펑션은 GM1과 GM2 만 가능

구 분	명 령 어	기 능 설 명	비 고
변환펑션	***__TO__***	-LREAL__TO__SINT 외 7종 -STRING__TO__SINT 외 18종 -NUM__TO__STRING -TIME__TO__UDINT 외 2종 -DATE__TO__UINT 외 2종 -TOD__TO__UDINT 외 2종 -DT__TO__DATE 외 2종	
	TRUNC	*실수를 정수로 변환 IN : 전송원(REAL, LREAL) OUT : 전송선(DINT, LINT)	GM1, GM2 전용
펑션수치 연산펑션	ADD	*덧셈 펑션 IN1~IN8 : 더할 값(Any__INT) OUT : 결과값(Any__INT)	
전송펑션	MOVE	*데이터 전송 IN : 전송원(모든 형식) OUT : 전송선(모든 형식)	
	SUB	*뺄셈 펑션 IN1 : 연산원(Any__INT) IN2 : 뺄 값(Any__INT) OUT : 결과값(Any__INT)	
	MUL	*곱셈 펑션 IN1~IN8 : 곱할 값(Any__INT) OUT : 결과값(Any__INT)	
	DIV	*나눗셈(몫) IN1 : 연산원(Any__INT) IN2 : 나눌 값(Any__INT) OUT : 몫(Any__INT)	
	MOD	*나눗셈(나머지) IN1 : 연산원(Any__INT) IN2 : 나눌 값((Any__INT) OUT : 나머지(Any__INT)	
	EXPT	*지수연산 IN1 : 정수(Any__REAL) IN2 : 지수(Any__REAL) OUT : 결과값(Any__REAL)	GM1, GM2 전용

구 분	명령어	기능설명	비 고
전송 펑션	ABS	*절대값 IN : 정수(Any__INT) OUT : 결과값(Any__INT)	
	SQRT	*제곱근 IN : 연산원(Any__REAL) OUT : 결과값(Any__REAL)	GM1, GM2 전용
수치연산 펑션	LN	*자연대수 IN : 연산원(Any__REAL) OUT : 결과값(Any__REAL)	GM1, GM2 전용
	LOG	*상용대수 IN : 연산원(Any__REAL) OUT : 결과값(Any__REAL)	GM1, GM2 전용
	EXP	*자연지수 IN : 연산원(Any__REAL) OUT : 결과값(Any__REAL)	GM1, GM2 전용
삼각 펑션	SIN	*사인 연산 IN : 연산원(Any__REAL) OUT : 결과값(Any__REAL)	GM1, GM2 전용
	COS	*코사인 연산 IN : 연산원(Any__REAL) OUT : 결과값(Any__REAL)	GM1, GM2 전용
	TAN	*탄젠트 연산 IN : 연산원(Any__REAL) OUT : 결과값(Any__REAL)	GM1, GM2 전용
	ASIN	*아크 사인 연산 IN : 연산원(Any__REAL) OUT : 결과값(Any__REAL)	GM1, GM2 전용
	ACOS	*아크 코사인 연산 IN : 연산원(Any__REAL) OUT : 결과값(Any__REAL)	GM1, GM2 전용
	ATAN	*아크 탄젠트 연산 IN : 연산원(Any__REAL) OUT : 결과값(Any__REAL)	GM1, GM2 전용

구 분	명령어	기 능 설 명	비 고
이동 평션	SHL	*비트열 왼쪽으로 이동 IN : 전송원(Any_BIT) N : 이동할 비트 수(INT) OUT : 전송선(Any_BIT)	
	SHR	*비트열 오른쪽으로 이동 IN : 전송원(Any_BIT) N : 이동할 비트 수(INT) OUT : 전송선(Any_BIT)	
회전명령	ROL	*비트열 왼쪽으로 회전 IN : 전송원(Any_BIT) N : 회전할 비트 수(INT) OUT : 전송선(Any_BIT)	
	ROR	*비트열 오른쪽으로 회전 IN : 전송원(Any_BIT) N : 회전할 비트 수(INT) OUT : 전송선(Any_BIT)	
논리연산	AND	*논리곱 IN1~IN8 : 연산원(Any_BIT) OUT : 결과값(Any_BIT)	
	OR	*논리합 IN1~IN8 : 연산원(Any_BIT) OUT : 결과값(Any_BIT)	
	XOR	*배타적 논리합 IN1~IN8 : 연산원(Any_BIT) OUT : 결과값(Any_BIT)	
	NOT	*논리 반전 IN1, IN2 : 연산원(Any_BIT) OUT : 결과값(Any_BIT)	
선택평션	SEL	*2개 중 선택 I : 출력 선택(BOOL) IN0 : G가 Off일 경우 선택값 (Any) IN1 : G가 On일 경우 선택값 (Any)	
	MAX	*최대값 구하기 IN1~IN8 : 선택값(Any_INT) OUT : 최대 출력값(Any_INT)	

구 분	명령어	기 능 설 명	비 고
선택펑션	MIN	*최소값 구하기 IN1~IN8 : 선택값(Any_INT) OUT : 최소 출력값(Any_INT)	
	LIMIT	*상하한 제한값 IN : 하한값(Any_INT) IN : 전송원(Any_INT) MX : 상한값(Any_INT) OUT : 출력값(Any_INT)	
	MUX	*최대 7개 중 선택 I : 선택 입력 번호 IN0 : 전송원 0번(Any) IN1 : 전송원 1번(Any) IN2 : 전송원 2번(Any) IN3 : 전송원 3번(Any) IN4 : 전송원 4번(Any) IN5 : 전송원 5번(Any) IN6 : 전송원 6번(Any) OUT : 출력값(Any)	
비교펑션	GT(>)	*비교 펑션 IN1~IN8 : 비교 데이터(Any) OUT : 출력(BOOL) IN1>IN2> … >IN7>IN8의 조건성립 시 OUT 출력 On	
	GE(≥)	*비교 펑션 IN1~IN8 : 비교 데이터(Any) OUT : 출력(BOOL) IN1≥IN2≥ … ≥IN7≥IN8의 조건성립 시 OUT 출력 On	
	EQ(=)	*비교 펑션 IN1~IN8 : 비교 데이터(Any) OUT : 출력(BOOL) IN1=IN2= … =IN7=IN8의 조건성립 시 OUT 출력 On	
	LE(≤)	*비교 펑션 IN1~IN8 : 비교 데이터(Any) OUT : 출력(BOOL) IN1≤IN2≤ … ≤IN7≤IN8의 조건성립 시 OUT 출력 On	

구 분	명 령 어	기 능 설 명	비 고
비교펑션	LT(<)	*비교 펑션 IN1~IN8 : 비교 데이터(Any) OUT : 출력(BOOL) IN1<IN2< … <IN7<IN8의 조건 성립 시 OUT 출력 On	
	NE(≠)	*비교 펑션 IN1, IN2 : 비교 데이터(Any) OUT : 출력(BOOL) IN1≠IN2의 조건성립 시 OUT 출력 On	
문자열펑션	LEN	*문자열 길이 IN : 문자열 입력(STRING) OUT : 문자열 길이(INT)	
	LEFT	*문자열 왼쪽 부분 전송 IN : 문자열 입력(STRING) L : 문자열 길이(INT) OUT : 문자열 출력(STRING)	
	RIGHT	*문자열 오른쪽 부분 전송 IN : 문자열 입력(STRING) L : 문자열 길이(INT) OUT : 문자열 출력(STRING)	
	MID	*문자열 중간 부분 전송 IN : 문자열 입력(STRING) L : 문자열 길이(INT) P : 문자열 선두위치(INT) OUT : 문자열 출력(STRING)	
	CONCAT	*문자열 연결 I력 문자열을 순서대로 연결 IN1~IN8 : 문자열(STRING) OUT : 문자열 출력(STRING)	
	INSERT	*문자열 삽입 IN1 : 문자열 입력(STRING) IN2 : 삽입할 문자열(STRING) P : 문자열 선두위치(INT) OUT : 문자열 출력(STRING)	

구 분	명령어	기 능 설 명	비 고
문자열 평션	DELETE	*문자열 삭제 IN : 문자열 입력(STRING) L : 삭제할 문자열(INT) P : 문자열 선두위치(INT) OUT : 문자열 출력(STRING)	
	REPLACE	*문자열 삽입 IN1 : 문자열 입력(STRING) IN2 : 대체할 문자열(STRING) P : 문자열 선두위치(INT) OUT : 문자열 출력(STRING)	
	FIND	*문자열 찾기 IN1 : 문자열 입력(STRING) IN2 : 검색할 문자열(STRING) OUT: 문자열 선두위치(INT)	
날짜시간 평션	ADD_TIME	*시간 더하기 IN1 : 시각 또는 시간 (TIME, TOD, TD) IN2 : 더할 시간(TIME) OUT : 결과 시각 또는 시간 (TIME, TOD, TD)	
	SUB_TIME	*시간 빼기 IN1 : 시각 또는 시간 (TIME, TOD, TD) IN2 : 뺄 시간(TIME) OUT : 결과 시각 또는 시간 (TIME, TOD, TD)	
	SUB_DATE	*날짜 빼기 IN1 : 날짜(DATE) IN2 : 뺄 날짜(DATE) OUT : 결과시간(TIME)	
	SUB_TOD	*시각 빼기 IN1 : 시각(TIME OF DAY) IN2 : 뺄 시각(TIME OF DAY) OUT : 결과시간(TIME)	
	SUB_DT	*날짜 시각 빼기 IN1 : 시각(DATE & TIME) IN2 : 뺄 시각(DATE & TIME) OUT : 결과시간(TIME)	

구 분	명령어	기 능 설 명	비 고
날짜시간펑션	MUL_TIME	*시각 곱하기 IN1 : 입력시간(TIME) IN2 : 곱할 값(INT) OUT : 결과시간(TIME)	
	DIV_TIME	*시각 나누기 IN1 : 입력시간(TIME) IN2 : 나눌 값(INT) OUT : 결과시간(TIME)	
	CONCAT_TIME	*날짜와 시각 연결 IN1 : 입력날짜(DATE) IN2 : 입력시각(TOD) OUT : 결과 날짜 시각(DT)	
시스템제어펑션	DI	*인터럽트 금지 IEQ : 금지 요구(BOOL) OUT : 금지 확인(BOOL)	
	EI	*인터럽트 허가 IEQ : 허가 요구(BOOL) OUT : 허가 확인(BOOL)	
	STOP	*PLC 정지 요구 IEQ : 정지 요구(BOOL) OUT : 정지 확인(BOOL)	
	ESTOP	*PLC 비상 정지 요구 IEQ : 정지 요구(BOOL) OUT : 정지 확인(BOOL)	
	DIREC_IN	*입력 데이터 즉시 갱신 IASE : 베이스 모듈 번호 SLOT : 입력 모듈 슬롯 위치 MASK_L : 하위 32Bit 중 갱신하지 않을 Bit 지정(DWORD) MASK_H : 상위 32Bit 중 갱신하지 않을 Bit 지정(DWORD) OUT : 실행 완료(BOOL)	GM5 제외
	DIREC_IN5	*입력 데이터 즉시 갱신 IODL : 입력 모듈 번호 MASK : 하위 32Bit 중 갱신하지 않을 Bit 지정(DWORD) OUT : 실행 완료(BOOL)	GM5 전용

구 분	명령어	기 능 설 명	비 고
시스템제어펑션	DIREC_O	*출력 데이터 즉시 갱신 IASE : 베이스 모듈 번호 SLOT : 출력 모듈 슬롯 위치 MASK_L : 하위 32Bit 중 갱신하지 않을 Bit 지정(DWORD) MASK_H : 상위 32Bit 중 갱신하지 않을 Bit 지정(DWORD) OUT : 실행 완료(BOOL)	GM5 제외
	DIREC_OUT5	*출력 데이터 즉시 갱신 IODL : 출력 모듈 번호 MASK : 하위 32Bit 중 갱신하지 않을 Bit 지정(DWORD) OUT : 실행 완료(BOOL)	GM5 전용
	WDT_RST	*위치 독 타이머 리셋 IEQ : 리셋 요구(BOOL) OUT : 실행 완료(BOOL)	

D.3 펑션 블록

구 분	명령어	기 능 설 명	비 고
타이머펑션블록	TON	*On 딜레이 타이머 IN : 동작개시 신호(BOOL) PT : 설정시간(TIME) Q : 출력(BOOL) ET : 현재값	
	TOF	*Off 딜레이 타이머 IN : 동작개시 신호(BOOL) PT : 설정시간(TIME) Q : 출력(BOOL) ET : 현재값	
	TP	*펄스 타이머 IN : 동작개시 신호(BOOL) PT : 설정시간(TIME) Q : 출력(BOOL) ET : 현재값	

구 분	명령어	기능설명	비 고
카운터 펑션 블록	CTU	*가산 카운터 IU : 펄스 입력(BOOL) R : 현재값 리셋(BOOL) PV : 설정값(INT) Q : 출력(BOOL) CV : 현재값(INT)	
	CTD	*감산 카운터 ID : 펄스 입력(BOOL) LD : 설정값 Read(BOOL) PV : 설정값(INT) Q : 출력(BOOL) CV : 현재값(INT)	
	CTUD	*가감산 카운터 IU : 가산 펄스 입력(BOOL) CD : 감산 펄스 입력(BOOL) R : 현재값 리셋(BOOL) LD : 설정값 Read(BOOL) PV : 설정값(INT) QU : 가산 카운트 출력(BOOL) QD : 감산 카운트 출력(BOOL) CV : 현재값(INT)	
펑션 블록	SEMA	*시스템 자원 제어(Semaphore) ILAIM : 자원 독점 요구(BOOL) RELEASE : 자원해방(BOOL) BUSY : 자원취득 불가(BOOL)	
	SR	*Set 우선 쌍안정(Bistable) I1 : Set 신호(BOOL) R : Reset 신호(BOOL) Q1 : 출력(BOOL)	
	RS	*Reset 우선 쌍안정(Bistable) I1 : Set 신호(BOOL) R : Reset 신호(BOOL) Q1 : 출력(BOOL)	
	R_TRIG	*상승 에지 검출 ILK : 입력(BOOL) Q : 출력(BOOL)	
	F_TRIG	*하강 에지 검출 ILK : 입력(BOOL) Q : 출력(BOOL)	

부록 E

에러코드 일람

에러코드	원인	조치방법(해제방법)	운전상태	STOP LED 점멸주기	진단시점	재기동형태
2	OS ROM 이상	전원 재투입 시 반복 발생하면 A/S 요청	고장	0.4초	전원투입	-
3	OS RAM 이상	전원 재투입 시 반복 발생하면 A/S 요청	고장	0.4초	전원투입	-
4	시계 IC(RTC) 고장	전원 재투입 시 반복 발생하면 A/S 요청	고장	0.4초	전원투입	-
5	전용 프로세서 고장	전원 재투입 시 반복 발생하면 A/S 요청	고장	0.4초	전원투입	-
6	프로그램 메모리 이상	전원 재투입 시 반복 발생하면 A/S 요청	고장	0.4초	전원투입	-
7	데이터 메모리 이상	전원 재투입 시 반복 발생하면 A/S 요청	고장	0.4초	전원투입	-
10	OS 프로그램 폭주에 의해 워치독 에러 발생	전원 재투입	리셋	-	운전중	콜드
20	프로그램 메모리가 백업 안 됨	배터리 이상이면 배터리 교환 프로그램 재로딩 후 보존상태를 체크하여 이상 있으면 CPU 모듈 교환	STOP	0.4초	전원투입	콜드

에러코드	원인	조치방법(해제방법)	운전상태	STOP LED 점멸주기	진단시점	재기동형태
21	메모리 모듈 고장	메모리 모듈의 장착상태를 확실히 한 후 전원을 재투입하여도 에러가 발생하면 메모리 모듈을 교체	STOP	0.4초	전원투입	콜드
22	메모리 모듈의 프로그램 불량	메모리 모듈의 프로그램을 수정 후 재운전	STOP	0.4초	RUN 모드 절환	콜드
23	수행할 프로그램이 비정상 경우	프로그램 재로딩 후 기동	STOP	0.4초	RUN 모드 절환	콜드
30	파라미터 설정된 모듈과 장착된 모듈이 불일치	모듈 타입 불일치 에러 (__IO__TYER,__IO__TYER__N, __IO__TYER[n]) 플래그를 참조하여 잘못된 슬롯을 수정 후 재기동	STOP	0.4초	RUN 모드 절환	콜드
31	운전 중 모듈의 탈락 또는 추가	모듈 착탈 에러 (__IO__DEER, __IO__DEER__N, __IO__DEER__N[n]) 플래그를 참조하여 잘못된 슬롯을 수정 후 재기동	STOP	0.4초	스캔종료	콜드
32	운전 중 퓨즈 내장형 모듈의 퓨즈 단선	퓨즈 단선 에러 (__FUSE__ER,__FUSE__ER__N, __FUSE__ER[n]) 플래그를 참조하여 잘못된 슬롯의 FUSE를 재기동	STOP	0.4초	스캔종료	콜드
33	운전 중 입출력 모듈의 데이터가 정상적으로 액세스 안 됨	입출력 모듈의 읽기/쓰기 에러 (__IO__RWER,__IO__RWER__N, __IO__RWER__[n]) 플래그를 참조하여 잘못된 슬롯의 모듈을 교환하고 재기동	STOP	0.4초	스캔종료 프로그램 수행 중	콜드
34	운전 중 특수/링크 모듈의 데이터가 정상적으로 액세스 안 됨	특수/링크 모듈 인터페이스 에러 (__SP__IFER,__IP__IFER__N, __IP__IFER[n]) 플래그를 참조하여 잘못된 슬롯의 모듈을 교환하고 재기동	STOP	0.4초	전원투입 스캔종료 프로그램 수행 중	콜드

에러코드	원인	조치방법(해제방법)	운전상태	STOP LED 점멸주기	진단시점	재기동형태
40	운전 중 프로그램의 스캔 타임이 파라미터에 의해 지정한 스캔 지연감시시간을 초과	파라미터에 의해 지정한 스캔 지연감시 시간을 확인하여 파라미터의 수정 또는 프로그램의 수정 후 재기동	STOP	0.4초	프로그램수행중	콜드
41	사용자 프로그램 수행 중 해독할 수 없는 명령을 만났을 때 발생	프로그램을 재로딩하고 재기동	STOP	0.4초	프로그램수행중	콜드
50	운전 중 사용자 프로그램에 의해서 외부기기의 중고장 검출	외부기기의 중고장 검출 에러 (_ANNUN_ER, _ANC_ERR[n]) 플래그를 참조하여 고장발생 기기를 수리하고 재기동	STOP	0.4초	스캔종료	콜드
60	'E_STOP' 펑션 수행	프로그램상의 'E_STOP' 펑션을 기동한 에러 요인을 제거한 후 전원 재투입(콜드)	STOP	-	프로그램수행중	-
100	통신 모듈의 구성 이상	고속 링크 통신 모듈을 4개 이내 또는 컴퓨터 통신 모듈을 포함하여 8개 이내로 설치개수 조정	STOP	0.4초	프로그램수행중	콜드
101	특수/통신 모듈 초기화 실패	전원 재투입 후 에러 반복 시 통신 모듈 교체	STOP	0.4초	전원투입	콜드
500	데이터 메모리가 백업이 안 됨	배터리에 이상이 없으면 전원 재투입	RUN	-	전원투입	콜드
501	시계 데이터 이상	배터리에 이상이 없으면 GMWIN으로 시간 재설정	RUN	2초	전원투입 스캔종료	-
502	배터리 전압이 저하	전원 투입상태에서 배터리 교환	RUN	4초	전원투입 스캔종료	-

GLOFA PLC

부록 F
GM 시스템 구성

F.1 GM1 시스템 구성

F.1.1 GM1 단독 시스템 구성(1)

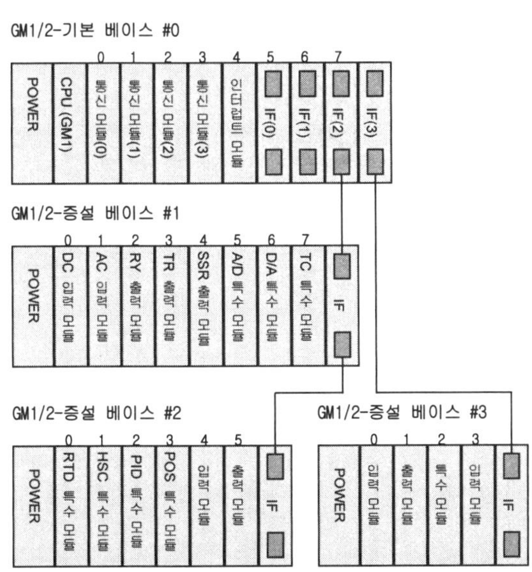

* GM1 단독 시스템의 기본 구성(1)

- 최대 증설 베이스 : 31개
- 최대 장착 슬롯 : 253개
  (입출력점수 : 16192 점)
- 프로그램 메모리 : 128K Step
- 데이터 메모리
  직접변수 영역 : Max 64K byte
  심볼릭변수 영역 : 446K byte
  - (직접변수 영역)
- 각 슬롯은 모듈에 관계없이 64점이 고정 할당
- 입출력의 지정방법
  %IX 1.0.0 : 1번 베이스, 0번 슬롯, 0번 입력 접점
  %QX 1.2.15 : 1번 베이스, 2번 슬롯, 15번 출력 접점
  # I:입력, Q:출력
  X:접점(1점)
  B:바이트(8점)
  W:워드(16점)
  D:더블워드(32점)
  L:롱워드(64점)

F.1.2 GM1 단독 시스템 구성(2)

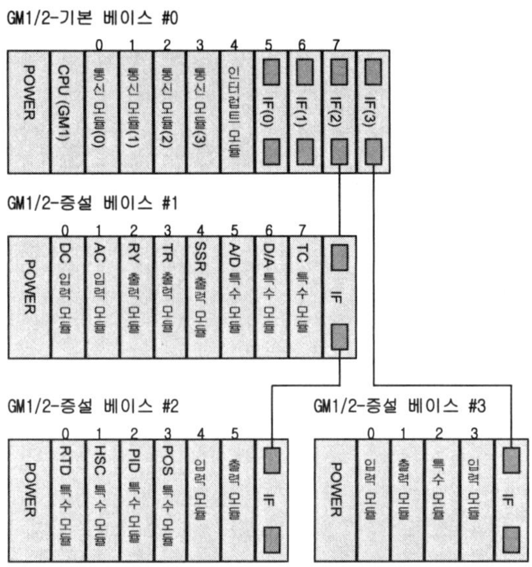

* GM1 단독 시스템의 기본 구성(2)

- CPU 모듈 : GM1-CPUA
- 기본 베이스 전원모듈
  GM1-PA2A(DC5V 12A/AC220V)
  GM1-PA1A(DC5V 12A/AC110V)
- 증설 베이스 전원모듈
  GM3-PA2A(DC5V 6A,DC24V 1.5A/AC220V)
  GM3-PA1A(DC5V 6A,DC24V 1.5A/AC110V)
- 기본 베이스
  GM2-B08M(8Slot),GM2-B06M(6Slot),
  GM2-B04M(4Slot)
- 증설 베이스
  GM2-B08E(8Slot),GM2-B06E(6Slot),
  GM2-B04E(4Slot)
- 증설 인터페이스
  GM2-FDIA/FRIA : 최대 100M 확장,
  8 베이스/드라이버,베이스 단위의
  전원차단 가능
  GM2-NDIA/NRIA : 최대 20M 확장,
  4 베이스/채널
- 증설 케이블 , - 메모리 모듈

F.1.3 GM1 멀티 시스템 구성

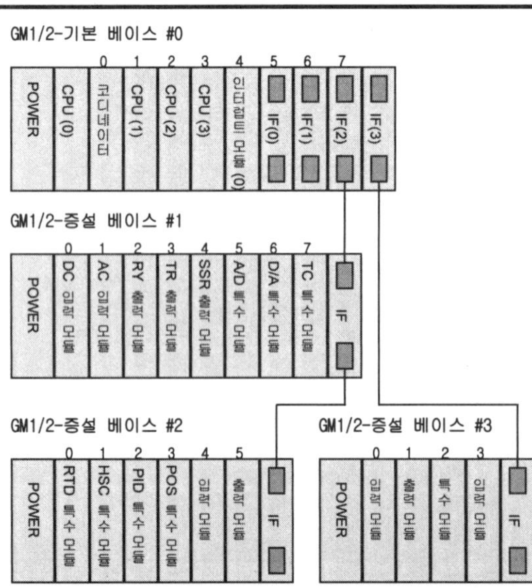

* GM1 멀티 시스템의 기본 구성

- 코디네이터 모듈 : GM1-CORA
- 최대 장착 CPU 모듈 : 4개
- 공용 데이타 메모리 : 4K Byte
- I/O 모듈의 CPU 할당
  GMWIN의 I/O 파라메터에 의해 설정
  예1) 베이스 1, 슬롯 0 : CPU 0
  - CPU 0 의 입력 모듈로 할당.
  예2) 베이스 2, 슬롯 0 : CPU 1
  - CPU 1 의 특수 모듈로 할당.
  예3) 베이스 3, 슬롯 0 : 공용
  - CPU 0,1,2,3 의 공용 입력모듈로 할당.

* 모든 모듈은 하나의 CPU 모듈에 할당
- 모든 모듈은 할당된 각 CPU 모듈에 의해 제어
  단, 입력모듈은 공용으로하여 모든 CPU 모듈의 입력으로 사용 가능

F.2 GM3 시스템 구성

F.2.1 GM3 단독 시스템 구성(1)

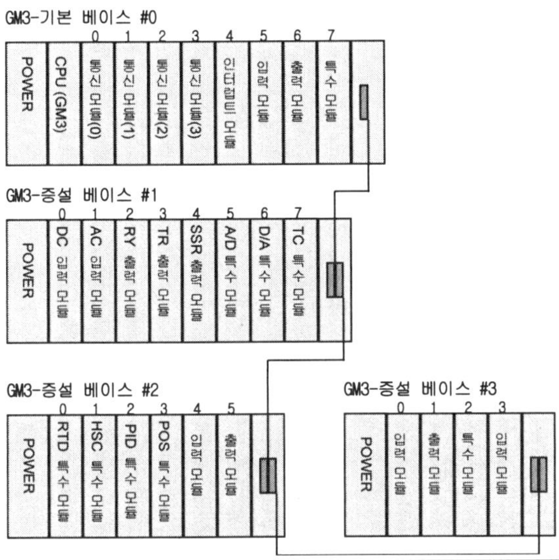

* GM3 시스템의 기본 구성(1)
- 최대 증설 베이스 : 3개
- 최대 장착 슬롯 : 32개
  (입출력점수 : 2048 점)
- 프로그램 메모리 : 64K Step
- 데이터 메모리
  직접변수 영역 : Max 32K byte
  심볼릭변수 영역 : 116K byte
  - (직접변수 영역)

- 각 슬롯은 모듈에 관계없이 64점이 고정 할당
- 입출력의 지정방법
  %IX 1.0.0 : 1번 베이스, 0번 슬롯, 0번 입력 접점
  %QX 1.2.15 : 1번 베이스, 2번 슬롯, 15번 출력 접점
  # I:입력, Q:출력
  X:접점(1점)
  B:바이트(8점)
  W:워드(16점)
  D:더블워드(32점)
  L:롱워드(64점)

F.2.2 GM3 단독 시스템 구성(2)

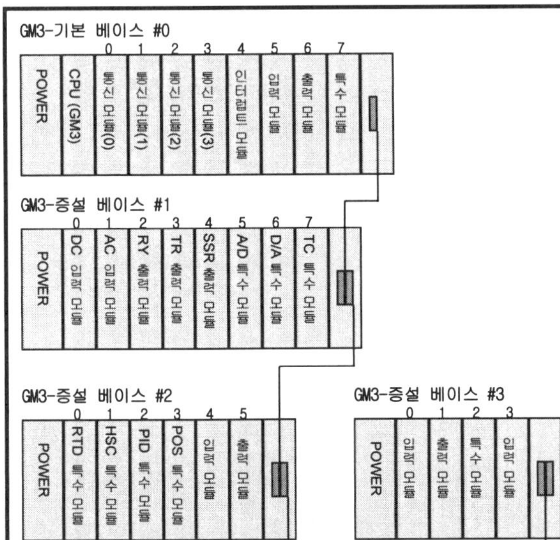

* GM3 시스템의 기본 구성(2)
- CPU 모듈 : GM3-CPUA
- 기본 베이스 전원모듈
  GM3-PA2A(DC5V 6A,DC24V 1.5A/AC220V)
  GM3-PA1A(DC5V 6A,DC24V 1.5A/AC110V)
- 증설 베이스 전원모듈
  GM3-PA2A(DC5V 6A,DC24V 1.5A/AC220V)
  GM3-PA1A(DC5V 6A,DC24V 1.5A/AC110V)
- 기본 베이스
  GM3-B08M(8Slot),GM3-B06M(6Slot),
  GM3-B04M(4Slot)
- 증설 베이스
  GM3-B08E(8Slot),GM3-B06E(6Slot),
  GM3-B04E(4Slot)
- 증설 케이블
  G3C-E061(0.6m),G3C-E121(1.2m),
  G3C-E301(3.0m)
- 메모리 모듈 : GM3-M064

F.3 GM4 시스템 구성

F.3.1 GM4 단독 시스템 구성(1)

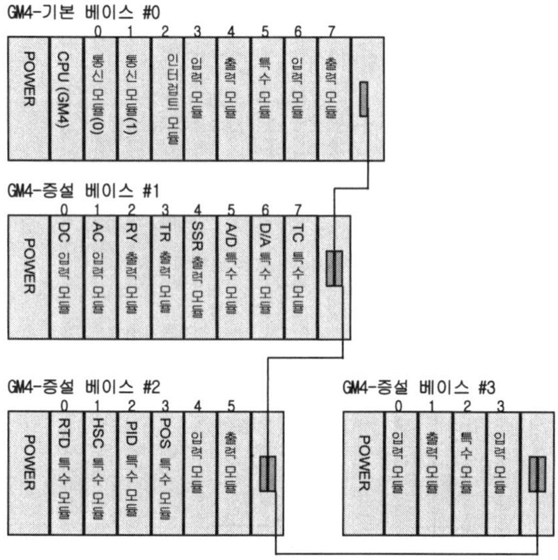

* GM4 시스템의 기본 구성(1)

- 최대 증설 베이스 : 3개
- 최대 장착 슬롯 : 32개
  (입출력점수 : 1024 점)
- 프로그램 메모리 : 32K Step
- 데이터 메모리
  직접변수 영역 : Max 16K byte
  심볼릭변수 영역 : 52K byte
  \- (직접변수 영역)
- 각 슬롯은 모듈에 관계없이 64점이 고정 할당
- 입출력의 지정방법
  %IX 1.0.0 : 1번 베이스, 0번 슬롯, 0번 입력 접점
  %QX 1.2.15 : 1번 베이스, 2번 슬롯, 15번 출력 접점
  # I:입력, Q:출력
  X:접점(1점)
  B:바이트(8점)
  W:워드(16점)
  D:더블워드(32점)
  L:롱워드(64점)

F.3.2 GM4 단독 시스템 구성(2)

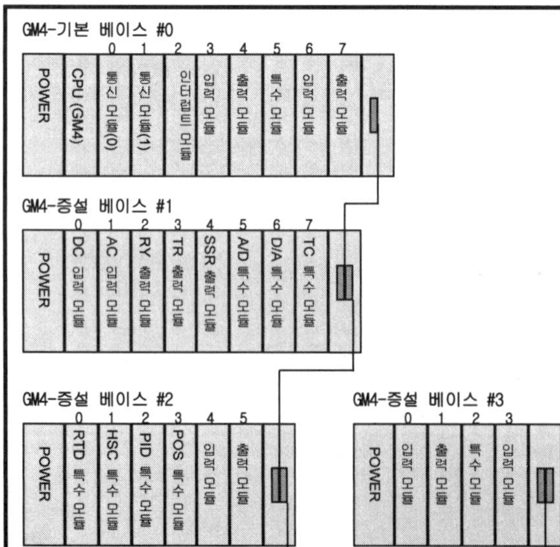

* GM4 시스템의 기본 구성(2)

- CPU 모듈 : GM4-CPUA
- 기본 베이스 전원모듈
  GM4-PA2A(DC5V 4A,DC24V 0.7A/AC220V)
  GM4-PA1A(DC5V 4A,DC24V 0.7A/AC110V)
- 증설 베이스 전원모듈
  GM4-PA2A(DC5V 4A,DC24V 0.7A/AC220V)
  GM4-PA1A(DC5V 4A,DC24V 0.7A/AC110V)
- 기본 베이스
  GM4-B08M(8Slot),GM4-B06M(6Slot),
  GM4-B04M(4Slot)
- 증설 베이스
  GM4-B08E(8Slot),GM4-B06E(6Slot),
  GM4-B04E(4Slot)
- 증설 케이블
  G4C-E041(0.4m),G4C-E121(1.2m),
  G4C-E301(3.0m)
- 메모리 모듈 : GM4-M032

F.4 GM5 시스템 구성

F.4.1 GM5 단독 시스템 구성(1)

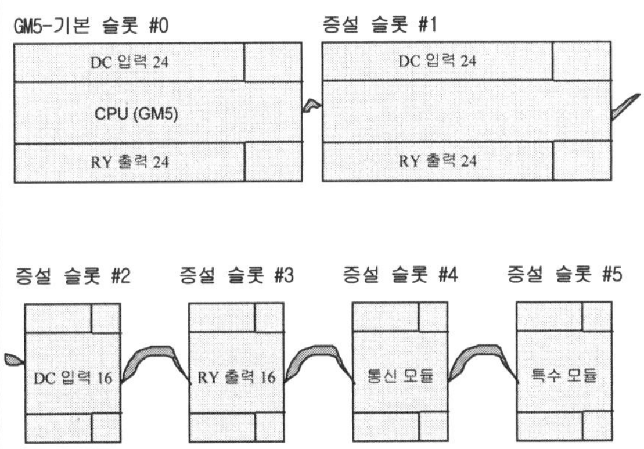

* GM5 시스템의 기본 구성(1)

- 기본 모듈 : G5M-DR6A
- 최대 증설 슬롯 : 9개(증설 16점 기준)
  (입출력점수 : 192 점)
- 프로그램 메모리 : 16K Step
- 데이터 메모리
  직접변수 영역 : Max 16K byte
  심볼릭변수 영역 : 32K byte
    - (직접변수 영역)
- RS-485 통신(1:16, 38,400bps, 500m)
- 각 슬롯은 모듈에 관계없이 64점이
  고정 할당
- 입출력의 지정방법
  %IX 0.1.0 : 1번 슬롯,0번 입력 접점
  %QX 0.1.0 : 1번 슬롯,0번 출력 접점

  # I:입력, Q:출력
  X:접점(1점)
  B:바이트(8점)
  W:워드(16점)
  D:더블워드(32점)
  L:롱워드(64점)

F.4.2 GM5 단독 시스템 구성(2)

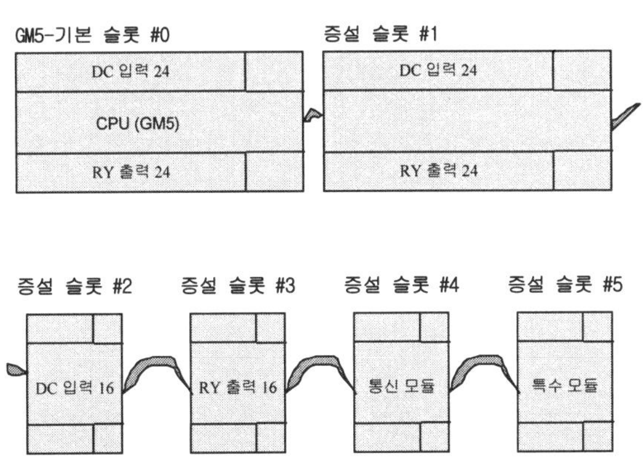

* GM5 시스템의 기본 구성(2)

- 기본 모듈 (CPU 모듈) : G5M-DR6A
- 입출력 증설 모듈
  G5E-DR6A(DC 24점, Relay 24점)
  G5E-D22A(DC 입력 16점(8점/1COM))
  G5E-RY2A(Relay 출력 16점(8점/1COM))
- 특수 증설 모듈
  G5F-AD2A(아날로그 입력 4채널)
  G5F-DA2A(아날로그 출력 2채널)
  G5F-TC2A(열전대 입력 4채널)
  G5F-RTD2A(측온저항체 입력 4채널)
  G5F-HSCA(고속카운터 입력 1채널)
  G5F-POPA(펄스열 출력 1채널)
- 통신 증설 모듈
  G5L-FUEA(Fieldbus 전기통신 모듈)
  G5L-CUEA(컴퓨터통신 모듈 :
  RS-232C, RS-422 각 1채널)
- 증설 케이블 : G5C-E006(0.6m)
- 메모리 모듈 : GM5-M016

* RS-485,RS-232 레벨 컨버터

GLOFA PLC 이론 및 실습

2019년 8월 25일 1판 5쇄 발행

저 자 유 정 봉
발행인 남 승 우

발행처 도서출판 상尙 학學 당堂

서울특별시 동작구 사당로9가길 6
TEL : 02) 595-1692 ~ 4
FAX : 02) 595-1394
E-mail : namdoo6@unitel.co.kr
신고 : 2-155호 (1968. 11. 29)

정가 22,000원

ISBN 978-89-85437-73-8 93560